"十三五"国家重点出版物出版规划项目
可靠性新技术丛书
本书获得国防 973 项目(No. 613259)、国家自然基金(No. 51105308、51675428、52075443)和 2021 年度"西北工业大学精品学术著作培育项目"资助

机械系统可靠性设计与分析技术

Reliability Design and Analysis Techniques for Mechanical Systems

喻天翔　宋笔锋　张玉刚　孙中超　编著

国防工业出版社

·北京·

内 容 简 介

本书针对武器装备中典型机械产品,以可靠性定量化设计分析为核心目标,给出基于失效模式物理表征模型的可靠性实施途径,并提供了机械系统功能失效可靠性工程应用实例。全书围绕机械系统可靠性量化分析、设计及应用案例展开论述,主要内容涵盖机械系统可靠性分配方法、可靠性模型及随机因素辨识方法、复杂机构功能可靠性建模理论与方法、机械结构共享载荷系统可靠性分析、机械系统误差源重要度分析方法、机构运动精度可靠性评估方法、多功能机构可靠性分析方法以及考虑相关性失效的机械系统功能可靠性方法等,给出的可靠性理论方法来源于工程一线问题的解决方案,以失效机理为核心,通过典型案例进行分析剖析,突出机械可靠性基本理论和工程应用案例的结合,工程实用性强,也更为通俗易懂,避免了纯学术可靠性理论与方法过于抽象和晦涩难懂的问题。本书从设计人员的视角来看待机械装备可靠性问题,紧密围绕"机械产品失效机理"核心概念,建立一套较为完整的可靠性分析、设计及验证体系,从而为从根本上解决机械装备的可靠性难题奠定基础。

本书适用于从事机械产品设计的科研人员、从事机械可靠性研究和工程应用的专家学者,以及相关专业的研究生及高年级本科生阅读。

图书在版编目(CIP)数据

机械系统可靠性设计与分析技术 / 喻天翔等编著. —北京:国防工业出版社,2023.1(2023.11 重印)
(可靠性新技术丛书)
ISBN 978-7-118-12591-7

Ⅰ. ①机… Ⅱ. ①喻… Ⅲ. ①武器装备-机械系统-系统可靠性-研究 Ⅳ. ①TJ02

中国版本图书馆 CIP 数据核字(2022)第 186760 号

※

*国防工业出版社*出版发行
(北京市海淀区紫竹院南路 23 号 邮政编码 100048)
北京虎彩文化传播有限公司印刷
新华书店经销

*

开本 710×1000 1/16 印张 17 字数 298 千字
2023 年 11 月第 1 版第 2 次印刷 印数 1501—2500 册 定价 98.00 元

(本书如有印装错误,我社负责调换)

国防书店:(010)88540777   书店传真:(010)88540776
发行业务:(010)88540717   发行传真:(010)88540762

可靠性新技术丛书 编审委员会

主任委员：康　锐

副主任委员：周东华　左明健　王少萍　林　京

委　　　员（按姓氏笔画排序）：

　　　　　　朱晓燕　任占勇　任立明　李　想

　　　　　　李大庆　李建军　李彦夫　杨立兴

　　　　　　宋笔锋　苗　强　胡昌华　姜　潮

　　　　　　陶春虎　姬广振　翟国富　魏发远

丛书序

可靠性理论与技术发源于20世纪50年代,在西方工业化先进国家得到了学术界、工业界广泛持续的关注,在理论、技术和实践上均取得了显著的成就。20世纪60年代,我国开始在学术界和电子、航天等工业领域关注可靠性理论研究和技术应用,但是由于众所周知的原因,这一时期进展并不顺利。直到20世纪80年代,国内才开始系统化地研究和应用可靠性理论与技术,但在发展初期,主要以引进吸收国外的成熟理论与技术进行转化应用为主,原创性的研究成果不多,这一局面直到20世纪90年代才开始逐渐转变。1995年以来,在航空航天及国防工业领域开始设立可靠性技术的国家级专项研究计划,标志着国内可靠性理论与技术研究的起步;2005年,以国家863计划为代表,开始在非军工领域设立可靠性技术专项研究计划;2010年以来,在国家自然科学基金的资助项目中,各领域的可靠性基础研究项目数量也大幅增加。同时,进入21世纪以来,在国内若干单位先后建立了国家级、省部级的可靠性技术重点实验室。上述工作全方位地推动了国内可靠性理论与技术研究工作。当然,随着中国制造业的快速发展,特别是《中国制造2025》的颁布,中国正从制造大国向制造强国的目标迈进,在这一进程中,中国工业界对可靠性理论与技术的迫切需求也越来越强烈。工业界的需求与学术界的研究相互促进,使得国内可靠性理论与技术自主成果层出不穷,极大地丰富和充实了已有的可靠性理论与技术体系。

在上述背景下,我们组织撰写了这套可靠性新技术丛书,以集中展示近5年国内可靠性技术领域最新的原创性研究和应用成果。在组织撰写丛书过程中,坚持了以下几个原则:

一是**坚持原创**。丛书选题的征集,要求每一本图书反映的成果都要依托国家级科研项目或重大工程实践,确保图书内容反映理论、技术和应用创新成果,力求做到每一本图书达到专著或编著水平。

二是**体系科学**。丛书框架的设计,按照可靠性系统工程管理、可靠性设计与试验、故障诊断预测与维修决策、可靠性物理与失效分析4个板块组织丛书的选题,基本上反映了可靠性技术作为一门新兴交叉学科的主要内容,也能在一定时期内保证本套丛书的开放性。

三是**保证权威**。丛书作者的遴选,汇聚了一支由国内可靠性技术领域长江学者特聘教授、千人计划专家、国家杰出青年基金获得者、973项目首席科学家、国家级奖获得者、大型企业质量总师、首席可靠性专家等领衔的高水平作者队伍,这些高层次专家的加盟奠定了丛书的权威性地位。

四是**覆盖全面**。丛书选题内容不仅覆盖了航空航天、国防军工行业,还涉及了轨道交通、装备制造、通信网络等非军工行业。

本套丛书成功入选"十三五"国家重点出版物出版规划项目,主要著作同时获得国家科学技术学术著作出版基金、国防科技图书出版基金以及其他专项基金等的资助。为了保证本套丛书的出版质量,国防工业出版社专门成立了由总编辑挂帅的丛书出版工作领导小组和由可靠性领域权威专家组成的丛书编审委员会,从选题征集、大纲审定、初稿协调、终稿审查等若干环节设置评审点,依托领域专家逐一对入选丛书的创新性、实用性、协调性进行审查把关。

我们相信,本套丛书的出版将推动我国可靠性理论与技术的学术研究跃上一个新台阶,引领我国工业界可靠性技术应用的新方向,并最终为"中国制造2025"目标的实现做出积极的贡献。

康锐
2018 年 5 月 20 日

前言

近年来,随着电子可靠性技术的发展,逐渐形成了完善的可靠性理论方法体系。由于机械产品的多样性和故障机理的复杂性,传统的借用电子产品的以统计数据为基础的可靠性方法体系存在很大局限性,无法将产品的具体设计细节,如材料参数、尺寸参数及载荷参数等与产品的可靠性指标建立直接的关系,已经不能满足高可靠性设计要求。一直以来,机械产品可靠性理论方法还没有形成统一的标准/规范和设计指南,在我国军用装备中机械可靠性问题日益凸显。笔者所在研究团队长期从事装备中的机械零件、结构类及机构类产品可靠性分析、设计与实验验证方面的研究工作。在深入参与新一代战机、大型运输机、大型客机、大型运载火箭和某主战火炮等型号的研制过程中,协同各设计单位解决了起落架收放机构、复杂舱门锁系统、后货舱门机构系统、运载火箭阀门系列、民机襟翼机构、火炮供弹机构、装甲车传动系统等一系列重大装备的机械可靠性分析、设计和试验难题。同时,作为重大型号四性和故障预测与健康管理(prognostics and health management,PHM)支持专家组成员单位,共支持了28家单位160余种机载成品的四性及PHM技术工作。在深入参与型号可靠性工程实践的过程中,采用基于故障物理的可靠性理论方法在机械产品可靠性设计分析过程中发挥了重要作用。因此,笔者拟通过本书,阐述基于故障物理可靠性理论与方法在机械可靠性工程中的应用,为一线设计人员实现基于概率的机械量化设计理念提供支持和帮助。

本书的写作重点凸显基于故障物理可靠性理论方法的技术途径和框架,力图通过基于故障物理的机械可靠性理论方法研究成果,以工程问题为导向,为解决机械可靠性量化设计难题提供理论方法。同时,针对机械产品的特殊性,给出机械系统可靠性设计分析工程应用案例,为相关机械产品可靠性量化设计奠定基础。

本书为作者团队所承担的国防973、国家自然科学基金、总装预研项目、民机预研项目、空装预研项目和工程型号研制项目等30余项科研项目研究成果的总结。

基于故障物理的可靠性理论与方法,将概率与失效物理模型结合,能有效地表征失效的发生根源。1946年Freuenthal发表的《结构安全度》论文以及1954年拉尼岑的应力-强度干涉模型,奠定了基于故障物理的可靠性理论发展基础,并首先应用于结构构件失效的可靠性分析中。随后经过几十年的发展,该理论沿着两个层次不断深入:其一,机械零部件失效机理模型研究,即研究如何建立表征机械零部件失效的失效物理模型和制定失效判断准则;其二,定量化可靠性模型及计算方法,即研究如何建立失效物理模型的概率表征计算模型和获得高效、高精度的可靠度计算方法。

  为了解决机械产品的工程可靠性设计问题,必须将可靠性理论和失效模式表征模型有效整合到一起,基于合理的失效物理表征模型和概率论方法,才能有效地提高产品的可靠性。目前的相关机械可靠性书籍多侧重于可靠度计算求解方法,对解决多复杂因素导致的复杂机械失效的可靠性问题研究不够系统和全面。在实际工程设计领域,机械产品的可靠性设计的核心目的是消除或降低失效模式发生概率,才能有效提高可靠性,解决可靠性设计问题。因此,本书以机械产品的具体失效模式为核心,突破传统基于产品进行可靠性分析方式,将机械产品失效分为零件级别失效和系统级别功能失效两种类别,基于失效模式的特点,识别失效影响因素,建立失效模式的表征模型;考虑影响因素的随机特性,建立可靠性模型,对有效地解决机械可靠性设计问题具有重要参考价值。特别是在机械系统级别功能失效方面,涉及复杂因素耦合、多失效模式,本书结合工程应用实例剖析,对工程应用具有较强的参考价值。同时,本书内容是基于近20年来笔者团队在国防装备机械可靠性工程实践的总结和提炼。

作者
2022 年 1 月

目录

第1章 概述 ·· 1
  1.1 机械可靠性特点 ·· 1
  1.2 机械系统可靠性技术发展及现状 ·························· 3
    1.2.1 可靠性技术发展历史 ······························ 3
    1.2.2 机械系统可靠性技术研究与发展 ···················· 6
  参考文献 ·· 10

第2章 考虑相关的机械系统可靠性分配方法 ······················ 12
  2.1 系统可靠性分配方法简介 ································ 12
  2.2 综合考虑产品组成及功能的可靠性分配方法 ················ 17
  2.3 考虑不同失效相关性的机械系统可靠性分配方法 ············ 23
    2.3.1 Vine Copula 函数 ·································· 23
    2.3.2 可靠性分配模型 ·································· 24
  2.4 可靠性分配应用案例 ···································· 24
    2.4.1 某主轴系统可靠性指标分配 ······················· 24
    2.4.2 某飞机舱门收放系统可靠性指标分配 ··············· 29
  2.5 小结 ·· 33
  参考文献 ·· 33

第3章 机械产品可靠性模型及随机因素辨识方法 ·················· 36
  3.1 应力-强度干涉模型及其新解 ···························· 36
    3.1.1 应力-强度干涉模型 ······························ 36
    3.1.2 机械产品一般性可靠性模型 ······················· 40
    3.1.3 可靠性及灵敏度计算方法 ························· 42
  3.2 机械产品可靠性影响因素辨识方法 ······················· 45
    3.2.1 影响因素及其随机性 ····························· 45
    3.2.2 机械系统可靠性模型的随机影响因素辨识方法 ······· 60
  3.3 小结 ·· 62
  参考文献 ·· 62

第4章 复杂机构功能可靠性建模理论与方法 ······················ 64
  4.1 机构主要的功能失效模式及表征参数 ····················· 64

  4.1.1 复杂机构主要功能分类 ·············· 64
  4.1.2 复杂机构功能表征参数 ·············· 65
 4.2 复杂机构功能表征模型与方法 ·············· 66
  4.2.1 基于几何学模型的机构功能表征方法 ·············· 66
  4.2.2 基于机构运动学和动力学的机构功能表征方法 ·············· 68
  4.2.3 基于虚功原理的锁类机构功能表征方法 ·············· 70
 4.3 机构功能可靠性计算方法 ·············· 71
  4.3.1 复杂机构功能单失效模式可靠性计算方法 ·············· 71
  4.3.2 多失效模式相关的功能可靠性计算方法 ·············· 74
 4.4 小结 ·············· 78
 参考文献 ·············· 78

第5章 机械结构共享载荷系统可靠性分析 ·············· 80
 5.1 零件失效载荷共享系统可靠性分析 ·············· 80
  5.1.1 各零件失效相互独立时系统可靠度计算 ·············· 80
  5.1.2 各零件失效相关时系统可靠度计算 ·············· 81
  5.1.3 考虑初始强度分散性的系统可靠度计算 ·············· 85
 5.2 无零件失效载荷共享系统可靠性分析 ·············· 85
  5.2.1 随机增量过程描述系统性能退化量 ·············· 86
  5.2.2 随机增量过程描述系统可靠度计算 ·············· 92
 5.3 案例分析 ·············· 93
  5.3.1 扭簧板零件失效可靠度计算 ·············· 93
  5.3.2 扭簧板性能退化可靠度计算 ·············· 94
 5.4 小结 ·············· 97
 参考文献 ·············· 98

第6章 基于田口质量损失的机械系统误差源重要度分析方法 ·············· 100
 6.1 重要性测度研究方法简介 ·············· 100
 6.2 田口质量损失函数简介 ·············· 103
 6.3 基于田口质量损失的误差源重要度分析方法 ·············· 104
  6.3.1 平均质量损失分解及重要度指标定义 ·············· 104
  6.3.2 求解方法 ·············· 106
  6.3.3 性质讨论 ·············· 107
 6.4 案例分析 ·············· 108
  6.4.1 测试案例定性分析 ·············· 108
  6.4.2 现有GSA方法结果及分析 ·············· 109

6.4.3　ESIM 方法结果及分析 ································· 112
　6.5　小结 ·· 113
　参考文献 ·· 113

第 7 章　考虑铰链磨损的机构运动精度可靠性评估方法 ········· 117
　7.1　多个铰链磨损的相互作用机理与表征 ························ 117
　　　7.1.1　铰链磨损的随机性 ····································· 117
　　　7.1.2　多个铰链磨损的相互作用机理 ························· 118
　　　7.1.3　基于 Vine Copula 函数的铰链磨损相关性模型 ········· 119
　7.2　铰链磨损与机构运动输出传递关系模型 ······················ 123
　7.3　基于蒙特卡罗方法的机构运动精度可靠性评估 ··············· 125
　7.4　案例分析 ·· 126
　7.5　小结 ·· 133
　参考文献 ·· 133

第 8 章　考虑竞争失效的多功能机构可靠性分析方法 ············ 136
　8.1　常用竞争失效模型 ··· 137
　　　8.1.1　基本的竞争失效建模 ·································· 137
　　　8.1.2　冲击失效阈值有限次阶跃改变的竞争失效建模 ········ 138
　　　8.1.3　退化速率改变的竞争失效建模 ························· 140
　　　8.1.4　退化过程可恢复的竞争失效建模 ······················· 141
　　　8.1.5　退化过程反影响冲击过程的竞争失效建模 ············· 143
　　　8.1.6　基于 Copula 函数的竞争失效建模 ····················· 145
　　　8.1.7　冲击分类时的竞争失效建模 ··························· 146
　8.2　改进的竞争失效模型 ··· 147
　　　8.2.1　硬失效阈值即时退化时的竞争失效模型 ··············· 147
　　　8.2.2　考虑间歇期的竞争失效模型 ··························· 150
　8.3　案例分析 ·· 153
　　　8.3.1　曲柄滑块机构 ··· 153
　　　8.3.2　作动筒液压阀 ··· 157
　8.4　小结 ·· 160
　参考文献 ·· 161

第 9 章　考虑相关性失效的机械系统功能可靠性方法 ············ 163
　9.1　考虑相关性失效的机械系统可靠性建模方法 ·················· 163
　　　9.1.1　相关关系分析方法 ····································· 163
　　　9.1.2　失效相关的机械系统可靠性建模方法 ·················· 165

9.2 考虑性能退化的机械系统可靠性建模方法 ································ 168
9.2.1 性能退化建模方法 ·· 168
9.2.2 考虑退化的时变相关机械系统可靠性建模方法 ························ 170
9.3 案例分析 ·· 172
9.3.1 飞机舱门锁机构的可靠性分析 ·· 172
9.3.2 飞机载荷机构可靠性分析 ·· 177
9.4 小结 ·· 183
参考文献 ·· 184

第10章 基于扩展故障树的机械可靠性量化分析理论与应用 ············ 186
10.1 扩展故障树的支撑理论及发展现状 ··· 187
10.2 扩展故障树的组成 ··· 188
10.2.1 系统故障树 ·· 189
10.2.2 概率故障树 ·· 190
10.3 扩展故障树的软件实现 ··· 192
10.3.1 软件架构 ·· 193
10.3.2 软件基础模块 ·· 193
10.3.3 软件关键技术 ·· 200
10.4 案例分析 ··· 205
10.5 小结 ·· 209
参考文献 ·· 210

第11章 典型机构系统可靠性分析案例 ·· 211
11.1 某锁机构卡滞可靠性分析案例 ··· 211
11.1.1 锁机构组成及工作原理 ·· 211
11.1.2 锁机构失效模式及失效机理初步分析 ·· 212
11.1.3 锁机构可靠性分析模型建立 ·· 212
11.1.4 锁机构可靠性及灵敏度分析 ·· 214
11.1.5 锁机构改进设计及其可靠性分析 ·· 215
11.2 某锁机构多失效模式可靠性分析案例 ··· 217
11.2.1 锁机构功能原理及失效机理初步分析 ·· 217
11.2.2 锁机构可靠性分析模型建立 ·· 220
11.2.3 锁机构可靠性分析 ·· 221
11.3 某缝翼机构失效模式的可靠性评估案例 ··· 223
11.3.1 缝翼机构组成及工作原理 ·· 223
11.3.2 缝翼机构力学性能分析 ·· 225

11.3.3　缝翼机构失效模式及失效机理初步分析 …………… 228
　　11.3.4　缝翼机构典型工况仿真及故障模拟 ……………… 229
　　11.3.5　缝翼机构可靠性分析模型建立 …………………… 234
　　11.3.6　缝翼机构可靠性分析 ……………………………… 235
11.4　某起落架机构性能可靠性分析案例 ……………………… 238
　　11.4.1　起落架落震过程失效判据的确定 ………………… 239
　　11.4.2　刚柔耦合的机液混合仿真模型 …………………… 239
　　11.4.3　可靠性仿真分析结果 ……………………………… 243
11.5　某舱门机构定位精度可靠性分析案例 …………………… 243
　　11.5.1　舱门收放机构组成及运动精度可靠性问题描述 … 244
　　11.5.2　舱门收放机构运动精度可靠性分析模型建立 …… 245
　　11.5.3　舱门收放机构运动精度可靠性分析 ……………… 246
11.6　某折叠翼机构同步可靠性分析案例 ……………………… 248
　　11.6.1　折叠翼机构功能原理及问题描述 ………………… 248
　　11.6.2　动作同步可靠性评估方法研究 …………………… 250
　　11.6.3　折叠翼机构可靠性分析模型建立 ………………… 251
　　11.6.4　折叠翼机构同步可靠性分析 ……………………… 253
　　11.6.5　机构数量和极差要求对同步可靠性的影响分析 … 255
11.7　小结 ………………………………………………………… 257
参考文献 …………………………………………………………… 257

XIII

第 1 章

概　　述

1.1　机械可靠性特点

可靠性研究是在第二次世界大战期间为了保证军用产品高可靠性而发展起来的。早期的研究主要是针对军用电子装置的可靠性，1952 年 11 月美国成立了电子设备装置咨询委员会，表明可靠性问题受到全面重视。1957 年 6 月美国电子设备可靠性咨询小组（Advisory Group on Reliability of Electronic Equipment，AGREE）发表了著名的"军用电子设备的可靠性"报告，提出了在研制及生产过程中对产品的可靠性指标进行试验、验证和鉴定的方法，并说明了电子产品在生产、包装、存储和运输等方面要注意的问题及要求等。这个报告被公认为是电子产品可靠性理论和方法的奠基性文件。直到现在，可靠性工程已经发展 60 余年，电子产品的可靠性方法已经相当成熟，形成了完整的可靠性设计、分析、试验和评估理论体系，编写了一系列军用标准、国家标准、规范和手册。基于这些理论研究，电子产品可靠性技术日益成熟，电子产品的可靠性得到了很大的提高。

目前，机械产品在武器装备中占有很大比重，机械类非电子系统的可靠性也直接影响到武器装备的安全性和作战效能，实践表明机械系统的故障率占装备总故障率的比例很高，最近几年，军用飞机和民航飞机的重大事故大多是由飞机起落架收放机构系统故障所致。从中国民航总局的统计数据来看，机械原因导致的事故占总事故相当大的比例。当前，随着电子技术的发展和电子产品可靠性理论的成熟，电子产品的可靠性普遍提高，机械产品可靠性已经成为制约武器装备可靠性提高的主要因素之一。早在 20 世纪 60—70 年代美国将可靠性技术引入汽车、发电设备、拖拉机、发动机等非电子产品。但是由于机械产品的特殊性，其可靠性技术发展相对缓慢。经过几十年的发展，机械可靠性逐渐获得国内外的广泛重视。

然而,对于机械产品而言,一直以来由于其具有特殊性和复杂性,可靠性应在非电子设备的研制过程中作为一项重要的性能指标加以评估和控制。近代科学技术的发展,特别是计算机辅助设计技术和各种应用计算机应力分析方法的广泛应用,使设计出的机械产品可靠性得以提升。但是对于机械产品,其失效以损耗性失效为主,在设计时还要考虑其工艺性、装配性和力学性能参数等随机差异的影响,并且其工作环境往往比电子产品更为复杂、恶劣。诸多因素的影响导致即使应用最先进的设计方法,也难以将所有影响因素考虑无遗,因此经过一次设计就能达到很高的可靠性水平是不现实的。

在应用可靠性工程技术的理论和方法时,应注意机械产品和电子产品的可靠性问题的差别(表1-1)。可靠性工程技术起源于电子领域,现已颁发的一些可靠性设计、试验和分析方法或标准,大多是根据电子产品故障多属随机性、寿命服从指数分布等特点制定的。因为机械产品的零部件大多是以耗损性失效为主;零部件的故障和连接、维修、使用方式密切相关,可靠性建模很困难;而且,机械零部件一般都是为特定用途而设计的,通用性不强,不易积累共用数据。因此,这些方法或标准对机械产品不完全适宜,在应用可靠性工程理论指导机械产品设计时,不能完全照搬电子产品的办法,一定要注意其应用的前提条件,结合机械产品的特点合理选用方法。

表1-1 机械类和电子产品可靠性特点的比较

对比内容	机械产品	电子产品
系统构成	机械结构、动力系统、操作系统、电气系统、液压系统	电源系统、指示系统、发送信号系统、接收信号系统、放大系统
失效模式	较复杂	较简单
可靠性指标	耐用寿命(时间、次数)、零件更换寿命、整机可用性、可靠度	MTBF、元件故障率、整机可用性
故障机制	在定期维修条件下,复杂的整机设备故障呈现随机性,主要有疲劳、老化、磨损、腐蚀等,因此主要以耗损性故障为主	元件和整机故障多属随机性,由偶然因素造成
故障关联性	与连接、使用、维修方式有关	元件故障基本独立无关
使用环境	使用环境条件复杂,需掌握环境变化和极值条件,应力的准确预计十分困难,因此应力分析十分重要	使用环境一般良好,有密闭和保护,应力因素可预测
维修方式	一般以预防性维修为主,修复和更换并重	预防性维修意义不大,主要以更换元器件为主
数据准备	公用数据收集不易,可靠性数据还十分缺乏,积累尚未正规化	数据已广泛发布,已形成数据积累制度和若干手册或文件

续表

对比内容	机械产品	电子产品
可靠性试验	小子样,试验时间较长,经济上花费巨大且实现非常困难	大子样,试验快速,而且可以排除早期失效,经济上合理有效
失效曲线	斜底"浴盆曲线"	典型的浴盆曲线(平底)
分布类型	介于指数和非指数分布之间	指数分布
数学模型	介于独立假设理论和薄弱环节理论之间	1. 元件计数法; 2. 独立假设理论: $R_S = R_1 R_2 \cdots R_n$
研究进展	摇篮期	成熟期

1.2 机械系统可靠性技术发展及现状

1.2.1 可靠性技术发展历史

可靠性技术领域的发展萌芽于电子产品,基于电子产品的偶发失效机理,借助故障统计学和概率理论,逐渐发展成较为完善的电子类零部件的可靠性数据,形成了工程实用的较为成熟的可靠性理论方法体系。借用电子产品可靠性方法理论体系,欧美国家工业部门在20世纪60—70年代就开始重视非电子类机械零部件可靠性数据的收集和整理,逐渐积累了大量机械零部件的可靠性数据。例如,欧美国家已经形成了20余种非电子类零部件的可靠性数据库,在足够零部件的失效数据的基础上,形成了基于大量的非电子产品可靠性统计数据的机械产品可靠性分析方法,如相似产品法、故障率预计法、评分预计法、可靠性框图法和美国海军特种作战中心(NSWC)机械产品可靠性预计方法等。这些方法在机械零部件的可靠性设计分析中也起到很大的作用。

美国20世纪60—70年代就将可靠性技术引入汽车、发电设备、拖拉机、发动机等机械产品。80年代,美国罗姆航空研究中心专门做了一次非电子设备可靠性应用情况的调查分析,指出非电子设备的可靠性设计困难,美国军方标准MIL-STD-781D《工程研制、鉴定和生产可靠性试验》不完全适用于以耗损故障为主的非电子设备的可靠性试验等。通过调查,试图制定非电子产品的可靠性大纲。美国国防部可靠性分析中心(RJLC)收集和出版了大量的非电子类零部件的可靠性数据手册,该数据手册至今已先后4次改版。美国政府资助的机械故障预防研究小组设了4个技术咨询委员会:诊断与检测咨询委员会、故障咨询委员会、设计咨询委员会和技术推广咨询委员会。以美国亚利桑那大学D.

Kececioglu 教授为首的可靠性专家开展了机械可靠性设计理论的研究,积极推行概率设计法,提出开展机械概率设计的 15 个步骤。由美国、英国、加拿大、澳大利亚和新西兰 5 国组成的技术合作计划委员会认识到需要联合起来发展一种新的机械设备可靠性项目设计方法。其目标是根据机械设备单功能和多功能的设计特征、特定的使用环境以及对载荷等因素的敏感性特点,编制出一本常用机械设备可靠性预计手册。该手册中包含 4 组共计 18 种设备和零部件,其可靠性预计模型的正确性通过专门的实验室试验及现场使用信息加以验证。

日本以民用产品为主,大力推进机械可靠性的应用研究。日本最显著的成绩是将故障模式与影响分析(FMEA)等技术成功地引入机械工业的企业中。目前,FMEA 方法已普遍应用到机械产品的设计和制造工艺中。日本企业界普遍认为:通过长期使用经验的积累,发现故障,并不断设计改进,机械产品才能获得更高的可靠性。机械设计主要是采用以经验为主的设计规范,可靠性是通过这种设计规范的实现而得到保证的。这些规范包括材料的选定、结构形式、许用应力和安全系数的确定等。对于设计和原有产品相似的产品时,这些规范是很有效的。现在,日本一方面采用成功的经验设计;另一方面采用可靠性的概率设计方法的结果以及与实物试验进行比较,总结经验,收集和积累机械可靠性数据。例如,日本的金属材料研究所和日本科学技术中心共同开发金属材料强度数据库,正在积累和统计具有偏差分布的材料数据,为开展机械可靠性概率设计创造条件。同时,日本还十分重视机械产品的可靠性试验、故障诊断、寿命预测和故障原因分析技术的研究和应用。

苏联对机械可靠性的研究十分重视,20 世纪 50 年代后期,苏联开始可靠性研究,在其 20 年科技规划中,将提高机械产品可靠性和寿命作为重点任务之一。苏联的可靠性技术应用主要靠国家标准推进,发布了一系列可靠性国家标准,这些标准主要以机械产品为对象,适用于机械制造和仪器仪表制造行业的产品。在各类机械设备的产品标准中,如液压、润滑系统、发动机、起重机、挖掘机械、汽车等,还规定有可靠性指标或相应的试验方案。同时,苏联还充分利用丰富的实际经验,研究并提出典型机械零件的可靠性设计的经验公式,并出版了《机械可靠性设计手册》。此外,苏联还十分重视工艺可靠性和制造过程的严格控制管理,认为这是保证机械产品可靠性的重要手段。

对于常规机械零件,由于机械零部件的多样性、故障机理的复杂性,传统的借用电子产品的以统计数据为基础的可靠性方法体系存在很大的局限性,无法将产品的具体设计细节如材料参数、尺寸参数及载荷参数等与产品的可靠性指标建立直接的关系,已经不能满足高可靠性的设计要求。因此,基于故障物理的可靠性理论方法在机械产品可靠性设计分析中逐渐获得重视。

基于故障物理的可靠性理论与方法,将概率与失效物理模型结合,能有效地表征失效的发生根源。早在1946年Freuenthal发表的《结构安全度》论文[1]以及1954年拉尼岑的应力-强度干涉模型,就奠定了基于故障物理的可靠性理论发展基础,并首先应用到结构构件失效的可靠性分析中。随后经过几十年的发展,该理论沿着两个层次不断深入:①机械零部件失效机理模型研究,即研究如何建立表征机械零部件失效的失效物理模型和制定失效判断准则。针对机械零部件典型失效机理(如磨损、疲劳、腐蚀和老化等[2-5]),多年来已经形成了大量基础损伤理论模型和方法,且还在进一步深化研究,同时,在考虑机械零部件失效过程中应力和强度的随机变化,提出了两类动态可靠性的理论框架,即状态转移模型和连续事件模型。②定量化可靠性模型及计算方法,即研究如何建立失效物理模型的概率表征计算模型和获得高效、高精度的可靠度计算方法。早在20世纪40年代,结构应力-强度干涉模型提出之后,形成了一次二阶矩法(FOSM)[6]。经过多年的发展以评估结构可靠度为目标、以概率统计理论为基础的可靠性计算方法相对成熟,形成了改进的一次二阶矩法(AFOSM)、雷菲(R-F)法等解析计算方法、基于近似技术的可靠性分析方法(如响应面、Kriging模型、神经网络和支持向量机等)和基于抽样技术的可靠性分析方法(如蒙特卡罗(Monte Carlo)法、重要抽样法、方向抽样法、线抽样法和子集模拟法等)[7],这些方法在解决零部件级失效上得到了广泛应用。同时,形成了处理多失效模式相关的简单边界法、一阶边界法、二阶窄边界法、三阶高精度以及考虑主次失效相关性的高精度计算方法等。对于考虑共因失效问题[8],先后有Marshall-Olkin模型、因子模型、基本参数(BP)模型、多希腊字母(MGL)模型、二项失效率(BFR)模型等,考虑随机变量非概率性特征的模糊可靠性方法[9-11]、区间可靠性分析方法[12]等,这些方法的研究扩大了现有可靠度计算方法的适用范围,完善了机械零件失效分析的可靠性建模过程。受益于专业理论研究成果的日益丰富和计算机软硬件技术平台的开发,未来机械产品的可靠性设计和试验全面进入基于故障物理模型的可靠性设计分析和虚拟试验阶段。集成相关研究成果,一些机械结构可靠性计算分析软件也出现了,如美国西南研究院开发的NESSUS机械构件/结构可靠性分析软件,可以进行静态线性和非线性分析、模态分析、动力学分析、静态屈曲分析和由低周疲劳和高周疲劳引起的疲劳破坏分析,还可以综合分析环境载荷、设计制造因素、热因素等多随机因素对构件/结构可靠性的影响;西北工业大学开发的机构结构可靠性定量计算软件。

因此,从机械零件的失效机理模型和可靠性理论方法的发展历程来看,考虑到机械零件的通用性差、类别复杂、失效机理复杂,解决机械零件可靠性设计问题,需要结合具体产品失效模式,分析机械零件的失效机理的表征模型,结合概率论数理统计,建立有效的可靠性模型,以解决零部件高可靠性设计问题。

1.2.2 机械系统可靠性技术研究与发展

机械系统可靠性问题可以分为两个类别:①由于零部件失效导致的系统可靠性问题,对于这类问题,目前把机械产品看作串并联系统,建立系统可靠性模型,进行系统可靠性计算求解;②由于零件之间的匹配性和耗损特性导致的机械系统功能退化或失效的可靠性问题,即系统功能可靠性问题,这类失效模式发生在零部件不被破坏的前提下,隐蔽性高,随着机构的复杂性日益突出,在重大装备中经常出现,此类失效是传统可靠性方法无法解决的,是目前机械可靠性研究的重点。在第二类可靠性问题中,其失效具有两个特性:①时间退化特性(由于零件发生渐变损伤导致机械功能参数随服役时间演化);②多随机因素耦合特性(机械系统存在多种随机因素,如温度、湿度、振动、冲击和承受载荷等外在随机因素以及公差、误差和材料分散性等内在随机因素,这些随机因素的耦合特性导致机构功能可靠性随着服役时间演化)。对于机械系统可靠性的研究可以归纳为以下两个方面:①基于数据驱动的可靠性理论与方法。该类方法是基于"归纳统计"逻辑对故障数据进行统计处理的"黑盒艺术",从数据表象揭示产品的可靠性水平,是"事后"行为。②基于故障物理的可靠性理论与方法。有别于传统的基于"事后"故障统计数据的可靠性理论方法,该类方法关注装备故障机理或故障的根本原因,结合物理、化学等机理模型,基于"演绎规则"逻辑对故障发生过程的精确概率进行定量分析和描述,从本质上探究产品的不可靠原因,因此该类方法成为描述故障发生过程的"白盒科学",适合"事前"精确预计,成为实现"可靠性是设计出来的"重要手段。下面将简要介绍以上两个方面相关的可靠性理论、方法及技术的研究现状及发展趋势。

1. 基于数据驱动的可靠性理论与方法

基于数据驱动的可靠性理论与方法在机械系统功能可靠性退化理论研究过程中,主要是基于机械产品的试验数据,通过对退化数据的统计拟合分析和特征提取,建立数学模型描述功能退化过程,然后基于数学模型预估和评估系统的退化行为和可靠性问题。

在机械可靠性发展的整个过程中,基于数据统计的可靠性理论与方法也在不断更新和完善,大致经历了下面几个阶段:基于大量失效数据的可靠性方法、基于少量失效数据的可靠性方法、基于可靠性增长数据的可靠性方法、基于加速试验数据的可靠性方法、无失效数据的可靠性方法、基于相似产品数据的可靠性方法、基于单元可靠性的系统可靠性方法、基于性能退化数据的可靠性方法、基于大数据的可靠性方法。基于数据的可靠性方法发展过程如图1-1所示。

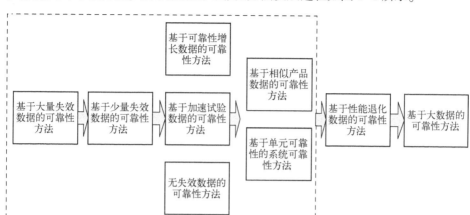

图1-1 基于数据的可靠性方法发展过程

通常来说,机械产品的可靠性(或其他性能指标)在服役过程中是一个逐渐变化的过程,当其达到某一阈值时会引起结构失效,传统的基于失效数据的可靠性分析方法通常需要建立产品失效和时间之间的确定关系或规律,并不太关注产品在服役过程中某些性能或状态的演化过程,也不能反映产品失效过程中组件之间的联系和相互影响规律。

基于退化数据的可靠性方法能有效表征产品工作过程中的性能演化规律。一方面,退化数据是产品失效过程信息的反映,记录了产品在整个服役周期中的某些特征参量的变化趋势;另一方面,基于退化数据建立的数学模型可以描述可靠性特征量随时间的变化关系,并以此为基础评价产品的可靠性。该分析方法的目标是建立产品失效过程中退化量的分布函数,并且找出分布函数与时间(或其他衡量指标)之间的关系。近年来,基于退化数据的可靠性数据分析方法研究主要包括以下两个方面:退化数据的收集与处理方法研究,包括退化数据特征辨识、退化数据测量与处理方法、退化数据建模分析等方面;基于退化数据的可靠性建模方法研究。现有的退化模型根据退化数据类型、参数数量、退化状态可以有以下类别:

(1) 以统计学为基础的退化模型,其中参数模型通常假设单元的退化轨迹服从某一具有随机参数形式的分布函数和解析式,或者认为(假定)待研究的对象的特征退化量服从一个具有特定时间相关参数的假设分布,然后在此假设基础上对目标对象特征进行描述[13]。

(2) 以随机过程为基础的退化模型[14],利用随机过程(如维纳过程、伽马过程、高斯过程等)研究结构退化建模是一个热点问题,使用该方法不需要获得产品结构的历史退化数据,这样可以节约大量的研究时间和成本,尤其对于新运行的设备而言有更大的使用空间。以随机过程为基础的退化模型在一些典型机械产品寿命评估和健康监控管理中得到应用。考虑到产品退化轨迹经常会表现出阶段性特征,即在不同退化阶段产品性能的变化过程具有明显的统计特征或规律,需要进行多状态可靠性退化模型研究,该方法在这方面已经有了大量成果,如利用分段马尔科夫过程和半马尔科夫过程等,通过有限退化状态描述潜在的退化过程。同时针对产品结构在实际服役过程中出现退化失效现象(软失效)和突发失效现象(硬失效)同时存在的情况,而产品的实际失效事件也有可能是这两种失效模式竞争出现导致的结果,并且由最先出现失效的事件决定其失效类型,针对竞争失效方面也已经有了大量研究成果,主要包括竞争失效建模方法、竞争失效过程中的数据和参数估计、竞争失效相关性等方面的相关研究。

在航空航天应用领域及其他高精尖行业中,基于退化数据的可靠性分析方法已经成为产品可靠性设计的重要组成部分,基于退化数据的可靠性分析方法经过发展取得了一定的研究成果,但是仍有很多领域值得继续探索。如具有竞争失效模式的产品可靠性分析方法、以多阶段退化过程为背景的可靠性分析方法、基于退化数据的产品寿命预测方法等。此外,由于机械产品失效数据较少且通用性较差,然而随着5G和物联网时代的到来,以及传感器技术微型化和便利化,装备服役过程中的退化数据和装配制造过程中的相关数据的获取更为方便,大数据、人工智能、专家系统等新技术的蓬勃发展给机械可靠性带来了新的研究思路。

2. 基于故障物理的可靠性理论与方法

基于故障物理的可靠性理论与方法开展机械系统可靠性演化理论的研究,主要基于机械系统功能失效原理,通过建立机械产品功能失效表征参量和相关影响因素之间的关联模型,建立功能失效可靠性表征模型,评估和预计产品的功能退化和可靠性演化。

由于早期发展起来的基于数据的可靠性方法难以找到失效的源头,以失效机理为核心的可靠性预计方法引起了美、英各国的重视。美国山地亚国家实验室提出了以失效物理为基础的可靠性工程方法,称为以科学为基础的可靠性工程方法,也称为21世纪的可靠性工程方法。该方法通过模型直接描述机械功能可靠性退化物理过程,直接反映了设计信息和失效过程,适用于工程设计阶段。

机械系统的运动功能失效与构件失效并不相同,构件失效是指当结构应力超过强度极限时,或者当载荷反复作用时发生的失效。而机械系统的运动功能失效指机械系统的性能参数超过许用值时发生的失效。机械系统中构件的结构应力和机构性能参数构成了广义应力，对照来说，强度极限和性能参数的许用值构成了广义强度，机械系统失效是因为广义应力超过了广义强度。通过调研和实验研究分析，导致机械系统失效的根本原因是影响因素的分散性和损伤累积。一些研究表明，损伤累积是导致机械系统运动功能失效的主要原因。在机械系统中，常见的损伤类型主要有磨损退化、塑性变形失效、老化、构件的应力松弛、零件的疲劳裂纹扩展等。其中，构件疲劳裂纹扩展发展到一定水平会直接使部件发生断裂，而其他几点带来的是机械系统性能的整体变化。因此，考虑运动精度和卡滞失效模式，基于功能失效物理的可靠性分析方法是研究者们主要关注的方向。

机械系统功能失效尤其是机构的失效问题主要包含运动精度失效和卡滞。卡滞是指机械系统中机构因卡死而不能按照规定的功能运动，或者运动不流畅导致运动时间过长最后不能完成任务。在卡滞可靠性的研究方面，一些学者采用能量方法对机械系统中机构的卡滞失效进行了分析，判断机械系统是否具有足够的能量源并从能量角度讨论机械系统能量方面的运动函数的可靠性。运动精度失效，是指规定使用环境、条件和时间，机构输出构件的运动误差超过许用误差。连杆系统的运动精度问题最先得到重视。在机械系统运动精度的研究上，国外相对来说开始较早。国外机械系统的可靠性研究始于并集中在机构的磨损可靠性和运动的精度可靠性。早在1946年Bruyevich就首次提出考虑运动副间隙对机械系统进行精度分析的转换机构法，这为运动精度可靠性的分析奠定了深厚的基础。过去30年，国外对于机械系统功能失效问题的工作主要集中在解决考虑原始误差下，如加工误差、装配精度等的机构运动学和动力学行为及其可靠性分析问题，到目前为止，机构精度建模方法包含了转换机构法、微分法、作用线增量法、逐步投影法、矩阵法和向量法等。国内一些学者也相继提出了矩阵微分法、微小位移合成法和环路增量法等。随着研究的不断深入，考虑间隙与柔性耦合对机械系统运动精度及可靠性分析的影响需要重视。在柔性多体系统中，许多研究都忽略了刚体的运动与构件的弹性变形的耦合作用。其中，针对考虑磨损的铰链间隙下机构行为分析的研究成果较多，已提出包括有效长度模型、虚杆原理模型、弹簧-阻尼模型、动量平衡法模型、接触-碰撞模型等运动副间隙模型，并以这些模型为基础开展了考虑原始误差条件下的机械运动学和动力学分析[15]。但是，考虑在柔性变形和铰链间隙耦合作用下的可靠性研究还不够深入。此外，机械系统中的机构通常需要长期多次使用，然而在使用过程中，其组件不可避免地会产生损伤，损伤不断累积并受时间影响，最终引起机械系统性能下降甚至失效。因此，除了分析机械系统的初始阶段的可靠性外,还需分析损伤累积引起的机械系统可靠性演化问题,即机械系统时变可靠性分析。在实际工程中,磨损对机构或系统层次性能或可靠性的影响更受研究者们的关注,如考虑磨损的累积效应与系统动力学行为耦合情况下对系统性能的影响[4,15-17],或考虑时变磨损间隙下的机构可靠性动态变化[18]。一些学者通过利用退化数据建立磨损的随机过程模型,来分析考虑磨损时可靠性随时间的演变规律[19-20],或基于"首次穿越"失效机理来给出时变可靠性问题的机制,但目前的研究还停留在零部件本身的损伤上。总体而言,目前国内外的针对机械功能失效的可靠性问题研究整体处于起步阶段,没有形成体系化的功能可靠性分析方法,还无法满足重大型号工程应用需求。同时,随着人类技术发展需求,探索自然界的范围不断地在扩展,从地面走向太空、深空和深海,装备的使用条件越来越苛刻,极限工况下的基础机械产品零部件的可靠性问题日益突出,其损伤及失效机理发生变化,随之极限工况和极限环境下高可靠长寿命机械系统设计问题成为关注重点。

近年来,北京航空航天大学康锐教授团队对可靠性技术的本质进行了系统性阐述,指出可靠性的本质是确定性与不确定性的综合体现,提出了确信可靠性的概念[21]。首先,可靠性是一个确定性的问题,是由产品的裕量(性能与阈值的距离)和退化规律决定的。裕量越大,退化越慢,产品越可靠。其次,可靠性又是一个不确定性的问题,各种不确定性因素将共同影响裕量与退化的大小和趋势。可以看出,基于不同学科的基本科学原理来探索基于功能失效物理的功能可靠性演化理论,揭示产品裕量与退化之间的规律,构建完整机械产品可靠性度量体系,依旧是机械系统可靠性分析的方向。

参考文献

[1] FREUDENTHAL A M. The safety of structures[J]. Transactions of the American Society of Civil Engineers,1947,112(1):125-159.

[2] ARCHARD J F. Contact and Rubbing of Flat Surfaces[J]. Journal of Applied Physics,1953,24(8):981-988.

[3] 孙智. 失效分析——基础与应用[M]. 2版. 北京:机械工业出版社,2017.

[4] 孙志礼,闫玉涛,杨强. 机械磨损可靠性设计与分析技术[M]. 北京:国防工业出版社,2020.

[5] 穆志韬,李旭东,刘治国,等. 飞机结构材料环境腐蚀与疲劳分析[M]. 北京:国防工业出版社,2014.

[6] CORNELL C A. A probability-based structural code[J]. Journal of the American Concrete Institute,1969,66(12):947-985.

[7] 吕震宙,宋述芳,李洪双,等. 结构机构可靠性及可靠性灵敏度分析[M]. 北京:科学出版社,2009.

[8] 格雷戈里 L,陈颖. 动态可靠性[M]. 邢留冬,汪超男,译. 北京:国防工业出版社,2019.

[9] KAUFMANN A,SWANSON D L. Introduction to the theory of fuzzy subsets[M]. New York:Academic Press,1975.

[10] BLOCKLEY D I. The nature of structural design and safety[M]. New York:John Wiley& Sons,1980.

[11] 赵德孜. 机械系统设计可靠性模糊预计与分配[M]. 北京:国防工业出版社,2010.

[12] 方鹏亚,李树豪,文振华. 基于区间不确定性的多学科可靠性设计优化方法[M]. 北京:航空工业出版社,2020.

[13] LU C J,MEEKER W O. Using degradation measures to estimate a time-to-failure distribution[J]. Technometrics,1993,35(2):161-174.

[14] 王丽英,崔利荣. 基于随机过程理论的多状态系统建模与可靠性评估[M]. 北京:科学出版社,2017.

[15] 孙志礼,姬广振,闫玉涛,等. 机构运动可靠性设计与分析技术[M]. 北京:国防工业出版社,2015.

[16] 庄新臣. 考虑铰链磨损的飞机机构可靠性若干问题研究[D]. 西安:西北工业大学,2020.

[17] 宿月文,陈渭,朱爱斌,等. 铰接副磨损与系统动力学行为耦合的数值分析[J]. 摩擦学学报,2009,29(1):50-54.

[18] 刘育强,谭春林,赵阳. 时变磨损间隙对机构可靠性的动态影响[J]. 航空学报,2015,36(5):1539-1547.

[19] SUN Z C,YU T X. Importance measure of revolute joint clearance about motion accuracy of linkage mechanism[J]. China Mechanical Engineering,2014,25(21):2874-2879.

[20] ZHUANG X C,YU T X. Time-varying dependence research on wear of revolute joints and reliability evaluation of a lock mechanism[J]. Engineering Failure Analysis,2019,96:543-561.

[21] 康锐. 确信可靠性理论与方法[M]. 北京:国防工业出版社,2020.

第 2 章

考虑相关的机械系统可靠性分配方法

2.1 系统可靠性分配方法简介

系统可靠性分配是将规定的系统可靠性指标合理地分配给组成该系统的各个单元,确定系统各组成单元的可靠性定量要求[1]。它是将规定的可靠性指标由整体到局部、自上而下、逐步分解的过程。

分配过程最重要的问题是如何实现在现有资源的约束下使系统可靠性指标最大化,或者在达到规定的可靠性指标时使消耗的资源最小化[2]。因此需要在分析系统组成、系统功能、失效模式、失效危害度、工作时间、工作环境等方面的基础上,获得提高系统各组成单元可靠度或降低失效率所需技术、人力、时间、资源等的难易程度。

在涉及安全性能的产品设计方面,如核电站设备、民用旅客机等,对这些产品均提出了较高的可靠性指标要求,其组成单元如果包含电子产品,由于电子产品具有通用化、体积小巧、重量较轻、成本低廉等特点,在满足资源的约束条件下,则一般通过冗余分配方式来实现系统可靠性指标[3-4];而如果组成单元包含机械产品,其特点与电子产品恰恰相反,一般采用提高组成单元的可靠性水平来实现系统可靠性指标要求[5]。

无论是采用冗余分配方式,还是采用提高组成单元可靠性水平的方式,系统可靠性分配的过程均可用以下不等式表示:

$$R_s(R_1, R_2, \cdots, R_i, \cdots, R_n) \geqslant R_s^* \tag{2-1}$$

$$g_s(R_1, R_2, \cdots, R_i, \cdots, R_n) \leqslant g_s^* \tag{2-2}$$

式中:R_s^* 为系统可靠性目标值;R_s 为分配后系统的实际可靠性指标值;R_i 为分配给第 i 个组成单元的可靠性指标值;g_s^* 为技术、人力、时间、资源等限制条件。

上述不等式可采用两类方法求解:一类是优化分配迭代求解方法;另一类是直接分配求解方法[6]。优化分配方法可根据约束条件得到最优解,Kuo 将已有的可靠性分配优化分配方法进行了分类分析,划分成4类约束优化方程,并对各种优化分配方法的优缺点进行了分析[7-8]。直接分配求解方法通过事先建立系统组成单元的成本(包括技术、人力、时间、资源等)与其可靠度或失效率之间的单调关系函数,获得各组成单元之间的相对可靠性比率,直接求解满足限制条件的各组成单元可靠性指标的分配值[5,9-11]。直接分配求解方法与优化分配方法相比,具有简单实用、便于工程化的特点,特别是在产品设计前期,产品可能存在限制条件不明确的情况,此时无法使用优化分配方法。

对于直接分配求解类的方法,主要通过确定系统各组成单元的可靠性分配权重,对系统的可靠性指标进行分配。比较常用的方法包括平均分配法[12],考虑历史失效数据的可靠性分配法(ARINC)[13],考虑组成单元复杂度和重要度两种因素的 AGREE 方法[14],考虑单元复杂度、技术水平、运行时间和环境条件四种因素的目标可行性(FOO)算法[13],考虑单元危害度、单元复杂度、功能数量、运行时间、技术水平、产品类型6种因素的故障关联矩阵(IFM)方法[11]。以上这些分配方法所考虑的因素越来越全面,其核心是建立各种影响因素与分配权重之间的映射关系,为确定系统各组成单元的可靠性提供依据。

建立各影响因素的分配权重,还需要根据系统的组成(串联、并联等),建立系统与各组成单元可靠性之间的逻辑关系。为了能够简便地建立它们之间的逻辑关系,一般假设各组成单元的失效独立[9,11-14]。当这个假设用于有载荷共同作用的机械产品的可靠性分析时,分配结果会产生比较大的误差。因此有学者提出在进行系统可靠性分配时应考虑功能的相依性[10],或者组成单元间的失效相关性[15-16]。

现有可靠性分配方法中考虑的影响因素众多,它们之间的关系错综复杂,某个因素可能还会受到其他因素的影响,如子系统之间失效相关性程度是与运行环境条件的载荷分散性直接相关的。功能相依性把组成单元承担的功能作为一个因素考虑进了分配过程中,但在分配时使用的仍是失效独立假设基础上建立的系统可靠性模型。考虑单元间的失效相关性并建立系统可靠性模型时比较常用的方法是使用 Copula 函数,但需要假设所有组成单元间的失效相关性相同[16]。本书从现有可靠性分配方法考虑的影响因素入手,分别从载荷分散性、系统性能分散性,以及安全性的角度,建立系统可靠性分配的影响因素集合,为考虑组成单元间不同的失效相关性,基于改进 Gumbel Copula 函数建立系统可靠性分配模型,最后通过案例对比分析验证了本书提出的系统分配模型的合理性。

在进行系统可靠性分配时,系统的概念是相对的,如汽车可看作一个系统,其中发动机、变速箱等可当作分系统或基本单元,我们也可把发动机看作一个系统,其中的曲柄、活塞、连杆等零件或部件看成基本单元;而一个零件,如曲柄仍可以当作一个系统,其结构组成部分(主轴颈、连杆轴颈、曲轴臂等)则作为基本单元。为后面论述方便,本书采用系统、子系统、组件、零部件作为相对层次划分。

目前为止,研究者们已提出了多种方法用于产品不同设计阶段的系统可靠性分配问题。在开始设计一个新的系统时,可能只知道系统是由 n 个子系统串联实现的,没有任何其他额外的信息,这时可以使用平均分配法[12]。平均分配法假设所有子系统相互独立,分配给各子系统的可靠度相同。分配公式如下:

$$R_i^* = (R_s^*)^{\omega_i} \quad (i=1,2,\cdots,n) \tag{2-3}$$

式中:R_s^* 为系统可靠度目标值;R_i^* 为分配给子系统 i 的可靠度;ω_i 为分配权重,$\omega_i = 1/n$。

如果各子系统的失效率为常数,则式(2-3)中的可靠度参数可以用失效率替换:

$$\lambda_i^* = \omega_i \lambda^* \quad (i=1,2,\cdots,n) \tag{2-4}$$

式中:λ^* 为系统失效率目标值;λ_i^* 为分配给子系统 i 的失效率。

如果子系统 i 的失效率 λ_i 可以根据类似产品的经验数据来预测,则可以使用 ARINC 方法[13],分配权重计算如下:

$$\omega_i = \frac{\lambda_i}{\sum_{i=1}^{n} \lambda_i} \quad (i=1,2,\cdots,n) \tag{2-5}$$

平均分配法和 ARINC 方法都未考虑系统组成及特点,AGREE 方法则根据子系统复杂度和重要度两个因素确定分配权重[14]。其核心思想是如果子系统 i 的组成较复杂,应分配较高的失效率;如果子系统 i 较重要,应分配较低的失效率:

$$\omega_i = \frac{n_i}{\sum_{i=1}^{n} (n_i) E_i} \quad (i=1,2,\cdots,n) \tag{2-6}$$

式中:n_i 为子系统 i 包含的组成单元数量;E_i 为子系统 i 的重要度。

FOO 方法则考虑子系统复杂度(A_{i1})、技术水平(A_{i2})、运行时间(A_{i3})和环境条件(A_{i4})4 种因素来确定分配权重[13]。4 种因素的取值范围为 1~10 之间的整数,子系统所需的技术或方法越新,组成越复杂,相对运行时间越长,运行环境越恶劣,分配给子系统的失效率越高:

$$\omega_i = \frac{A_{i1}A_{i2}A_{i3}A_{i4}}{\sum_{i=1}^{n} (A_{i1}A_{i2}A_{i3}A_{i4})} \quad (i=1,2,\cdots,n) \tag{2-7}$$

这 4 种因素的取值由专家经验打分确定。子系统复杂度是指子系统所有组成单元数量的相对数量。组成单元相对数量越多,说明子系统越复杂,子系统复杂度 A_{i1} 取值越大。技术水平是指设计子系统所采用的技术或方法的成熟度。技术或方法越成熟,技术水平 A_{i2} 取值越小。运行时间是指子系统相对系统总任务时间所占的比例。子系统运行时间所占比例越大,运行时间 A_{i3} 取值越大。环境条件是指子系统运行时所在的环境恶劣程度,环境越恶劣,环境条件 A_{i4} 取值越大。

IFM 方法考虑了更加全面的影响系统分配的因素,包括子系统危害度(A_{i1})、子系统复杂度(A_{i2})、功能数量(A_{i3})、运行时间(A_{i4})、技术水平(A_{i5})以及产品类型(A_{i6}),由 6 种因素确定分配权重[11]:

$$\omega_i = \frac{A_{i1}^{-1} A_{i2} A_{i3} A_{i4} A_{i5} A_{i6}^{-1}}{\sum_{i=1}^{n} (A_{i1}^{-1} A_{i2} A_{i3} A_{i4} A_{i5} A_{i6}^{-1})} \quad (i = 1, 2, \cdots, n) \quad (2-8)$$

上述方法考虑的因素越来越全面,但均认为各个影响因素的重要程度相同,显然子系统失效引起的危害程度要比其承担的功能数量更加重要,因此有人提出在上述分配权重计算公式基础上增加影响因素权重因子[17],假设影响因素权重因子为 b_j,影响因素分配权重计算公式为

$$\omega_i = \frac{\sum_{j=1}^{k} (b_j A_{ij})}{\sum_{i=1}^{n} \sum_{j=1}^{k} (b_j A_{ij})} \quad (i = 1, 2, \cdots, n) \quad (2-9)$$

式中:k 为考虑的影响因素数量;A_{ij} 为子系统 i 的第 j 个影响因素的评估值。

得到各组成单元的分配权重后,即可使用系统可靠度计算公式进行可靠度分配。进行分配权重计算时一般假设各组成单元的失效之间没有相关性,串联系统可靠度计算公式为

$$R_s(t) = P\{X_1 > t, X_2 > t, \cdots, X_n > t\} = \prod_{i=1}^{n} R_i \quad (2-10)$$

并联系统可靠度计算公式为

$$R_s(t) = P\{X_1 > t \cup X_2 > t \cup \cdots \cup X_n > t\}$$
$$= 1 - \prod_{i=1}^{n} (1 - R_i) \quad (2-11)$$

为了解决子系统间失效相关性问题,唐家银提出了使用 Copula 函数计算系统可靠性的公式[16],串联系统的可靠度计算公式为

$$R_s(t) = P\{X_1 > t, X_2 > t, \cdots, X_n > t\}$$
$$= \Delta_{F_1(t)}^1 \Delta_{F_2(t)}^1 \cdots \Delta_{F_n(t)}^1 C_\theta(u_1, u_2, \cdots, u_n) \quad (2-12)$$

式中:Δ 表示差分符号,即 $\Delta_{x_1}^{x_2}f(x)=f(x_2)-f(x_1)$。

并联系统的可靠度计算公式为

$$R_s(t) = P\{X_1>t \cup X_2>t \cup \cdots \cup X_n>t\}$$
$$= 1 - C_\theta(F_1(t), F_2(t), \cdots, F_n(t)) \quad (2-13)$$

式中:C_θ 为 Copula 函数,机械系统之间失效的相关性一般为正相关,并且在失效为小概率时相关性不太明显,在失效为大概率时有明显的相关性,即表现为上尾相关性,可采用 Gumbel Copula 函数:

$$C_\theta(u_1, u_2, \cdots, u_n) = \exp\left\{-\left[(-\ln u_1)^\theta + (-\ln u_2)^\theta + \cdots + (-\ln u_n)^\theta\right]^{\frac{1}{\theta}}\right\}$$
$$(2-14)$$

式中:θ 为相关程度参数,取值范围 $\theta \in [1, \infty)$。θ 取值越大,相关性越强,直至完全相关。当 $\theta=1$ 时,代表组成单元之间完全独立,式(2-12)退化为式(2-10),式(2-13)退化为式(2-11)。

使用 Copula 函数形式的系统可靠度计算公式,可以考虑各子系统之间的相关性影响,但其假设所有子系统的相关性相同,忽略了各子系统之间的相关性的差异性。

运动机构是一类工程中广泛应用的典型运动装置,这就要求机构有较高的精度和可靠性。运动精度可靠性是衡量机构质量的重要指标,因此,对机构进行可靠性设计和分配是很有必要的。传统的可靠性分配方法并不能把可靠性指标分配到构件层次,达到指导机构精度设计的目的。并且机构的运动精度可靠性与机构构件中的误差有关,机构的运动精度主要受原始误差和运行误差的影响。原始误差是在机构运行初期就存在,主要是由机械制造和装配引起的,包括尺寸误差和运动副间隙等;运行误差是指机构运行过程中不断产生的误差,如磨损等引起的误差,并且这些误差都是随机的。因此,需要将机构的可靠性分配转化成机构的误差分配使得机构的尺寸误差、运动副间隙满足规定的要求,以保证机构最终的输出性能满足一定的精度需求。

在国内研究中,赵竹青等在机构运动误差分析的基础上提出了等精度影响法和相依影响法[18]。等精度影响法是将机构所有原始误差对输出偏差的影响,按参数大小的比例进行分配,显然该方法有一定的局限性,各原始误差对机构输出偏差的影响不会完全相同,相依影响法的思想是将一些比较难控制和不易改变其允差的机构参数的允差先定下来,将比较容易控制的机构参数的允差作为试凑对象,这往往依靠设计者的经验。这两种方法都不能保证分配结果满足机构精度可靠性;随后赵青竹在机构精度可靠性分析的基础上,在满足机构精度可靠性的要求下,对机构进行设计或误差分配,忽略机构间隙误差以及磨损对机构精度的影响[19];陈建军等在机构运动精度可靠性分析的基础上,考虑到精度和费用的关系,以费用最小为目标、可靠度为约束,开展平面四连杆机构的优化设计[20],不考虑运行误差(如磨损)对机构可靠性的影响;王晓东等在机构误差传递规律分析的基础上,综合考虑精度与加工成本的关系,以加工成本最小和机构输出误差最小为目标函数,对机构进行误差分配[21],忽略了机构精度可靠性以及磨损对机构精度的影响;杨世平等在分析各零部件误差对机构运动精度影响的基础上,考虑到精度与成本的关系对机构进行误差分配[22],忽略了机构各构件的间隙以及机构的可靠性;颜珍等考虑到运动副间隙,建立了精度与成本的目标函数,进行了优化设计[23]。

国外研究主要集中在考虑机构零件装配过程中的容差分配。Prabhaharan等以容差成本函数最小为目标函数,利用遗传算法求解,但其只考虑了构件的尺寸误差[24];Rao通过区间分析法,考虑尺寸和间隙误差,以装配成本最小为目标函数进行容差分配[25];Kumar等提出了模糊综合评判的容差分配方法,但未考虑间隙以及是否满足规定的可靠性要求[26]。

到目前为止,虽然有很多种关于误差分配的方法,但在对机构进行误差分配时,还没有同时考虑原始误差以及运行误差,并且以满足系统可靠度指标为前提的研究。

2.2 综合考虑产品组成及功能的可靠性分配方法

机械系统的可靠性参数选择及指标确定方法已制定相应标准,如GJB 1909A—2009,针对机械系统其他分系统,首先建立可靠性模型;其次将可靠性指标分配到每个设备的每个元件;再次分析各元件的故障模式,得到各元件的可靠度;最后依据可靠性模型评价系统可靠性。而结构与之不同,它必须先分析不同机械系统结构可能的失效模式,如静强度失效、动强度失效、疲劳/断裂失效、环境强度失效等,不同失效模式对应着不同的可靠性要求,包括定量要求和定性要求。针对每种可能的失效模式,建立可靠性模型,分配可靠性指标,保证在该失效模式下整体结构体系达到对应的可靠性要求。

包含机构的设备如果要进行参数指标分配,与结构体系类似却又不同,必须从两个方面分析设备的失效模式:①从设备的组成零部件入手,分析结构失效模式,如静强度失效、动强度失效、疲劳/断裂失效、环境强度失效等;②从设备整体功能入手,分析机构功能失效模式,如开锁失效、启动失效、运动过程失效、定位失效、锁定失效等。不同失效模式对应着不同的可靠性要求,包括定量要求和定性要求。针对每种可能的失效模式,建立可靠性模型,分配可靠性指标,保证在该失效模式下设备整体达到对应的可靠性要求。综合考虑系统组成与功能的机械可靠性分配体系如图 2-1 所示。

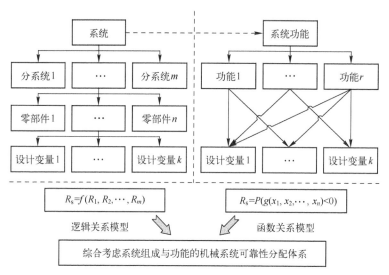

图 2-1 综合考虑系统组成与功能的机械系统可靠性分配体系

因此,对于包含机构的设备而言:①需要先从结构组成和机构功能两方面进行设备失效模式的分析;②对每种失效模式,应依据其影响和危害度分析,确定其严重性级别;③对每种失效模式,识别对设备可靠性起作用的参数。例如,静强度失效直接影响结构的安全可靠度,疲劳/断裂失效直接影响结构的使用寿命和安全可靠度,对这些失效模式有定量的可靠性要求;动强度失效直接影响结构的使用安全,需要通过防止设计中的控制与分析来保证可靠性;而环境强度失效主要影响结构的日历寿命(使用年限),但环境与疲劳共同作用下的失效属于疲劳/断裂失效的范畴。因此,机构功能失效应依据其作用的不同而有不同的定量要求。

现行标准规定的可靠性分配方法与本书提出的综合考虑系统组成与功能的可靠性分配方法之间的关系如图 2-2 所示。传统分配方法主要用于机械系统、子系统、设备级的可靠性指标分配,各组成之间属于弱耦合关系,它们之间的关系可用逻辑关系模型,变量不存在功能的函数关系。本书提出的方法适用于设备级以下的可靠性指标分配过程,一般除了结构组成要求必要的可靠性指标外,还需要对产品功能提出必要的可靠性要求,分配过程也需要同时考虑产品组成和产品功能的可靠性要求。

综合考虑产品组成及功能的机械系统可靠性分配方法流程如图 2-3 所示。

(1) 设定待分配的产品的目标可靠性水平。可靠性目标参数的类型主要有可靠度 R_s^*、失效率 λ^*、平均故障间隔时间 MTBF^* 等。在方案设计阶段,如

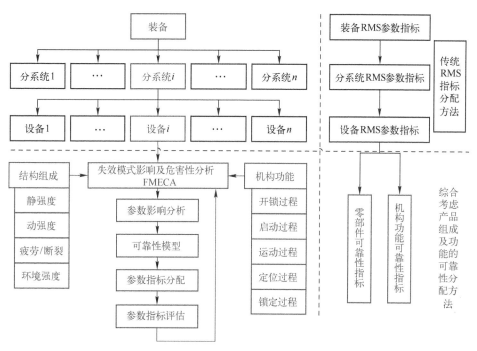

图 2-2 考虑系统组成和功能的可靠性分配方法与传统方法之间的关系

果产品发生故障的分布类型未知,则先假设为指数分布,则这三种可靠性参数可相互转化。

(2) 确定产品的结构组成及功能要求。根据组成及功能要求确定产品组件的数量及功能数量。在方案设计初期,如果产品组成未知,则此方法不适用,此时可采用比例组合法、评分分配法等方法进行指标分配。对产品功能进行分析,如果产品的功能可根据组成逻辑关系建立,则采用传统的系统可靠性分配方法进行分配;如果产品的功能是由多个组成单元的配合或共同作用实现的,则需要将此功能单列出来,作为虚单元,与组成单元一起进行可靠性分配。例如,空间站和宇宙飞船之间的对接锁紧系统,如果对接误差较大,则会影响锁紧过程的可靠性,因此需要综合考虑对接锁紧功能的可靠性,而无法通过约束空间站的可靠性和宇宙飞船的可靠性来实现对接锁紧功能的可靠性指标。

(3) 确定各组件的失效模式、失效严重度以及失效发生度。计算各组件的失效严重度和失效发生度。

(4) 确定各组件的工作环境条件、加工制造技术等因素水平。计算各组件的载荷相对分散性、复杂度及危害度。

(5) 确定产品各功能的失效严重度、失效发生度等因素水平。计算产品各功能的复杂度及危害度。

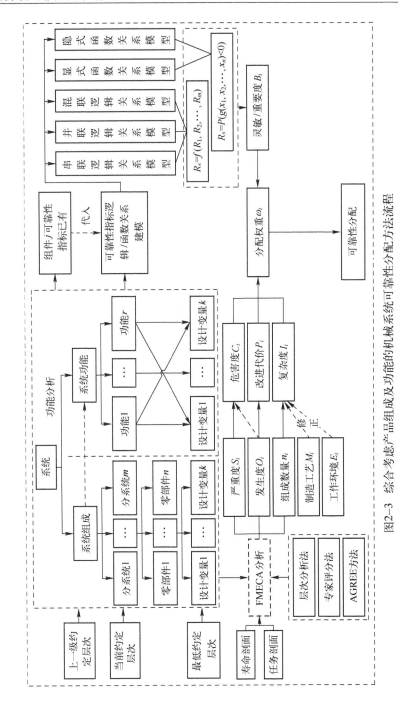

图2-3 综合考虑产品组成及功能的机械系统可靠性分配方法流程

(6) 综合产品组成及功能,归一化处理各组件及功能的复杂度及危害度。计算产品各组件及功能的可靠性分配权重。

(7) 根据产品可靠度计算模型,计算产品各组件及各功能分配的可靠度。

设定目标可靠度 R_s^* 的方法主要有两种:一种是直接采用户提出的可靠性指标要求;另一种是根据相似产品的现有可靠性水平及未来需求,提出产品的可靠性水平目标。功能影响因素一般为产品组件的设计参数,如杆长、孔径等,或者组件间的配合参数,如运动副间隙、同轴度等。

失效严重度 S_{ij} 和失效发生度 O_{ij} 的取值范围均为 [1,10] 的整数,取值越大,代表失效后果越严重或者失效发生的可能性越大。

各组件的失效严重度 s_i 计算公式如下:

$$s_i = \exp(\overline{S_i}) \tag{2-15}$$

式中: $\exp(\cdot)$ 为指数函数,目的是将线性的失效严重度评分转化为非线性形式,因失效严重程度越大,不同级别之间的差别越大; $\overline{S_i}$ 为产品组件 i 的最大的失效严重度,其计算公式如下:

$$\overline{S_i} = \mathrm{MAX}(S_{i1}, S_{i2}, \cdots, S_{iN}) \tag{2-16}$$

式中: N 为产品组件 i 包含的失效模式数量。

各组件的失效发生度 o_i 计算公式如下:

$$o_i = \sum_{j=1}^{N} \exp(O_{ij}) \tag{2-17}$$

工作环境条件代表着子系统运行时所处的环境恶劣程度,取值范围 $E_i \in (0.0, 1.0]$,所处环境越恶劣,分值越大。加工制造技术水平代表着产品加工制造采用的技术的先进性水平,取值范围 $M_i \in (0.0, 1.0]$,采用先进加工制造技术可以减少产品结构性能的分散性,即分值减小。

载荷相对分散性 L_{sRi} 计算公式如下:

$$L_{sRi} = \frac{E_i}{E_i + M_i} \tag{2-18}$$

复杂度 I_i 计算公式如下:

$$I_i = n_i^{1-L_{sRi}} \tag{2-19}$$

式中: n_i 为组件 i 包含的组成单元数量。

危害度 C_i 计算公式如下:

$$C_i = \frac{s_i}{o_i} \tag{2-20}$$

失效严重度 S_k 和失效发生度 O_k 的取值范围均为 [1,10],取值越大,代表失效后果越严重或者发生的可能性越大。

计算产品各功能的复杂度 I_k 的计算公式如下：

$$I_k = n_k \tag{2-21}$$

式中：n_k 为功能 k 包含影响因素数量。

产品各功能的危害度 C_k 计算公式如下：

$$C_k = \exp\left(\frac{S_k}{O_k}\right) \tag{2-22}$$

归一化处理各组件及功能的复杂度 I_r 及危害度 C_r 公式如下：

$$I_r = \begin{cases} \dfrac{I_i}{\sum\limits_{i=1}^{n} I_i + \sum\limits_{k=1}^{m} I_k} & (r = i, \quad i = 1, 2, \cdots, n) \\ \dfrac{I_k}{\sum\limits_{i=1}^{n} I_i + \sum\limits_{k=1}^{m} I_k} & (r = n + k, \quad k = 1, 2, \cdots, m) \end{cases} \tag{2-23}$$

$$C_r = \begin{cases} \dfrac{C_i}{\sum\limits_{i=1}^{n} C_i + \sum\limits_{k=1}^{m} C_k} & (r = i, \quad i = 1, 2, \cdots, n) \\ \dfrac{C_k}{\sum\limits_{i=1}^{n} C_i + \sum\limits_{k=1}^{m} C_k} & (r = n + k, \quad k = 1, 2, \cdots, m) \end{cases} \tag{2-24}$$

式中：n 为产品包含的组件的数量；m 为产品包含的功能的数量。计算归一化复杂度和危害度时将产品的组件和功能进行综合。

计算产品各组件及功能的可靠性分配权重 ω_r 公式如下：

$$\omega_r = \frac{I_r/C_r}{\sum\limits_{r=1}^{n+m} I_r/C_r} \quad (r = 1, 2, \cdots, n + m) \tag{2-25}$$

建立产品可靠度计算模型，串联系统的可靠度计算公式如下：

$$\begin{cases} R_s = \prod\limits_{r=1}^{n+m} R_r \\ 1 - R_1 : 1 - R_2 : \cdots : 1 - R_{n+m} = \omega_1 : \omega_2 : \cdots : \omega_{n+m} \end{cases} \tag{2-26}$$

并联系统的可靠度计算公式如下：

$$\begin{cases} R_s = \left[1 - \prod\limits_{r=1}^{n}(1 - R_r)\right] \times \prod\limits_{r=n+1}^{n+m} R_r \\ 1 - R_1 : 1 - R_2 : \cdots : 1 - R_{n+m} = \omega_1 : \omega_2 : \cdots : \omega_{n+m} \end{cases} \tag{2-27}$$

式中：R_s 为产品的系统可靠度；R_r 为产品各组件及功能的可靠度。

将产品目标可靠度 R_s^* 及分配权重 ω_r 代入式（2-26）或式（2-27），计算产品各组件及各功能分配的可靠度。

2.3 考虑不同失效相关性的机械系统可靠性分配方法

进行系统可靠性分配的前提是建立系统与组成单元之间的可靠性模型。传统的串并联关系模型是在组成单元间失效独立假设的基础上建立起来的，该模型应用到组成单元失效相关性非常明显的机械产品时不再适用。

使用功能相依性的方法是将组成单元按照共同实现某个功能所占比重进行划分，然后得到每个组成单元在实现系统所有功能方面所占的比重，最终用所占比重作为可靠性分配的一个依据。虽然功能相依性方法考虑了相关性问题，但使用的可靠性分配模型仍是失效独立假设的基础上的串并联关系模型。

多元 Copula 函数可以建立系统联合失效概率与组成单元的边缘失效概率之间的关系，但其假设所有组成单元之间的失效相关性相同。一个系统的所有组成单元的失效，有的失效相关性很大，而有的失效相关性很小，甚至没有相关性。采用相同的失效相关性假设会存在一定的误差，为了考虑不同失效相关性对系统可靠度分配的影响，基于 Vine Copula 函数，综合每个组成单元与其他单元之间失效相关性水平，从而建立系统可靠性分配模型。

2.3.1 Vine Copula 函数

对于 n 维随机向量 $X=(x_1,x_2,\cdots,x_n)$，根据条件概率公式，可将其联合失效概率函数表示为

$$F_{1,2,\cdots,n}=C_\theta(u_1,u_2,\cdots,u_n)=F_1(x_1)\cdot F_{2|1}(x_2|x_1)\cdots F_{n|1,2,\cdots,n-1}(x_n|x_1,x_2,\cdots,x_{n-1}) \quad (2-28)$$

式中：$F_{k|1,2,\cdots,k-1}(x_k|x_1,x_2,\cdots,x_{k-1})(k=2,3,\cdots,n)$ 为条件分布函数。

条件分布函数可表示为

$$F_{x|v}(x|v)=\frac{\partial C_{x,v_j|v_{-j}}[F(x|v_{-j}),F(v_j|v_{-j})]}{\partial F(v_j|v_{-j})} \quad (2-29)$$

式中：v_j 为向量 v 中的任意变量；v_{-j} 为向量 v 中去掉这个变量的向量；$C_{x,v_j|v_{-j}}$ 为二维条件 Copula 函数。

如果向量 v 中只包含一个变量，则条件分布函数变换为

$$F_{x|v}(x|v)=\frac{\partial C_{x,v}[F(x),F(v)]}{\partial F(v)} \quad (2-30)$$

根据式(2-28)~式(2-30),可得到由多个二维条件 Copula 函数表示的联合失效概率函数。

对于确定的 Copula 函数,其条件分布函数也是唯一确定的。如 Gumbel Copula 函数的条件分布函数为

$$F_{i|j}(x_i \mid x_j) = \frac{\partial C_{ij}(u_i, u_j)}{\partial u_j} = \frac{C_{ij}(u_i, u_j)}{u_j}(-\ln u_j)^{\theta-1}\left[(-\ln u_i)^{\theta} + (-\ln u_j)^{\theta}\right]^{\frac{1}{\theta}-1} \quad (2-31)$$

以系统包含 3 个组成单元为例,所有组成单元的联合失效概率为

$$\begin{cases} F_{1,2,3} = F_1(x_1) \cdot F_{2|1}(x_2 \mid x_1) \cdot F_{3|21}(x_3 \mid x_2, x_1) \\ F_{2|1}(x_2 \mid x_1) = \dfrac{\partial C_{12}[F_1(x_1), F_2(x_2)]}{\partial F_2(x_2)} \\ F_{3|21}(x_3 \mid x_2, x_1) = \dfrac{\partial C_{3|21}[F_{2|1}(x_2 \mid x_1), F_{3|1}(x_3 \mid x_1)]}{\partial F_{2|1}(x_2 \mid x_1)} \end{cases}$$

2.3.2 可靠性分配模型

对于串联系统,可靠度计算公式为

$$R_s(t) = \Delta^1_{F_1(t)} \Delta^1_{F_2(t)} \cdots \Delta^1_{F_n(t)} F_{1,2,\cdots,n} \quad (2-32)$$

对于并联系统,可靠度计算公式为

$$R_s(t) = 1 - F_{1,2,\cdots,n} \quad (2-33)$$

Copula 函数中相关参数 θ_{ij} 可通过 Kendall 相关性系数 τ_{ij} 得到,计算公式如下:

$$\theta_{ij} = \frac{1}{1 - \tau_{ij}} \quad (2-34)$$

计算条件分布函数时,可采用偏相关系数计算公式得到:

$$\tau_{ik|j} = \frac{|\tau_{ik} - \tau_{ij}\tau_{jk}|}{\sqrt{1-\tau_{ij}^2}\sqrt{1-\tau_{jk}^2}} \quad (2-35)$$

2.4 可靠性分配应用案例

2.4.1 某主轴系统可靠性指标分配

对某主轴系统进行可靠性分配,系统要求运行 $t = 500h$ 时可靠度 R_s 达到 0.99。主轴系统包括 8 个子系统,当各子系统均未发生失效时,其主要功能是提供稳定转速、满足一定精度的旋转输出。系统可靠度分配考虑的基本影响因素有复杂度 I_i、危害度 C_i、零件数量 n_i、环境条件 E_i、技术水平 M_i、严重度 S_i、发

生度 O_i、改进代价 P_i。主轴系统 FMEA 分析结果如表 2-1 所列，基本影响因素指标值如表 2-2 所列。

表 2-1 主轴系统 FMEA 分析结果

编号	子系统名称	失效模式	失效严重度 S_{ij}	失效发生度 O_{ij}	子系统严重度 S_i	子系统严重度转换值 $\overline{S_i}$	工作环境 E_i	技术水平 M_i	分散性 L_{sRi}	发生度转换值 $\overline{O_{ij}}$	子系统发生度转换值 $\overline{O_i}$
1	支撑系统	FM11 FM12	3 2	4 5	3	11.02	0.44	0.45	0.49	3.098×10⁻⁵ 4.643×10⁻⁵	7.742×10⁻⁵
2	测量组件	FM21	8	7	8	601.85	0.58	0.54	0.52	9.142×10⁻⁵	9.142×10⁻⁵
3	前支撑	FM31 FM32 FM33	4 2 6	2 6 2	6	121.51	0.55	0.54	0.50	1.357×10⁻⁵ 6.625×10⁻⁵ 1.357×10⁻⁵	9.340×10⁻⁵
4	后支撑	FM31 FM32 FM33	4 2 6	2 6 2	6	121.51	0.52	0.73	0.42	1.564×10⁻⁵ 1.014×10⁻⁴ 1.564×10⁻⁵	1.326×10⁻⁴
5	前密封	FM51	6	3	6	121.51	0.32	0.39	0.45	2.296×10⁻⁵	2.296×10⁻⁵
6	后密封	FM61	6	3	6	121.51	0.26	0.31	0.46	2.266×10⁻⁵	2.266×10⁻⁵
7	启动组件	FM71 FM72	3 5	8 4	5	54.60	0.69	0.67	0.51	1.438×10⁻⁴ 2.972×10⁻⁵	1.735×10⁻⁴
8	制动组件	FM81 FM82	9 7	5 2	9	1339.43	0.49	0.48	0.51	4.447×10⁻⁵ 1.356×10⁻⁵	5.804×10⁻⁵
9	旋转精度	FM9	6	8	6	121.51	0.70	0.30	0.70	4.191×10⁻⁵	4.191×10⁻⁵

表 2-2 基本影响因素指标值

子系统	零件数 n_i	子系统严重度转换值 $\overline{S_i}$	子系统发生度转换值 $\overline{O_i}$	改进代价 P_i	危害度 C_i	复杂度 I_i	分配权重 ω_i
1	1	11.02	7.742×10⁻⁵	0.0947	0.0043	0.0567	0.408
2	4	601.85	9.142×10⁻⁵	0.0930	0.2388	0.1106	0.014
3	8	121.51	9.340×10⁻⁵	0.0928	0.0483	0.1588	0.102
4	5	121.51	1.326×10⁻⁴	0.0893	0.0502	0.1451	0.089
5	5	121.51	2.296×10⁻⁵	0.1068	0.0420	0.1372	0.101
6	3	121.51	2.266×10⁻⁵	0.1069	0.0419	0.1030	0.076

续表

子系统	零件数 n_i	子系统严重度转换值 $\overline{S_i}$	子系统发生度转换值 $\overline{O_i}$	改进代价 P_i	危害度 C_i	复杂度 I_i	分配权重 ω_i
7	4	54.60	1.735×10^{-4}	0.0866	0.0233	0.1122	0.149
8	3	1339.43	5.804×10^{-5}	0.0975	0.5067	0.0976	0.006
9	3	121.51	4.191×10^{-5}	0.1008	0.0445	0.0788	0.055

因系统中包含由多个子系统共同完成的功能,因此使用综合考虑系统组成及功能的串联系统可靠性分配模型,计算各子系统可靠度。假设系统服从指数分布,各组成单元的失效率按分配权重进行分配:

$$\lambda_1:\lambda_2:\cdots:\lambda_9=(8.20:0.29:2.04:1.80:2.03:1.53:3.00:0.12:1.10)\times10^{-6}$$

分配结果如表 2-3 所列。

表 2-3 系统可靠性分配结果

分配方法	分配结果								
	λ_1	λ_2	λ_3	λ_4	λ_5	λ_6	λ_7	λ_8	λ_9
传统可靠性分配方法	2.43×10^{-6}	2.72×10^{-6}	2.81×10^{-6}	2.77×10^{-6}	2.12×10^{-6}	1.90×10^{-6}	2.95×10^{-6}	2.41×10^{-6}	—
综合考虑产品组成及功能的可靠性分配	8.20×10^{-6}	2.9×10^{-7}	2.04×10^{-6}	1.80×10^{-6}	2.03×10^{-6}	1.53×10^{-6}	3.00×10^{-6}	1.2×10^{-7}	1.10×10^{-6}
分配方法	R_1	R_2	R_3	R_4	R_5	R_6	R_7	R_8	R_9
传统可靠性分配方法	0.9957	0.9998	0.9989	0.9991	0.9989	0.9992	0.9984	0.9999	—
综合考虑产品组成及功能的可靠性分配	0.9959	0.9999	0.9990	0.9991	0.9990	0.9992	0.9985	0.9999	0.9994

基于串联系统可靠度计算模型验证产品可靠度指标:

$$R_s=R_1\cdot R_2\cdot R_3\cdot R_4\cdot R_5\cdot R_6\cdot R_7\cdot R_8\cdot R_9=0.99$$

使用传统可靠性分配方法和综合考虑产品组成及功能的可靠性分配方法的结果对比如图 2-4 所示。

除了已知的上述信息外,如果已知主轴系统的故障信息 Kendall 相关性矩阵,则可使用考虑不同失效相关性的机械系统可靠性分配方法。已知主轴系统的故障信息 Kendall 相关性矩阵如下,由相关性矩阵可以看出,各子系统之间的相关性并不相同,大部分之间没有相关性。

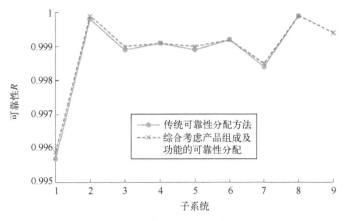

图 2-4 主轴系统可靠性分配结果

$$\tau = \begin{bmatrix} 1 & 0.43 & 0 & 0.73 & 0 & 0 & 0.31 & 0 & 0 \\ 0.43 & 1 & 0 & 0 & 0.43 & 0 & 0 & 0 & 0 \\ 0 & 0 & 1 & 0.25 & 0 & 0 & 0 & 0 & 0 \\ 0.73 & 0 & 0.25 & 1 & 0 & 0 & 0 & 0 & 0 \\ 0 & 0.43 & 0 & 0 & 1 & 0.73 & 0 & 0 & 0 \\ 0 & 0 & 0 & 0 & 0.73 & 1 & 0 & 0 & 0 \\ 0.31 & 0 & 0 & 0 & 0 & 0 & 1 & 0.17 & 0 \\ 0 & 0 & 0 & 0 & 0 & 0 & 0.17 & 1 & 0 \\ 0 & 0 & 0 & 0 & 0 & 0 & 0 & 0 & 1 \end{bmatrix}_{9 \times 9} \quad (2\text{-}36)$$

分别使用独立假设的串并联系统可靠性分配模型、基于多元 Gumbel Copula 函数的可靠性分配模型(取 $\theta=2.0$)和基于 Vine Copula 函数的可靠性分配模型计算各子系统可靠度。

综合考虑产品组成及功能的可靠性分配结果参见表 2-4 第 7 行,基于多元 Gumbel Copula 函数可靠性分配结果参见表 2-4 第 8 行,基于 Vine Copula 函数可靠性分配结果参见表 2-4 第 9 行,各组成单元间的相关性按式(2-36)设置。

表 2-4 系统可靠性分配结果

分配方法	分 配 结 果								
	λ_1	λ_2	λ_3	λ_4	λ_5	λ_6	λ_7	λ_8	λ_9
考虑产品组成及功能的分配	8.20×10^{-6}	2.9×10^{-7}	2.04×10^{-6}	1.80×10^{-6}	2.03×10^{-6}	1.53×10^{-6}	3.00×10^{-6}	1.2×10^{-7}	1.10×10^{-6}

续表

分配方法	分配结果								
	λ_1	λ_2	λ_3	λ_4	λ_5	λ_6	λ_7	λ_8	λ_9
基于多元 Gumbel Copula 的分配	9.68× 10^{-6}	3.4× 10^{-7}	2.41× 10^{-6}	2.12× 10^{-6}	2.40× 10^{-6}	1.80× 10^{-6}	3.54× 10^{-6}	1.4× 10^{-7}	1.30× 10^{-6}
基于 Vine Copula 的分配	8.36× 10^{-6}	2.9× 10^{-7}	2.08× 10^{-6}	1.83× 10^{-6}	2.07× 10^{-6}	1.56× 10^{-6}	3.06× 10^{-6}	1.2× 10^{-7}	1.12× 10^{-6}
分配方法	R_1	R_2	R_3	R_4	R_5	R_6	R_7	R_8	R_9
考虑产品组成及功能的分配	0.9959	0.9999	0.9990	0.9991	0.9990	0.9992	0.9985	0.9999	0.9994
基于多元 Gumbel Copula 的分配	0.9952	0.9998	0.9988	0.9989	0.9988	0.9991	0.9982	0.9999	0.9994
基于 Vine Copula 的分配	0.9958	0.9999	0.9990	0.9991	0.9990	0.9992	0.9985	0.9999	0.9994

不考虑相关性的可靠性分配结果过于保守,为保证所有组成单元的可靠度从而使系统可靠性指标满足要求,将增加整个系统的研制成本。多元 Gumbel Copula 函数可靠性分配方法中相关性参数 θ_i 的取值具有随意性,并且整个系统使用相同的相关性数值,无法区分不同组成单元之间的不同相关性差别。使用 Vine Copula 函数可靠性分配方法,可避免由于 θ_i 取值的任意性带来的可靠性分配结果可能冒进的后果。不同方法分配的 8 个子系统和功能可靠性结果对比如图 2-5 所示。

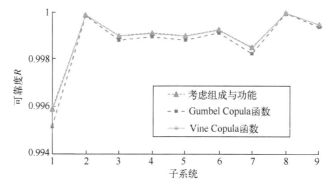

图 2-5 主轴系统可靠性分配结果

2.4.2 某飞机舱门收放系统可靠性指标分配

以某飞机主起舱门收放系统为例,该系统由主舱门组件、随动舱门组件、舱门驱动机构、主舱门作动筒组件、随动舱门拉杆组件、上位锁机构共6个组件组成,每个组件含若干个零件,产品共包含50个零件。此外该舱门收放系统的功能主要有关闭锁定和打开释放两大功能。

主起舱门收放系统的目标可靠度为开闭6000次后$R_s^* = 0.99$,产品共有6个组件及2个功能要求,各组件的数量及功能数量见表2-5第3列。根据主起舱门收放系统的FMEA分析结果,确定各组件的失效模式,以及各失效模式的失效严重度S_{ij}、失效发生度O_{ij}见表2-5第4～6列。根据各失效模式的失效严重度S_{ij}、失效发生度O_{ij}计算各组件的失效严重度s_i、失效发生度o_i见表2-5第7列和第8列。确定各组件的工作环境E_i、加工制造技术水平M_i见表2-5第9列和第10列。计算各组件的载荷相对分散性L_{sRi}、复杂度I_i及危害度C_i见表2-6第4～6列。综合产品组成及功能,归一化处理各组件及功能的复杂度I_r及危害度C_r结果见表2-6第7列和第8列。计算产品各组件及功能的可靠性分配权重ω_r结果见表2-6第9列。使用串联系统建立产品可靠度计算模型如下:

$$R_s = R_1 \cdot R_2 \cdot R_3 \cdot R_4 \cdot R_5 \cdot R_6 \cdot R_7 \cdot R_8$$

表 2-5 可靠度分配影响因素表

编号	组件名称/功能	部件数量 n_i	失效模式	失效模式的失效严重度 S_{ij}	失效模式的失效发生度 O_{ij}	组件的失效严重度 s_i	组件的失效发生度 o_i	工作环境 E_i	加工制造技术水平 M_i
1	主舱门组件	4	FM11 FM12	6 3	1 3	121.51	3.526×10⁻⁵	0.38	0.55
2	随动舱门组件	9	FM21 FM22	5 2	2 5	54.60	6.630×10⁻⁵	0.56	0.64
3	舱门驱动机构	11	FM31 FM32 FM33	7 3 5	1 3 2	270.43	3.734×10⁻⁵	0.32	0.23
4	主舱门作动筒组件	2	FM41 FM42	7 3	2 3	270.43	3.487×10⁻⁵	0.44	0.46
5	随动舱门拉杆组件	19	FM51 FM52	7 3	1 4	270.43	4.195×10⁻⁵	0.44	0.48
6	上位锁机构	5	FM61 FM62	6 3	3 5	121.51	1.436×10⁻⁴	0.25	0.64
7	关闭锁定功能	14	FM7	6	5	121.51	3.355×10⁻⁴	—	—
8	打开释放功能	14	FM8	10	4	2980.96	1.507×10⁻⁴	—	—

表 2-6　可靠度分配权重计算表

编号	组件名称/功能	零件数 n_i	载荷相对分散性 L_{sRi}	复杂度 I_i	危害度 C_i	归一化复杂度 I_r	归一化危害度 C_r	分配权重 ω_r
1	主舱门组件	4	0.4086	2.2702	0.2141	0.0499	0.0255	0.084
2	随动舱门组件	9	0.4667	3.2280	0.1025	0.0710	0.0122	0.249
3	舱门驱动机构	11	0.5818	2.7258	0.4791	0.0599	0.0571	0.045
4	主舱门作动筒组件	2	0.4889	1.4251	0.4759	0.0313	0.0567	0.024
5	随动舱门拉杆组件	19	0.4783	4.6470	0.4846	0.1022	0.0577	0.076
6	上位锁机构	5	0.2809	3.1815	0.2480	0.0700	0.0295	0.101
7	关闭锁定功能	14	—	14.0000	0.2743	0.3078	0.0327	0.403
8	打开释放功能	14	—	14.0000	6.1180	0.3078	0.7286	0.018

根据可靠度计算模型及可靠性分配权重 ω_r 结果，计算出各组件和功能的可靠度 R_i 见表 2-7。基于产品可靠度计算模型，验证产品可靠度指标：

$$R_s = 0.99$$

表 2-7　系统可靠性分配结果

分配方法	分配结果							
	λ_1	λ_2	λ_3	λ_4	λ_5	λ_6	λ_7	λ_8
传统可靠性分配方法	2.42×10^{-7}	7.19×10^{-7}	1.30×10^{-7}	6.8×10^{-8}	2.18×10^{-7}	2.92×10^{-7}	—	—
综合考虑产品组成及功能的可靠性分配	1.40×10^{-7}	4.15×10^{-7}	0.75×10^{-7}	4.0×10^{-8}	1.26×10^{-7}	1.69×10^{-7}	6.74×10^{-7}	3.0×10^{-8}
分配方法	R_1	R_2	R_3	R_4	R_5	R_6	R_7	R_8
传统可靠性分配方法	0.998551	0.995698	0.999223	0.999591	0.998690	0.998248	—	—
综合考虑产品组成及功能的可靠性分配	0.999162	0.997511	0.999550	0.999763	0.999242	0.998986	0.995966	0.999819

主起舱门收放系统的打开释放功能如果失效会引起非常严重的后果，因此需要分配较高的可靠度，从而保证主起舱门收放系统的整体可靠性水平。当使用传统可靠性分配方法时，由于忽略了功能对舱门收放系统的可靠性影响，虽

然通过设计可以保证舱门收放系统的所有组件全部处于较高的可靠度水平,但仍无法避免经常出现的关闭/打开卡滞问题,随着服役时间的增长,非常容易引发无法打开的功能故障。本分配方法通过对舱门收放系统的相应功能提出可靠度要求,使设计人员在舱门收放系统的研制过程中考虑功能可靠性问题,从而提高舱门收放系统的整体可靠性水平。

使用传统可靠性分配方法和综合考虑产品组成及功能的可靠性分配方法的结果对比如图 2-6 所示。

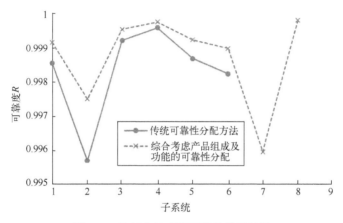

图 2-6 舱门收放系统可靠性分配结果

除了已知的上述信息外,如果已知舱门收放系统的故障信息 Kendall 相关性矩阵,则可使用考虑不同失效相关性的机械系统可靠性分配方法。已知舱门收放系统的故障信息 Kendall 相关性矩阵如下:

$$\tau = \begin{bmatrix} 1 & 0.45 & 0 & 0 & 0 & 0 & 0 & 0 \\ 0.45 & 1 & 0 & 0 & 0 & 0 & 0 & 0 \\ 0 & 0 & 1 & 0.25 & 0 & 0.54 & 0 & 0 \\ 0 & 0 & 0.25 & 1 & 0.45 & 0 & 0 & 0 \\ 0 & 0 & 0 & 0.45 & 1 & 0 & 0 & 0 \\ 0 & 0 & 0.54 & 0 & 0 & 1 & 0 & 0 \\ 0 & 0 & 0 & 0 & 0 & 0 & 1 & 0 \\ 0 & 0 & 0 & 0 & 0 & 0 & 0 & 1 \end{bmatrix}_{8 \times 8} \quad (2\text{-}37)$$

由相关性矩阵可以看出,各子系统之间的相关性并不相同,大部分之间没有相关性。

分别使用假设独立的串并联系统可靠性分配模型、基于多元 Gumbel Copula 函数的可靠性分配模型(取 $\theta = 2.0$)和基于 Vine Copula 函数的可靠性分配模型计算各子系统可靠度。

综合考虑产品组成及功能的可靠性分配结果参见表 2-8 第 7 行,基于多元 Gumbel Copula 函数可靠性分配结果参见表 2-8 第 8 行,基于 Vine Copula 函数可靠性分配结果参见表 2-8 第 9 行,各组成单元间的相关性按式(2-37)设置。

表 2-8　系统可靠性分配结果

分配方法	分配结果							
	λ_1	λ_2	λ_3	λ_4	λ_5	λ_6	λ_7	λ_8
考虑产品组成及功能的分配	1.40×10^{-7}	4.15×10^{-7}	7.5×10^{-8}	4.0×10^{-8}	1.26×10^{-7}	1.69×10^{-7}	6.74×10^{-7}	3.0×10^{-8}
基于多元 Gumbel Copula 的分配	1.55×10^{-7}	4.61×10^{-7}	8.3×10^{-8}	4.4×10^{-8}	1.40×10^{-7}	1.88×10^{-7}	7.48×10^{-7}	3.5×10^{-8}
基于 Vine Copula 的分配	1.50×10^{-7}	4.45×10^{-7}	8.0×10^{-8}	4.2×10^{-8}	1.35×10^{-7}	1.81×10^{-7}	7.21×10^{-7}	3.2×10^{-8}
分配方法	R_1	R_2	R_3	R_4	R_5	R_6	R_7	R_8
考虑产品组成及功能的分配	0.999162	0.997511	0.999550	0.999763	0.999242	0.998986	0.995966	0.999819
基于多元 Gumbel Copula 的分配	0.999070	0.997237	0.999501	0.999737	0.999159	0.998875	0.995523	0.999799
基于 Vine Copula 的分配	0.999103	0.997337	0.999519	0.999747	0.999189	0.998915	0.995684	0.999806

不考虑相关性的可靠性分配结果过于保守,为保证所有组成单元的可靠度使系统可靠性指标满足要求,将增加整个系统的研制成本。多元 Gumbel Copula 函数可靠性分配方法中相关性参数 θ_i 的取值具有随意性,并且整个系统使用相同的相关性数值,无法区分不同组成单元之间的不同相关性差别。使用 Vine Copula 函数可靠性分配方法,可避免由于 θ_i 取值的任意性带来的可靠性分配结果可能冒进的后果。不同方法分配的 6 个子系统和 2 个功能可靠性结果如图 2-7 所示。

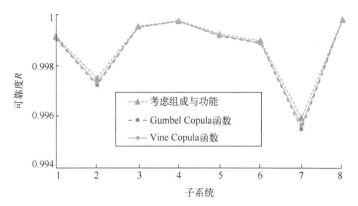

图 2-7 舱门收放系统可靠性分配结果

2.5 小 结

本章对机械系统可靠性的直接分配求解方法进行了简要的介绍,给出了考虑产品组成和功能的可靠性分配方法,在此基础上,提出了考虑不同失效相关性的机械系统可靠性分配方法,最后,通过两个应用案例对可靠性分配方法的适用性进行了对比分析。

参考文献

[1] 方明. 机械系统概念设计阶段可靠性分配方法研究[D]. 天津:天津大学,2013.

[2] KIM K O,YANG Y,ZUO M J. A new reliability allocation weight for reducing the occurrence of severe failure effects[J]. Reliability Engineering and System Safety,2013,117(2):81-88.

[3] KIM H,KIM P. Reliability‐redundancy allocation problem considering optimal redundancy strategy using parallel genetic algorithm[J]. Reliability Engineering and System Safety,2017,159(3):153-160.

[4] QIU X,ALI S,YUE T,et al. Reliability-redundancy-location allocation with maximum reliability and minimum cost using search techniques[J]. Information and Software Technology,2017,82(2):36-54.

[5] BONA G D,SILVESTRI A,FORCINA A,et al. Reliability Target Assessment Based on Integrated Factors Method (IFM):A Real Case Study of a Sintering Plant[J]. Journal of Failure Analysis & Prevention,2016,16(6):1038-1051.

[6] CHEN Z Z,LIU Y,HUANG H Z,et al. A reliability allocation method considering failure dependence[C]//ASME 2013 International Design Engineering Technical Conferences and Computers and Information in Engineering Conference. Portland,Orgen:American Society of

Mechanical Engineers,2013.

[7] KUO W,PRASAD V R. An Annotated Overview of System-Reliability Optimization[J]. IEEE Transactions on Reliability,2000,49(2):176-187.

[8] KUO W,WAN R. Recent advances in optimal reliability allocation[J]. IEEE Transactions on Systems,Man,and Cybernetics—Part A:Systems and Humans,2007,37(2):143-156.

[9] YADAV O P,ZHUANG X. A practical reliability allocation method considering modified criticality factors[J]. Reliability Engineering and System Safety,2014,129(9):57-65.

[10] ZHUANG X,LIMON S,YADAV O P. Considering Modified Criticality Factor and Functional Dependency for Reliability Allocation Purposes[C]//Guan Y,Liao H. Proceedings of the 2014 Industrial and Systems Engineering Research Conference,2014.

[11] BONA G D,FORCINA A,PETRILLO A,et al. A-IFM reliability allocation model based on multicriteria approach[J]. International Journal of Quality & Reliability Management,2016,33(5):676-698.

[12] KAPUR K C,LAMBERSON L R. Reliability in Engineering Design[M]. New York:John Wiley & Sons,1977.

[13] BAČKALIĆ S,JOVANOVIĆ D,BAČKALIĆ T. Reliability reallocation models as a support tools in traffic safety analysis[J]. Accident Analysis & Prevention,2014,65(4):47-52.

[14] 向宇,黄大荣,黄丽芬. 基于灰色关联理论AGREE方法的BA系统可靠性分配[J]. 计算机应用研究,2010,27(12):4489-4491.

[15] XIANG Y,HUANG D,HUANG L F. Reliability allocation of BA system based on grey relative theory and AGREE[J]. Application Research of Computers,2010,27(12):4489-4491.

[16] 唐家银,何平,赵永翔,等. 考虑零件失效相关性的机械系统可靠度分配[J]. 机械设计与制造,2010,48(2):102-104.

[17] TANG J Y,HE P,ZHAO Y X,et al. Reliability allocation for mechanical system considering the failure correlation existed in components[J]. Machinery Design & Manufacture,2010,48(2):102-104.

[18] 赵竹青,周毓明. 机构可靠性分析与设计中机构误差的分配方法[J]. 西安联合大学学报,2002,04:84-87.

[19] 赵竹青. 机构运动精度可靠性设计方法及步骤[J]. 西安联合大学学报,2001,04:52-55.

[20] 陈建军,陈勇,崔明涛,等. 基于运动精度可靠性的平面四杆机构优化设计[J]. 机械科学与技术,2002,06:940-9433.

[21] 王晓东,王磊,贾方,等. 含间隙高速压力机机构的精度优化设计[J]. 机械工程与自动化,2009,01:187-188,191.

[22] 杨世平,文智慧,李立民,等. 基于改进最佳极限偏差法的弧面凸轮机构公差分配研究[J]. 中国机械工程,2014,06:731-736.

[23] 颜珍,郭润兰. 含间隙平面机构的精度优化设计[J]. 机械制造,2013,10:42-44.

[24] PRABHAHARAN G, ASOKAN P, RAMESH P, et al. Genetic-algorithm-based optimal tolerance allocation using a least-cost model[J]. The International Journal of Advanced Manufacturing Technology,2004,24(9-10):647-660.

[25] RAO S S, WU W. Optimum tolerance allocation in mechanical assemblies using an interval method[J]. Engineering Optimization,2005,37(3):237-257.

[26] KUMAR A, GOKSEL L, CHOI S K. Tolerance allocation of assemblies using fuzzy comprehensive evaluation and decision support processes[C]//ASME 2010 international design engineering technical conferences and computers and information in engineering conference. American Society of Mechanical Engineers,2010.

第3章

机械产品可靠性模型及随机因素辨识方法

机械系统可靠性模型分为基于失效数据的可靠性模型以及基于失效机理的可靠性模型。相对于基于失效数据的可靠性模型及方法，基于失效机理的可靠性模型是从失效机理出发的，将可靠性研究从表象的失效模式层面深入产品物理结构和底层影响因素层面，使可靠性分析做到"知其然，知其所以然"。因此，需要了解和掌握如何建立机械产品可靠性模型，如何对可靠性模型的影响因素进行分析。应力-强度干涉理论是基于失效机理的可靠性模型的最基本理论方法，本章通过介绍应力-强度干涉模型给出机械产品可靠性分析的一般模型，同时介绍机械产品的各种随机影响因素及其随机性，并提出基于失效机理的机械系统主要随机因素的辨识方法。

3.1 应力-强度干涉模型及其新解

3.1.1 应力-强度干涉模型

应力-强度理论的基本思想为：结构所遭受的外部载荷(广义的"应力")及其抵抗外部载荷的能力(广义的"强度")均为随机变量，虽然产品的"强度"的设计值大于"应力"的设计值，但二者的概率密度函数曲线在同一坐标系内存在相互交叉的可能，即"应力"可能大于"强度"，此时，通过计算"应力"大于或等于"强度"的概率，即得结构的失效概率，反之即得结构可靠度。目前，应力-强度干涉理论在结构可靠性分析中的研究最为广泛，且应用已较为成熟[1-4]。近年来，随着运动机构可靠性越来越引起人们的注意，应力-强度理论在机构可靠性中的研究也逐渐开展。

在介绍应力-强度干涉理论之前，首先引入其涉及的几个基本概念。

1) 基本随机变量

将影响系统行为的不确定性因素称为基本随机变量，一般机械产品的基本随机变量包括加工误差、使用载荷、环境应力等。设某失效模式的基本随机变量为 $\boldsymbol{x}=(x_1,x_2,\cdots,x_N)$，其不确定性一般由基本随机变量的联合概率密度函数 $f_X(x,\theta_X)$ 来表示。其中，θ_X 为各个基本随机变量的分布参数。值得注意的是，当各个基本随机变量相互独立时，联合概率密度函数等于各个基本随机变量边缘概率密度函数的乘积，即

$$f_X(x,\theta_X)=f_{X,1}(x_1,\theta_{X,1})\cdot f_{X,2}(x_2,\theta_{X,2})\cdot\cdots\cdot f_{X,N}(\boldsymbol{x}_N,\boldsymbol{\theta}_{X,N}) \quad (3-1)$$

2）系统响应量

机械产品的系统响应量是用于描述系统行为的特征量，包括系统在工作过程中所表现出来的，且我们所关心的（角）速度、（角）加速度、（角）位移、振动、噪声、寿命等，它是基本随机变量的函数，一般表示为

$$R_e=r_e(x_1,x_2,\cdots,x_N)$$

上式是由机械系统的物理结构决定的，是一个确定性的函数关系。如何根据基本随机变量的随机特性，以及系统响应量与基本随机变量之间的函数关系获取系统响应量的随机特性，是可靠性分析的核心内容之一。

3）功能函数

进行可靠性分析的前提是判断产品是否处于失效状态。在已经获取产品的失效模式、失效模式所对应的基本随机变量，以及系统响应量与基本随机变量之间的函数关系的情况下，产品的状态可用功能函数（也称极限状态函数）来表示：

$$G=g(x_1,x_2,\cdots,x_N)=r_e-r_e^* \quad (3-2)$$

式中：r_e^* 为系统响应量的临界值，一般根据经验确定的。当 $G>0$，即 $r_e>r_e^*$ 时，认为产品处于安全状态；当 $G\leq 0$，即 $r_e\leq r_e^*$ 时，认为产品处于失效状态。

值得注意的是，在某些情况下，由于机械产品失效模式的特殊性，直接利用一般意义上的系统响应量并不能建立功能函数，需要在对失效机理进行深入剖析的基础上，提炼抽象的失效模式表征量，进而建立功能函数。

4）失效域与安全域

当产品处于失效状态时，所对应的基本随机变量所有组合情况的集合即系统失效域，一般表示为 F。与失效域相对应的是安全域，一般表示为 S_a。失效域与安全域的数学表达式分别如下：

$$\begin{cases} F=\{\boldsymbol{x}\mid g(\boldsymbol{x})=r_e-r_e^*>0\} \\ S_a=\{\boldsymbol{x}\mid g(\boldsymbol{x})=r_e-r_e^*\leq 0\} \end{cases} \quad (3-3)$$

5）失效概率与可靠度

产品失效概率定义为产品处于失效状态或失效域的概率，表示为 P_f，在数学上可表达为如下的积分形式：

$$P_f = P[F] = P[G = g(x_1, x_2, \cdots, x_N) \leq 0]$$
$$= \int_F f_X(x, \theta_x) \cdot \mathrm{d}x = \int_{g(x) \leq 0} f_X(x, \theta_x) \cdot \mathrm{d}x \quad (3\text{-}4)$$

相应地，产品可靠度定义为产品处于安全状态或安全域的概率，表示为 P_r，在数学上可表达为如下的积分形式：

$$P_r = P[S] = P[G = g(x_1, x_2, \cdots, x_N) > 0]$$
$$= \int_S f_X(x, \theta_x) \cdot \mathrm{d}x = \int_{g(x) > 0} f_X(x, \theta_x) \cdot \mathrm{d}x \quad (3\text{-}5)$$

失效概率与可靠度之间总是存在如下关系：

$$P_f + P_r = 1 \quad (3\text{-}6)$$

下面我们来介绍应力-强度干涉理论。考虑可靠性分析问题中一种最为基本的情况，即某失效模式的功能函数中仅涉及强度 R 和应力 S 两个连续型的随机变量，且强度 R 和应力 S 相互独立。R 和 S 的概率密度函数分别为 $f_R(r)$、$f_S(s)$，则产品失效模式的功能函数可表达为

$$G = g(R, S) = R - S \quad (3\text{-}7)$$

上式所给出的功能函数也称安全余量方程。当"应力"大于或等于"强度"时，产品发生失效；若"应力"小于"强度"，则产品处于安全状态。产品能够正常工作的条件为

$$R > S \text{ 或 } R - S > 0 \quad (3\text{-}8)$$

则可靠度表达式为

$$P_r = P(G > 0) = P(R > S) = P(R - S > 0) \quad (3\text{-}9)$$

图 3-1 给出了在同一坐标系上表示的产品应力 S 和强度 R 的概率密度函数曲线。图中阴影区域表示 S 与 R 概率密度函数相干涉的部分，只要有这一区域存在，产品就有失效的可能，且阴影区域的面积越大，失效概率越大。值得注意的是，阴影区域的面积并不直接等于产品的失效概率。

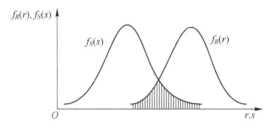

图 3-1 应力-强度干涉示意图

令产品强度 R 取某一个特定值 r_0。由于连续型随机变量取任意一个特定值的概率都为 0，因此考虑产品强度 r_0 的一个极小的邻域（宽度为 $\mathrm{d}r$），如图 3-2

所示。则产品强度落在 r_0 的极小邻域 dr 内的概率为

$$P\left(r_0 - \frac{1}{2}\mathrm{d}r \leq R \leq r_0 + \frac{1}{2}\mathrm{d}r\right) = f_R(r_0) \cdot \mathrm{d}r \qquad (3-10)$$

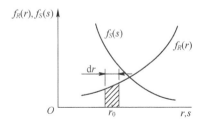

图 3-2　强度 r_0 及其邻域示意图

在产品强度位于 r_0 的极小邻域 dr 内的条件下，产品的失效域为：应力 S 大于或等于强度 r_0 的区域，即 $F = (S \geq r_0)$，如图 3-3 中阴影区域所示。则产品的失效概率可表达为应力 S 大于或等于强度的概率，数学表达式如下：

$$P_{f,r_0} = P(S \geq r_0) = \int_{r_0}^{+\infty} f_S(s) \cdot \mathrm{d}s \qquad (3-11)$$

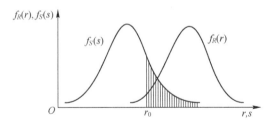

图 3-3　特定强度值 r_0 对应的失效域示意图

式(3-11)相当于"产品强度位于 r_0 的极小邻域 dr 内"前提下的条件概率。由于应力与强度相互独立，则"产品强度位于 r_0 的极小邻域 dr 内"与"产品应力 S 大于或等于 r_0"两个事件同时发生的概率为

$$\begin{aligned} P_{f,r_0} &= P\left(r_0 - \frac{1}{2}\mathrm{d}r \leq R \leq r_0 + \frac{1}{2}\mathrm{d}r\right) \cdot P(S \geq r_0) \\ &= \left[\int_{r_0}^{+\infty} f_S(s) \cdot \mathrm{d}s\right] \cdot [f_R(r_0) \cdot \mathrm{d}r] \end{aligned} \qquad (3-12)$$

实际上，产品强度可能在其分布区间内取任意值，则根据连续型随机变量全概率公式，或对随机变量求期望值的思想，产品应力大于强度的概率，即产品失效概率的数学表达式如下：

$$P_f = \int_{-\infty}^{+\infty} \left[\int_{r}^{+\infty} f_S(s) \cdot \mathrm{d}s\right] \cdot f_R(r) \cdot \mathrm{d}r \qquad (3-13)$$

上式也可表达为如下的等效形式：

$$P_f = \int_{-\infty}^{+\infty}\left[\int_{-\infty}^{s} f_R(r) \cdot \mathrm{d}r\right] \cdot f_S(s) \cdot \mathrm{d}s \qquad (3-14)$$

产品可靠度为强度 R 大于应力 S 的概率，可表达为如下两种等效形式：

$$\begin{cases} P_r = \int_{-\infty}^{+\infty}\left[\int_{-\infty}^{r} f_S(s) \cdot \mathrm{d}s\right] \cdot f_R(r) \cdot \mathrm{d}r \\ P_r = \int_{-\infty}^{+\infty}\left[\int_{s}^{+\infty} f_R(r) \cdot \mathrm{d}r\right] \cdot f_S(s) \cdot \mathrm{d}s \end{cases} \qquad (3-15)$$

式(3-13)、式(3-14)与式(3-15)是在 S 与 R 相互独立的前提下获得的。一般情况下，S 与 R 可处理为相互独立的随机变量，但在某些情况下，如考虑结构自重时，S 与 R 的相关性不可忽视。设应力与强度的联合概率密度函数为 $f_{S,R}(s,r)$，则产品失效概率可表达为

$$\begin{aligned} P_f = P(S \geqslant R) &= \iint_{S \geqslant R} f_{S,R}(s,r) \cdot \mathrm{d}s \cdot \mathrm{d}r \\ &= P(G \leqslant 0) = \iint_{G \leqslant 0} f_{S,R}(s,r) \cdot \mathrm{d}s \cdot \mathrm{d}r \\ &= \int_{-\infty}^{0} f_G(g) \cdot \mathrm{d}g \end{aligned} \qquad (3-16)$$

式中：$f_G(g)$ 为功能函数响应量的概率密度函数。相应地，产品可靠度可表达为

$$\begin{aligned} P_r = P(S < R) &= \iint_{S < R} f_{S,R}(s,r) \cdot \mathrm{d}s \cdot \mathrm{d}r \\ &= P(G > 0) = \iint_{G > 0} f_{S,R}(s,r) \cdot \mathrm{d}s \cdot \mathrm{d}r \\ &= \int_{0}^{+\infty} f_G(g) \cdot \mathrm{d}g \end{aligned} \qquad (3-17)$$

一般情况下，应力与强度具有相同的量纲。而由上文推导过程可知，式(3-11)可看作在 $R=r_0$ 条件下的条件概率，式(3-13)则可看作将式(3-11)关于随机变量 R 求期望，因此式(3-13)~式(3-17)同样可扩展到应力与强度量纲不同的情况。这就突破了"干涉"思想的限制，将基于应力-强度干涉理论的可靠度计算公式一般化、广义化，使之适用于更广泛的物理背景。

3.1.2 机械产品一般性可靠性模型

由于机械产品的零部件往往具有高度不通用性的特征，特别是对工业机器人、飞机起落架、襟翼、缝翼等复杂机械系统，结构组成和功能原理较为复杂、所受载荷工况恶劣、失效模式复杂多变、可靠性影响因素多，大大增加了可靠性分析工作的复杂性。应力-强度干涉理论中仅包含应力 S 与强度 R 两

个基本随机变量,但机械产品中往往涉及材料性能参数、原始加工和装配误差、使用载荷、环境应力等多种基本随机变量。上述随机变量不仅直接影响强度可靠性,还导致机械产品发生磨损、疲劳、腐蚀、老化、塑性变形等其他类失效模式,并使产品性能指标随时间的延长而退化,此外,还可能影响机构类机械产品的运动精度。在此种情况下,无论是功能函数与基本随机变量之间的函数关系,还是随机变量的种类、数量,及其对产品失效模式和功能函数的影响规律,都远远超过应力强度干涉理论中仅考虑的"应力"和"强度"两个随机变量的情况。

若从机械产品的功能原理及要求出发,可能既要求保证结构性能(包含静态性能和动态性能,如强度、刚度、频率、振型和稳定性等),又要求保证机械产品功能性能(如机构工作状态下的开启、运动和定位过程顺畅且准确,不会发生锁死、卡滞、干涉或是其他可能的失效)。结合机械产品不同的失效形式,选择对应的失效模式功能表征参数,可以给出相对应的功能函数,即

$$G = g(Y, Y_m) \tag{3-18}$$

式中:Y 为失效模式表征参数(或功能表征参数),是材料性能、几何尺寸、载荷情况、工作温度以及其他参数的函数;Y_m 为该表征参数的许可值或许可范围。

类似于应力-强度干涉理论,可以得到更具一般性的机械产品可靠性模型,其可靠度表达式为

$$P_r = P(G>0) = P(Y>Y_m) = P(Y-Y_m>0) \tag{3-19}$$

或

$$P_r = P(G>0) = P(Y<Y_m) = P(Y_m-Y>0) \tag{3-20}$$

由式(3-16)和式(3-17)可知,机械产品可靠度的计算最终仍然转化到在功能函数 $G>0$ 范围内对随机变量联合概率密度函数或功能函数响应量概率密度函数 $f_G(g)$ 的积分。相应地,失效概率的计算最终转化到在功能函数 $G \leqslant 0$ 范围内对随机变量联合概率密度函数或功能函数响应量概率密度函数 $f_G(g)$ 的积分。由此,机械产品可靠性模型即可以将常规的应力-强度干涉理论扩展到更为一般的情况,而不限于仅考虑"应力 S"和"强度 R"(即使是广义的"应力"和"强度")这两个基本随机变量,且两者的概率密度函数在坐标系内发生"干涉"的情况。

针对机械产品一般性的可靠性模型,需要注意以下几点:

(1)针对不同的机械产品的功能要求,其失效模式不尽相同,相对应的表征参数不再是单一的应力参数,应根据不同的失效模式而有所不同,表3-1列出了机械产品常见的失效模式及其所对应的表征参数和失效判据。

表 3-1 机械产品常见的失效模式

失 效 模 式	表 征 参 数	失 效 判 据
构件强度破坏	构件的载荷或最大应力	载荷超过临界载荷或应力超过强度极限
构件磨损失效	磨损量(磨损深度或体积)	磨损许可值
构件刚度不足	构件的最大变形	超过所允许的最大变形量
机构运动精度不足	实际位置与设计位置的偏差	位置偏差超过许可值
机构运动卡滞	机构动作所需的驱动力	所需驱动力超过系统能提供的最大驱动力
机构运动过快或过慢	机构的动作时间	动作时间超过许可范围
机构工作不同步/不协调	机构的动作时间差	机构动作时间差超过许可值

(2) 针对不同机械产品及其不同的失效模式,根据失效模式表征参数及其失效判据,可以得出对应的安全范围可能是失效模式表征参数必须大于某一许可值,也可能是失效模式表征参数必须小于某一许可值,因此,得出的功能函数(安全余量方程)有所不同,对应的可靠度的计算有式(3-19)、式(3-20)两种形式。

(3) 对于机构类机械产品而言,机构需要完成特定的运动功能要求(包括启动、运动和定位功能),如减速、变速、换向等运动状态要求和转动、平移、空间复合运动等运动形式转换要求。那么,机构在从启动、运动到定位整个运作过程中,失效模式表征参数可能是与时间相关的函数,而对应的许可值也可能为与时间相关的函数曲线,因此,其失效判据可能的表现形式为失效表征参数随时间的动态曲线超出所允许的许可函数曲线。也就是说,其可靠度表达式中需要将机构的运作周期的时间变量考虑进去,解决机构在运行周期内动态响应随时间变化的可靠性问题。

以上得出的机械产品一般性可靠性模型,其数学形式与应力-强度干涉模型类似,因此,其计算过程与应力-强度干涉模型所给出的结构可靠性的计算和分析方法相同。需要指出的是,在传统的结构可靠性计算方法中,一般不考虑机构运动周期变化对失效功能表征参数的影响,也不考虑机械产品服役过程中耗损性损伤对机械产品性能的影响,属于静态可靠性问题。针对考虑时间变量的动态可靠性问题或时变可靠性问题,需要根据具体的问题,利用随机过程、回归理论等进行进一步分析。3.1.3 节仅简要介绍静态可靠性问题中的可靠度及其灵敏度计算方法。

3.1.3 可靠性及灵敏度计算方法

由 3.1.2 节可知,无论功能函数 G 的内部结构具体如何,产品可靠度的计算最终仍转化到在功能函数 $G>0$ 范围内对随机变量联合概率密度函数或功能函数响应量概率密度函数 $f_G(g)$ 的积分。那么,可靠度的具体计算方法如下:①在已经确定失效模式表征量 G、影响因素 $(X_1, X_2, \cdots, X_N)$ 及其联合概率密度函数 $f_X(\boldsymbol{x})$ 的情况下,基于产品本身功能原理建立功能函数 $G(X_1, X_2, \cdots, X_N)$,当 $G>0$ 时,产品处于安全状态,否则处于失效状态;②确定产品失效域 $F=(\boldsymbol{X} \mid G(\boldsymbol{X}) \leqslant 0)$ 和安全域 $S_a=(\boldsymbol{X} \mid G(\boldsymbol{X})>0)$,或功能函数响应量的概率密度函数 $f_G(g)$;③在失效域 F(安全域 S_a)范围内对基本随机变量的联合概率密度函数进行积分,或在功能函数响应量 $G \leqslant 0(G>0)$ 的区间内对功能函数响应量概率密度函数 $f_G(g)$ 进行积分,即得产品失效概率(可靠度),如下所示:

$$\begin{cases} P_f = \int_{G(\boldsymbol{x}) \leqslant 0} f_X(\boldsymbol{x}) \cdot \mathrm{d}\boldsymbol{x} = \int_{-\infty}^{0} f_G(g) \cdot \mathrm{d}g \\ P_r = \int_{G(\boldsymbol{x}) > 0} f_X(\boldsymbol{x}) \cdot \mathrm{d}\boldsymbol{x} = \int_{0}^{+\infty} f_G(g) \cdot \mathrm{d}g \end{cases} \quad (3-21)$$

由此可得,机械产品可靠性分析的实质就是利用功能函数(基本随机变量与失效模式表征量之间的确定性函数关系)和基本随机变量的统计规律,求解功能函数响应量的统计规律,进而对其在小于或大于 0 的区间内进行积分,以获取产品失效概率或可靠度。

由概率论知识可知,当功能函数为线性时,若基本随机变量 $\boldsymbol{X}$ 服从正态分布,则功能函数响应量 G 也服从正态分布,且其均值 μ_G 和方差 σ_G^2 可轻易地由基本随机变量的分布参数求得。但对于机械产品,特别是复杂运动机构,失效模式表征量与基本随机变量之间的函数关系极为复杂,有时甚至无法获得显式功能函数。在此条件下,获取功能函数响应量的统计特征(概率密度函数)就成了机械产品可靠性分析的重点和难点。

另外,在可靠性优化设计过程中,需要获取各个随机变量的分布参数对可靠度 P_r 或失效概率 P_f 的影响,这就引出了可靠性灵敏度的概念。可靠性灵敏度的定义为:失效概率或可靠度对随机变量分布参数(一般包括均值 μ_{xi}、方差 σ_{xi}^2 和相关系数 $\rho_{xi,xj}$ 等)的偏导数。

针对上述问题的求解,目前主要有两类方法,即近似解析法、数值模拟法等。下面对方法进行简要介绍。

1. 可靠度及灵敏度的近似解析法

一次二阶矩法(first order and second moment,FOSM)是最为基础的近似解析法,其基本思想为:利用泰勒公式对非线性的功能函数 $G(\boldsymbol{X})$ 进行展开,并仅取其一阶项,以将非线性的功能函数线性化,然后通过基本随机变量的一阶矩(一般为均值)和二阶矩(一般为方差)计算线性化后的近似功能函数的一阶矩和二阶矩,进而计算得到原功能函数的近似可靠度指标、失效概率和可靠度等可靠性参数。

一次二阶矩法主要包括均值一次二阶矩法(mean value FOSM,MVFOSM)与改进的一次二阶矩法(advanced FOSM,AFOSM)两种。一次二阶矩法的突出优点是计算效率高,仅需知道基本随机变量 X 的一阶矩(一般为均值)和二阶矩(一般为方差)即可。在大多数情况下,特别是进行平稳运动的机械系统:一方面,材料性能参数、加工与装配误差等随机变量的分散性其从设计值处的偏离程度不会太大,功能函数 $G(X)$ 在其取值范围内一般具有较高的线性度;另一方面,载荷工况、环境应力等随机变量与功能函数响应量之间的函数关系近似为线性。因此,在一般情况下使用一次二阶矩法即可获得满足精度要求的可靠性计算结果。

但一次二阶矩法在功能函数为高度非线性的情况下计算精度较差,有时甚至得到完全错误的结论。由于一次二阶矩法需要计算功能函数的一阶导数,针对复杂功能函数,或无法获取显式的功能函数解析式,该方法难以应用。另外,一次二阶矩法是建立在"基本随机变量 X 和功能函数 G 响应量服从正态分布"的前提下的,若功能函数表征量 G 的概率密度函数的形式与正态分布差别较大,则该方法的计算精度难以保证。

2. 可靠度及灵敏度的数值模拟法

蒙特卡罗法是一种通用的可靠性数值模拟法。蒙特卡罗可靠性分析方法(Monte Carlo simulation,MCS)通过随机抽取大量样本进行计算机模拟试验,并对试验结果进行统计分析,获取失效概率、可靠度等可靠性参数,因此又称随机抽样法或模拟统计试验法。蒙特卡罗法是最为基础、适应性最强的数值模拟法,对基本随机变量的分布形式、功能函数的形式均无特殊要求,且容易编程实现。理论上,只要样本数量足够多,就可获得具有无限高精度的可靠性计算结果。因此,随着伪随机数生成技术日渐成熟,蒙特卡罗法已经成为人们普遍认可的可靠性算法,并被用作其他可靠性算法计算结果的校验标准。

针对高维、小失效概率、复杂功能函数问题,蒙特卡罗法的主要缺点是计算量大。而在当前计算机发展水平下,若获得显式功能函数解析式,即使是小失效概率问题,采用蒙特卡罗法也可求得。但对于采用其他商用软件建立的仿真模型,如复杂结构有限元模型、机构多体动力学模型等,模型的一次运算往往需要耗费数分钟的时间。在动辄需要 10^6 个以上样本数量的情况下,蒙特卡罗法的计算量无论是在时间上,还是费用上都是不可接受的。特别是近年来,虽然计算技术的发展使之前的复杂可靠性问题可以采用蒙特卡罗法进行求解,但产品设计要求和水平越来越高,可靠性水平越来越高,所需建立的功能函数越来越复杂,给蒙特卡罗法的应用带来了严峻的挑战。在此情况下,一批高效抽样方法被发展出来,包括重要抽样法、子集模拟法、线抽样方法、方向抽样法等,大大提高了计算效率,使大型复杂问题可靠性求解成为可能,具体请参阅结构可靠性的相关书籍及文献[5]。

3.2 机械产品可靠性影响因素辨识方法

在机械可靠性设计中,零件的强度分布和工作应力分布受到许多随机因素的影响,影响零件强度的因素有材料性质、零件几何尺寸、试件表面质量、试验温度等;影响工作应力的因素有载荷性质、零件结构尺寸等。这些因素都属于随机变量,需要掌握这些影响因素各自的分布特征,才能按照数学物理公式对它们进行综合和计算。而为了获得其中某随机变量的分布形式和特征量,应该经过大量试验进行数据测定,进而统计分析和判断。

3.2.1 影响因素及其随机性

1. 力学载荷随机性

力学载荷环境是指机械产品在任务剖面内为抵抗某种变形或达到某种运动轨迹所受到的所有的力与力矩作用的总和。力学载荷按照机械零部件的变形类型,分为拉伸载荷、压缩载荷、剪切载荷、弯曲载荷及扭转载荷5类;按照载荷随时间变化的特点分类,分为静载荷、交变载荷、随机载荷和冲击载荷4类。不同的载荷类型所引起的机械产品的失效机理和失效模式可能不同,比如承受静载荷的机械产品失效主要是由于在结构应力集中处的应力过载,而承受交变载荷的机械零部件失效主要是由于疲劳或磨损而导致的机械零部件抗力的降低;再比如同等应力峰值情况下的拉-拉载荷循环和拉-压载荷循环的疲劳极限值不同。因此,不同的载荷类型使其可靠性模型中的极限状态或结构功能函数可能不同,也使机械产品的抗力退化(如磨损、疲劳、裂纹扩展)特点不同。

1) 静载荷

静载荷即构件所承受的外力不随时间而变化或随时间变化缓慢,构件本身各点的状态也一样。机械产品中典型的静载荷按照变形特征,分为拉伸载荷、压缩载荷、剪切载荷、弯曲载荷和扭转载荷等;按照载荷的复杂程度,分为单向载荷、双向载荷和三向载荷。对于机械产品的静载荷分析可以确定机械产品的应力状态,从而在可靠性分析中选择适当的强度理论和失效准则。机械产品中承受静载荷的部分主要为结构件,包括机体、紧固件、密封件等。承受静载荷的机械产品的失效主要是由过载引起的脆性断裂、塑性屈服和失稳。

2）交变载荷

大小、方向随时间呈周期性变化的载荷作用称为交变载荷。交变载荷所引起的应力称为交变应力。交变应力常按照应力循环对称系数,分为对称应力循环、脉动应力循环和不对称应力循环。机械产品中交变应力的主要输入为机构件的循环往复运动。承受交变应力的零部件主要为传动件,包括心轴、齿轮、轴承、连杆、凸轮、槽轮等。机械产品在交变载荷下的失效模式主要为疲劳断裂和疲劳磨损。

3）随机载荷

随机载荷即循环载荷中峰值载荷和谷值载荷的大小及其序列是随机出现的一种变幅变频载荷。随机载荷和交变载荷统称振动载荷,两者的区别在于有无严格的周期性。装备中机械产品所承受的随机载荷输入包括公路和铁路车辆的车轮振动、作用在飞机和导弹结构上的空气动力效应、作用在舰船上的海浪波动等。在系统运行或使用过程中,这些机械结构所经受的随机载荷大多是随机过程,通常都是基于高斯假设来处理机械结构的随机载荷。但是,随着对装备工作环境研究的深入,发现很多情况下随机载荷不服从高斯分布,即非高斯随机载荷,如车辆结构在不平整路面所经受的载荷、舰船结构或海上平台结构在海浪作用下经历的随机载荷、机翼蒙皮材料在扰动边界层作用下所承受的随机载荷等。机械产品在随机载荷下的主要失效模式也是疲劳失效。另外,还有功能失效,比如紧固件松动、密封件磨损而导致的泄漏、改变配合零件间的相对位置与间隙、降低机构的运动精度等。共振而引起的过应力屈服断裂也是可能的失效模式。

4）冲击载荷

瞬间施加在结构上的载荷称为冲击载荷。载荷持续的时间从纳秒(如薄膜的撞击和辐射脉冲载荷)、毫秒至秒(如核爆炸或化学爆炸对结构物的载荷)的量级。常根据受冲击载荷作用的材料的质点速度 v 和特征强度(如屈服应力 σ_Y)将冲击载荷分为低速、中速、高速 3 种。机械碰撞和各种形式的爆炸载荷是最常见的冲击载荷。装备中冲击载荷输入主要为飞行器降落、飞行中遭到颗粒物撞击,火箭和导弹的发射,舰船和兵器中炮弹或导弹的发射,装备的着弹和受到爆炸载荷等。在冲击载荷的作用下,材料有多种动态破坏形式,主要表现在以下几个方面:①局部大变形;②温度效应引起的绝热剪切破坏;③应力波相互作用造成的崩落破坏;④应变率效应引起的动态脆性;⑤冲击疲劳。

在常规机械设计中通常把载荷视为一个确定的常量,但事实上,各种机械所受载荷大小都在一定范围内呈分布状态,是一个随机变量。

表3-2列出几种主要类型的载荷,它们分别取确定单值和分布式随机变量值的两种情况。从表中可见,在可靠性设计中,用于计算的载荷是一个分布式变量,传统方法中使用的确定单值 a_1 可作为其均值 $\mu_F = a_1$,其还具有分布的标准差 σ_F,其载荷值表示为 $F(\mu_F, \sigma_F)$ 或 $F(a_1, \sigma_a)$。

表3-2 几种主要类型的载荷

载荷类型			按确定单值	按分布式随机变量值	实 例
静载荷					起重吊钩、承载支架等
动载荷	确定性载荷	周期性	对称循环	对称循环	受弯矩作用转轴横截面、汽缸活塞连杆等
			非对称循环	非对称循环	
		非周期性			机器启动或停车阶段;切削力如钻孔切削力等

续表

载荷类型		按确定单值	按分布式随机变量值	实 例
动载荷	随机载荷	(F-t 随机波形图)		车辆行驶阻力、桥面过往车辆振动力等

（1）静载荷的随机波动多被认为属于正态分布。

（2）交变载荷中应力波峰值的波动主要是由机械零件的几何参数的波动而引起的,因此最大应力的概率分布取决于零件几何参数的概率分布,从而使应力波峰值的概率分布形式很复杂。目前的研究绝大多数建议把应力波峰值的波动近似为正态分布。

（3）随机载荷是一种无规律的载荷,对其只能用试验统计的方法来描述。

2. 几何特性参数随机性

1）几何尺寸随机性

几何尺寸是决定零件应力的重要因素,由于加工制造设备的精度、量具的精度、操作人员的技术水平等影响,使同一批零件可能在加工完成后会存在尺寸的差异,服从正态分布,这种差异存在的范围就是零件尺寸作为一个随机变量的分布范围。通常用极差 R 来描述小批量产品的离散程度,极差即产品尺寸分布范围的最大尺寸与最小尺寸之差。极差与标准差的比例关系如表 3-3 所列。

表 3-3 产品标准差 σ 的估计值

样本容量	$\dfrac{极差 R}{标准差 \sigma}$ 近似值	样本容量	$\dfrac{极差 R}{标准差 \sigma}$ 近似值
5	2	100	5
10	3	700	6
25	4		

机械加工产品一般用公差标准来表示极差,如零件尺寸标准为 $\overline{X} \pm \Delta x$,则通常用它来估计标准差。当预期数据能够集中在 $\overline{X} \pm \Delta x$ 界限内时,则认为这个界限是一个大子样的极差。通常按表 3-3 中样本容量为 700 的情况,则标准差的近似值为

$$\sigma_x \approx \frac{(\overline{X}+\Delta x)-(\overline{X}-\Delta x)}{6}=\frac{\Delta x}{3} \quad (3-22)$$

σ_x 与 Δx 的关系如图 3-4 所示。

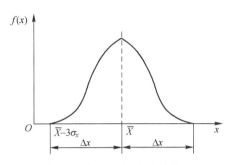

图 3-4 极差与标准差的关系

2) 表面粗糙度及精度特性

不同的加工方法除影响几何尺寸外,对结构表面质量影响也比较大,特别是机构的运动副表面,不同的表面粗糙度会影响运动副摩擦系数,从而改变机构的运动特性。各种加工方法所能达到的表面粗糙度和精度等级见表 3-4。

表 3-4 各种加工方式所能达到的表面粗糙度和精度等级

加工方法	表面粗糙度 $Ra/\mu m$			精度 等级	
	钢	铜	轻质合金	经济的	可能的
沙模铸造	(12.5)~50	6.3~25		9~10	(7)8~9
铁模铸造	(3.2)~12.5	1.6~12.5		8~9	(6)7~8
蜡模铸造	(0.8)~6.3	0.8~6.3		7~9	(5)6~8
薄壳铸造	(0.8)~6.3			8~9	(6)7~8
压力铸造	(0.8)~3.2			7~9	6~7
离心铸造	1.6~12.5			8	(6)7
冷轧棒材	0.4~1.6	0.2~0.8			
辗扎管	0.4~1.6		0.4~0.8		
辗扎板	0.4~1.6	0.2~0.8			
辗扎带	0.4~0.8	0.1~0.4	0.1~0.4		
喷砂后的扎件	1.6~3.2		0.8~3.2		
压制零件	0.05(塑料)~0.4				
热锻	6.3~50			8~12	
气割	(6.3)~50			9~12	

续表

加工方法		表面粗糙度 Ra/μm			精度等级	
		钢	铜	轻质合金	经济的	可能的
切割	电锯	(6.3)~25			9~12	
	车	12.5~50			8~11	
	铣	12.5~25				
	磨	1.6~3.2			7~9	
车外圆	粗	6.3~12.5			6~8	
	细	3.2~6.3	0.8~6.3			
	半精	1.6~6.3			5~6	
	精	0.2~0.8	0.1~0.4		3~5	
车端面		1.6~12.5	1.6~6.3		6~7	4
刨	粗	6.3~12.5	3.2~6.3	6.3~12.5	7~8	
	半精	1.6~3.2	0.8~1.6	1.6~3.2	(5)6~7	
	精	(0.4)~0.8	0.4	0.8	4~5	3
插	粗	12.5~25			8~9	
	精	1.6~6.3			7	6
滚铣	粗	6.3~12.5	3.2~6.3	6.3~12.5	(6)7~8	
	半精	1.6~3.2	1.6	1.6~3.2	(5)6	
	精	(0.8)	0.8		4	2~3
端面铣	粗		3.2~6.3		(6)7~8	
	半精	1.6~3.2	0.4~3.2	1.6~3.2	6	5
	精	(0.4)~0.8	(0.2)~0.4	0.8	4	2~3
高速车		(0.2)~0.8			6	4
钻孔	≤15mm	3.2~6.3	1.6~3.2	3.2~6.3	7~8	6~5
	>15mm	6.3~12.5	3.2~6.3		7~8	6~5
扩孔钻		6.3(3.2)~12.5			7~8	6~5
扩孔	粗	6.3~12.5			7~9	
	精	1.6~3.2			5~6	4
镗孔	粗	25~50			9~12	
	细	6.3~12.5			7~8	
	半精	0.8(0.4)~1.6			3~4	2
	精	0.2~0.4	0.1~0.4	(0.4)~0.8	2	1

续表

加工方法		表面粗糙度 $Ra/\mu m$			精度等级	
		钢	铜	轻质合金	经济的	可能的
高速镗		0.2~0.8			3	2
磨圆	细	1.6~3.2			4~6	3
	半精	0.4~0.8			2~3	1
	精	0.1~0.2			1	>1
磨平面	细	1.6			4~6	
	半精	0.4~0.8			2~3	
	精	0.1~0.2			2	1
精磨	粗	0.2	0.2		2	1
	中等	0.05~0.1	0.05~0.1		1~2	1
	精	0.025	0.025		1	>1
	最后的	0.006~0.012				
阳极研磨	粗	0.8~1.6			2~4	
	半精	0.1~0.4			2	
	研磨	0.05~0.2			1~2	
	精	0.025~0.1			1	
电弧切割钢板		12.5~25			6~7	
电机械刨		0.1~0.4			2	

3. 材料特性参数随机性

材料的力学特性直接决定了机械零件的强度数值,受金属材料的冶炼、零件的加工和热处理等各个环节的随机影响,使零件材料的各项力学性能参数发生随机变化,其中多数是正态分布,少数为指数分布或威布尔分布。

1) 材料的弹性模量

材料的弹性模量 E、剪切模量 G 和泊松比 μ,都可被认为是服从正态分布的,这些指标一般是比较稳定的指标,它们的标准差和变异系数都比较小。

材料的剪切模量 G 和弹性模量 E、泊松比 μ 有如下关系[6]:

$$G = \frac{E}{1+\mu} \tag{3-23}$$

故剪切模量参数特征值也可通过 E 和 μ 的相关值求得。

表3-5、表3-6分别为有关资料介绍的统计数据,可供使用参考。

表 3-5 金属材料弹性模量 E 的统计数据

材料名称	弹性模量 $\overline{E}/(10^3\text{MPa})$	变异系数 E	材料名称	弹性模量 $\overline{E}/(10^3\text{MPa})$	变异系数 E
钢	206	0.03	钛	101	0.09
铸钢	202	0.03	锡青铜	113	
铸铁	118	0.04	铸锡青铜	103	
球墨铸铁	173	0.04	铸铝铁青铜	105	
铝	69	0.03	黄铜	110	

表 3-6 金属材料弹性模量 E、剪切模量 G 和泊松比 μ 的分布参量

| 材料名称 | 弹性模量 E | | 剪切模量 G | | 泊松比 μ | |
	均值 $\overline{E}/\text{MPa}$	变异系数 ν_E	均值 $\overline{G}/\text{MPa}$	变异系数 ν_G	均值 $\overline{\mu}/\text{MPa}$	变异系数 ν_μ
低碳钢	206010	0.0159	78970.5	0.0021	0.390	0.0460
16Mn	206010	0.0159	78970.5	0.0021	0.290	0.0460
合金钢	201105	0.0244	79461		0.285	0.0526
灰、白口铸铁	134888	0.0545	44145		0.250	0.0267
球墨铸铁	142245	0.0345	73084.5	0.0060		
铝及铝合金	69651	0.0469	25996.5	0.0063	0.3333	
铜及铜合金	100062	0.0916	42183	0.0023	0.3650	0.0502
钛及钛合金	112815	0.0145	40858.7	0.0327	0.30667	0.0377

2) 材料的静强度指标

材料的静强度指标包括抗拉、剪切、抗扭、抗弯以及相应的屈服极限[6]，它们一般都呈现正态分布，具体指标及量级关系有以下几项。

拉伸：抗拉强度 σ_b；屈服极限 σ_s。

剪切：剪切强度 τ_b（与抗拉强度近似呈线性关系）；剪切屈服强度 $\tau_s = (0.5 \sim 0.6)\sigma_s$。

扭转：抗扭强度 $\tau_{nb} = (0.28 \sim 0.30)\sigma_b$（碳钢和低合金钢）；抗扭屈服强度 $\tau_{ns} = (0.5 \sim 0.6)\sigma_s$（碳钢），$\tau_{ns} = 0.6\sigma_s$（合金钢）。

抗弯：抗弯屈服强度 $\sigma_{\mu s} = 1.2\sigma_b$（碳钢），$\sigma_{\mu s} = 1.11\sigma_s$（合金钢）。

应当注意，目前中国钢材标准中的抗拉强度和屈服强度数据一般以 90% 为置信水平，考虑到它们分布的变异系数，所以取抗拉强度的均值为

$$\overline{\sigma}_b = 1.07\sigma_b \tag{3-24}$$

而屈服强度的均值为

$$\overline{\sigma}_s = 1.1\sigma_s \tag{3-25}$$

其中,σ_b 和 σ_s 为手册所查数据。

表 3-7 所列为几种国产钢材静强度的统计值,可供参考。

表 3-7 国产钢材静强度的统计数据

材　料	抗拉强度 σ_b			屈服强度 σ_s		
	均值 $\overline{\sigma}_b$ /(N/mm²)	标准差 σ_{σ_b} /(N/mm²)	变异系数 v_{σ_b}	均值 $\overline{\sigma}_s$ /(N/mm²)	标准差 σ_{σ_s} /(N/mm²)	变异系数 v_{σ_s}
35 钢热轧,$\phi(12\sim180)$mm, 860℃空冷	603	24.5	0.041	379	19.0	0.05
45 钢热轧,$\phi(8\sim250)$mm, 860℃空冷	676	23.5	0.035	408	15.7	0.039
38CrMoAl 热轧,$\phi(9\sim220)$mm, 950℃淬火,620~640℃回火	1064	47.9	0.045	952	56.3	0.059
9CrNiMo 热轧,$\phi(20\sim200)$mm, 860℃油淬,600℃空冷	1113	35.9	0.032	1012	43.8	0.043
60Si2Mn 热轧,860℃油淬, 470℃水冷	1510	56.5	0.037	1369	59.5	0.046
18CrNiWa 热轧,$\phi(16\sim165)$mm, 950℃油淬,17~200℃空冷	1328	56.8	0.043	1034	58.8	0.057
20CrNi2MoA 热轧,$\phi(40\sim130)$mm,890℃油淬, 17~200℃空冷	1264	139.2	0.110	1055	128.4	0.122
30CrNi2MoA 热轧,$\phi(12\sim120)$mm,860~890℃油淬, 17~200℃空冷	1098	80.9	0.074	1027	79.7	0.078
30CrMn2SiA 热轧,$\phi(8\sim200)$mm, 890℃油淬,510~540℃油回	1184	47.0	0.040	1098	51.0	0.045
40CrNiMoA 热轧,$\phi(20\sim200)$mm,850℃淬火, 600℃油回	1088	41.8	0.039	989	44.6	0.045
45CrNiMoVA 热轧,$\phi(28\sim220)$mm,860℃淬火, 440℃油回	1563	31.9	0.020	1496	36.2	0.024

3) 材料的疲劳强度

(1) 疲劳强度概念。当机械零件承受交变载荷时,其所能达到的强度称为疲劳强度。如旋转轴的横截面在弯矩作用下就承受交变轴向应力的作用,此情况下应对零件进行疲劳强度可靠性计算[7-9]。

疲劳失效时零件经历过的应力循环次数称为疲劳寿命,通常用字母 N(如旋转轴的转数)表示。疲劳寿命的长短取决于所施加的循环应力的水平。通常情况下,同种材料的循环应力水平越低,则疲劳寿命就必然越长。但当循环应力低到一定程度时,寿命就可以无限延长,叫无限寿命,通常金属材料的无限寿命定义为循环数达 10^7 次以上。

由此可知,与静强度只是一个独立的物理量不同,疲劳强度值要取决于零件的应力循环次数(疲劳寿命)是多少,不同疲劳寿命条件下会有不同的疲劳极限值。这里的疲劳极限值即相应的循环应力水平,该数值等于交变应力的应力幅。

表 3-8 所列为几种典型钢材的疲劳强度分析,表 3-9 所列为一些材料疲劳强度的标准差,供计算时参考。

表 3-8 典型钢材的疲劳强度分析

材料	静强度/MPa	试验条件 α_σ	寿命 N	疲劳极限 σ_{-1}/MPa	标准差 $\sigma_{\sigma_{-1}}$/MPa	附 注
45 钢 (碳素钢)	$\sigma_b=833.85$ $\sigma_s=686.7$	1.9	4×10^5 10^5 5×10^5 10^6 5×10^6 10^7	412.02 343.35 309.99 294.30 286.45 279.59	13.08 9.81 7.85 7.85 7.85 8.17	1. 轴向加载 2. ϕ26mm 棒材 3. 化学成分:0.49%C,0.30%Si,0.68%Mn 4. 调质处理
30CrMnSiA (铬锰硅钢)	$\sigma_b=1108.5\sim1187.0$ $\sigma_s=1088.9$	1	10^5 5×10^5 10^6 5×10^6 10^7	784.8 676.9 655.3 639.6 637.7	35.97 19.62 17.66 17.00 18.64	1. 旋转弯曲 2. ϕ25mm 棒材 3. 化学成分:0.30%C,(0.90%~1.00%)Cr,(0.68%~0.93%)Mn,(0.96%1.04%)Si 4. 890~898℃油中淬火,510~520℃回火
40CrNiMoA	$\sigma_b=1039.86\sim1167.39$ $\sigma_s=917.24\sim1126.19$	1	5×10^4 10^5 5×10^5 10^6 5×10^6 10^7	760.3 667.1 590.6 559.2 539.6 523.9	44.15 37.60 26.16 20.92 20.92 19.62	1. 旋转弯曲,ϕ22mm 2. 化学成分:(0.38%~0.43%)C,(0.74%~0.78%)Cr,(1.52%~1.57%)Mn,(0.19%~0.21%)Ni 3. 850℃油淬,580℃回火
42CrMnSi-MoA (GC-4 电渣钢)	$\sigma_b=1894.3$ $\sigma_s=1138.1\sim1126.19$	1	5×10^4 10^5 5×10^5 10^6 5×10^6 10^7	965.3 875.1 799.5 761.3 735.8 718.1	65.40 49.71 38.26 24.85 26.81 24.85	1. 轴向加载 2. ϕ42mm 棒材 3. 化学成分:0.42%C,1.23%Cr,1.04%Mn,1.33%Si,0.51%Mo 4. 920℃加热,330℃等温,空冷

表 3-9 一些材料疲劳强度的标准差

材 料	热 处 理	强度极限 σ_b/MPa	疲劳极限 平均值 $\overline{\sigma}_{-1}$/MPa	疲劳极限 标准差 $\sigma_{\sigma_{-1}}$/MPa	疲劳极限 变异系数 $\nu_{\sigma_{-1}}$/MPa
Q235A	轧态	449.3	213.0	8.1	0.038
16Mn	轧态	685.9	280.8	8.4	0.030
20 钢①	正火	460.8	250.1	5.1	0.020
35 钢	正火	570.8	228.3	2.1	0.009
45 钢	正火	623.6	249.3	5.3	0.021
45 钢①	调质	710.0	388.3	9.7	0.025
45 钢	电渣熔铸	803.4	432.9	14.3	0.033
35CrMn	调质	923.7	431.5	13.9	0.032
40MnR	调质	970.3	436.2	19.8	0.045
40Cr	调质	939.6	421.7	10.3	0.024
42CrMo	调质	1133.9	603.9	12.4	0.025
50CrV	调质	1818.8	746.5	32.0	0.025
60Si2Mn	淬火后中温回火	1681.6	563.6	23.9	0.042
85Mn	调质	1794.8	708.2	31.5	0.044
1Cr13	调质	720.8	374.2	13.0	0.035
2Cr13	调质	772.9	374.0	13.8	0.037
QT40-17(楔形)	退火	432.5	202.5	7.5	0.037
QT40-17(梅花)	退火	471.6	198.4	6.9	0.035
QT60-2(楔形)	正火	858.3	290.0	5.8	0.020
QT60-2(梅花)	正火	759.3	251.1	9.7	0.039

①漏斗形试样,其他均为光滑试样。

(2) P-S-N 疲劳寿命概率分布曲线。表示材料循环应力水平和疲劳寿命关系的曲线称为 S-N 曲线,如图 3-5 所示,该曲线斜率不为零部分的数学表达式为

$$\sigma^m N = C \tag{3-26}$$

S-N 曲线是一条单值的疲劳寿命曲线。但从可靠性设计的观点看,任何一个试验结果都会是一个呈分布状态的随机量,而且金属材料由于其自身性质的差异和疲劳机理,其抗疲劳性能往往有很大的离散性,因此试验结果得到的点不可能都落到 S-N 曲线上,而是以上述曲线为中心呈分布状态。图 3-6 所示为试件在不同应力水平下的失效循环次数 N 取对数后的分布曲线。例如,在应力

水平 S_1 下试验一组试件,共 m 个,把应力水平作为纵坐标基准,把每个试件失效时的失效循环次数都在相应的横坐标上累加一个圆点,最终 m 个圆点就形成了一个失效概率分布密度曲线 $f_1(N)$ 所围成的面积 $\int_0^\infty f_1(N)\mathrm{d}N$,同理可以用描点的方法得到在应力水平 S_2、$S_3\cdots$ 下的各组关于 N 的失效概率分布密度曲线 $f_2(N)$、$f_3(N)\cdots$。将各应力水平下相同的失效概率值对应的点连接起来,可得到 P-S-N 曲线。

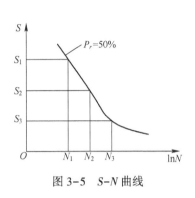

图 3-5 S-N 曲线

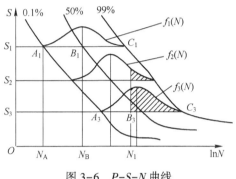

图 3-6 P-S-N 曲线

对于典型的机械零件,当给定任意的循环次数 N_1 时,就可在图中找到在不同应力水平下零件的失效概率,即图中各曲线的非阴影部分的面积,表示为

$$P_f = P(n < N_1) = \int_0^{N_1} f_i(N)\mathrm{d}N \qquad (3-27)$$

通常失效循环次数 N 服从对数正态分布或威布尔分布。

需要注意的是:

① 以上讨论的 S-N 曲线和 P-S-N 曲线中的循环应力幅 σ_a 都是指对称循环,实际工程结构常常遇到非对称循环载荷,就是 $r = \dfrac{\sigma_{\min}}{\sigma_{\max}} \neq 1$ 的情况。不同 r 值时的疲劳强度和疲劳极限,可以通过疲劳极限图得到。

② 工程计算中依据的疲劳强度值,来自实验室中用试样进行的疲劳试验结果,但由于工程中实际工作条件与实验室条件有所不同,包括零部件尺寸与形状、零部件表面加工情况等,所以需要引入相关系数对实验室数据进行修正。经修正后的疲劳强度值为

$$\sigma_r' = \sigma_r K_\sigma \varepsilon \beta \qquad (3-28)$$

式中:σ_r 为疲劳极限试验数据。K_σ、ε、β 为疲劳强度修正系数,其中 K_σ 为由于结构材料的不同,在同样几何形状时仍会发生应力集中的变化引入的有效应力

集中系数。ε 为由于结构尺寸与试样尺寸的差异,而使结构的疲劳强度小于试样的疲劳强度引入的尺寸系数;β 为由于结构零部件表面加工精度与经磨削加工的标准试样有差异而引入的表面质量系数,以上各系数均可以在相关手册上查到。

4) 不同材料的摩擦系数

在一般的压力与速度下,对确定的摩擦副和环境,可认为摩擦系数是常量。摩擦系数受摩擦副材料、表面粗糙度、有无润滑剂、环境压力与温度的影响很大[10]。

(1) 室温及大气中无润滑表面的摩擦系数。纯净金属表面的摩擦系数相当大,同类纯金属之间的摩擦系数比异类纯金属间和同类合金间的摩擦系数大得多。大气中的金属表面有污染膜,它对摩擦系数影响较大。表 3-10 是污染极少时金属和合金的摩擦系数,表 3-11 是一般情况下常用材料的摩擦系数。

表 3-10 金属和合金的摩擦系数

摩擦副材料		μ
I	II	
铅、银、钼、锌、镍	软钢	0.4
轴承合金		0.3~0.35
铜、镉、磷青铜		
淬硬钢 软钢	淬硬钢 软钢	0.3~0.40
银	银	1.4
铜	铜	1.4
镍	镍	0.7
铂	铂	1.2~1.3

表 3-11 常用材料的摩擦系数

摩擦副材料		摩擦系数 μ	
I	II	静摩擦	动摩擦
钢	钢	0.15	0.1
	软钢	0.2	
	T8 钢	0.18	
	铸铁	0.2~0.3	0.16~0.18
	黄铜	0.19	

续表

摩擦副材料		摩擦系数 μ	
I	II	静摩擦	动摩擦
钢	青铜	0.15~0.18	
	铝	0.17	
	轴承合金	0.2	
	粉末冶金	0.22	
软钢	青铜	0.2	0.18
	铸铁		
铸铁	铸铁	0.15	
	青铜	0.28	0.15~0.21
	橡胶	0.8	
铜	T8 钢	0.15	
	铜	0.20	
铝硅合金	硬橡胶	0.25	
黄铜	T8 不淬火	0.19	
	T8 淬火	0.14	
	黄铜	0.17	
	钢	0.30	
	硬橡胶	0.25	
青铜	T8 钢	0.16	
	黄铜		
	青铜	0.15~0.20	
	钢	0.16	
	硬橡胶	0.36	
铝	T8 不淬火	0.18	
	T8 淬火	0.17	
	黄铜	0.27	
	青铜	0.22	
	钢	0.30	

（2）室温及大气中有润滑表面的摩擦系数。在摩擦面上涂有少量润滑剂，呈边界摩擦状态，这时的摩擦系数遵循下述一般规律：

① 润滑表面的摩擦系数低于无润滑表面的摩擦系数；
② 润滑剂分子的极性越强,分子越长,则摩擦系数越低。因此,一般脂油比矿物油更能降低摩擦系数；
③ 对于同一种润滑剂来说,一般无润滑表面摩擦系数大的金属摩擦副,润滑表面的摩擦系数也大(表3-12)。

表 3-12 润滑表面的摩擦系数

摩擦副材料		摩擦系数 μ	
I	II	静摩擦	动摩擦
钢	钢	0.1~0.12	0.05~0.1
	软钢	0.1~0.2	
	T8不淬火	0.3	
	铸铁	0.05~0.15	
	黄铜	0.03	
	青铜	0.1~0.15	0.07
	铝	0.02	
	轴承合金	0.04	
软钢	铸铁	0.05~0.15	
	青铜	0.07~0.15	
铜	T8钢	0.03	
铸铁	铸铁	0.15~0.16	0.07~0.12
	青铜	0.16	0.07~0.15
	橡胶	0.15	0.12
黄铜	T8不淬火	0.03	
	T8淬火	0.02	
	黄铜	0.02	
	钢	0.02	
青铜	青铜	0.04~0.10	
铝	T8不淬火	0.03	
	T8淬火	0.02	
	黄铜	0.02	
	钢	0.02	

(3)非常温状态下的摩擦系数。飞机复杂运动机构的工作状态主要是在常温及大气中,极少数情况下在高温、低温、真空状态,这些状态对摩擦系数有

一定的影响。

温度高时污染膜及吸附膜会松弛、蒸发或脱吸,所以摩擦系数通常随温度升高而增大。

在真空中,摩擦表面上氧化和吸附膜生成速率降低,黏结点散热缓慢,因而将影响摩擦系数,影响程度随真空度而改变,真空度越高,摩擦系数越大。

-150~0℃环境下的摩擦为低温摩擦,该种形式的摩擦多半是在低温液体(如液氮、液氦、液氢等)中的摩擦。虽然摩擦面上可以保持氧化膜,但膜容易破裂。低温液体的另一特点是黏度低和有腐蚀性,低温下摩擦面易咬粘、磨损严重。

4. 非力学环境参数随机性

非力学载荷环境中包括气候环境、地形环境和感应环境。气候环境主要包括温度、太阳辐射、大气压力、降雨量、湿度、臭氧、烟雾、风、沙尘、霜冻、雾等。地形环境主要包括标高、地面等高形、土壤、天然地基、地下水、饱和水、植物、野兽和昆虫、微生物等。感应环境主要包括冲击波、振动、加速度、核辐射、电磁辐射、空气污染物质、噪声、热能、变化了的生态等。非力学环境对装备中机械产品的影响一般可分为两大类:一类是对装备中机械产品力学性能的影响,由于环境应力的作用使装备的机械结构损坏,引起装备失效。比如,腐蚀促进裂纹的产生。另一类是对装备功能的影响,由于环境应力的作用,使装备不能完成预定的功能或其特征参数超过允许的范围。比如,在连杆机构中由于温度的变化而使连杆铰接点的销轴与套筒之间的间隙发生变化,从而影响连杆机构的运动精度。因此,机械产品在特定非力学环境的可用性和可靠性也是产品设计的一个重要环节。

在实际使用中,机械系统在不同环境的影响下,其可靠性是不同的,恶劣的环境使其可靠性明显下降。耐环境设计的主要任务是:研究环境对系统的影响,研究防止或减少环境对系统可靠性影响的各种方法。其一般程序是:①预测机械系统所处的使用环境;②找到影响机械系统的主要环境因素;③根据预测的主要环境因素,研究机械系统的主要失效机理、模式等;④确定各种设计目标;⑤机械系统的环境试验;⑥试验数据反馈,改善环境设计。

3.2.2 机械系统可靠性模型的随机影响因素辨识方法

对于机械系统而言,其失效机理复杂,影响因素众多,因此,需要针对机械系统的主要失效机理,提取出关键零部件,对其主要的随机影响因素进行辨识。图3-7所示为机械系统可靠性模型的随机影响因素辨识方法,该方法主要以失效机理模型为基础,宏观与微观分析相结合、定性分析与定量计算相结合。

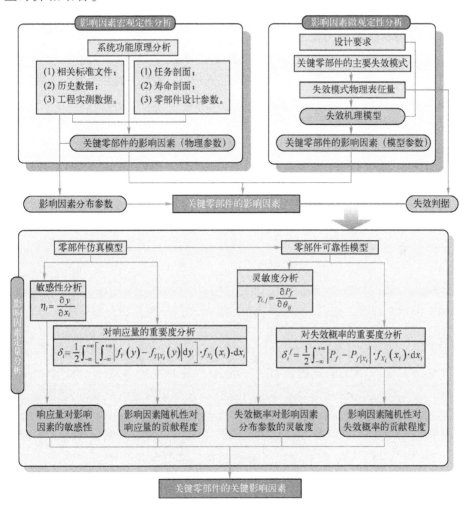

图 3-7 机械系统可靠性模型的随机因素辨识方法

首先进行定性分析,将宏观的机械系统影响因素分析和微观的零部件失效机理分析相结合。首先从宏观的机械系统功能原理出发,结合机械系统的相关标准文件、历史数据和工程实测数据,并根据机械系统的任务剖面、寿命剖面以及零部件设计参数,确定机械系统的关键零部件的影响因素(物理参数);再从微观的零部件失效机理出发,分析其设计要求及关键零部件的失效模式(如磨损、疲劳、老化等),根据失效模式的物理表征量,建立失效机理模型,确定该模型中所含的影响因素(模型参数)。通过两者对比从定性角度得到关键零部件的影响因素,结合影响因素分布参数及失效判据,最终通过建立零部件仿真模型和零部件可靠性模型,开展敏感性分析、灵敏度分析或对响应量/失效概率的贡献程度分析,定量计算得到关键零部件的关键影响因素。

该技术在某飞机起落架舱门锁机构的影响因素辨识中得到应用。根据该锁机构的运动规律以及在实际使用过程中遇到的卡滞失效问题,从机构功能原理出发,定性分析得出,造成锁机构失效的影响因素除了构件本身尺寸误差和装配误差,还包括构件磨损以及变形的影响;以实际试验数据为基础,提出了卡滞失效的失效表征参数及极限值,将卡滞失效问题转化为锁机构定位时的运动精度可靠性问题;以此为基础,通过建立机构动力学模型,进行锁机构可靠性分析,并得到了影响锁机构卡滞可靠性的主要影响因素,提出了该锁机构的改进措施,并指出提高装配精度、减少活塞行程可以有效避免卡滞失效。

3.3 小　　结

本章介绍的方法是以"基于失效机理的机械产品可靠性分析"为理论基础,首先介绍了基于应力-强度干涉理论进行可靠性分析的可靠性模型,推导了仅考虑应力和强度两个基本随机变量时的可靠性计算方法。针对机械系统失效模式复杂多样、可靠性影响因素多的特点,对传统的应力-强度干涉理论进行扩展,将其扩展到在失效域内对基本随机变量联合概率密度函数或功能函数响应量的概率密度函数求积分的一般情况。然后针对上述积分式和可靠性灵敏度的计算问题,介绍了以一次二阶矩方法为代表的近似解析法和以蒙特卡罗方法为代表的数值模拟法。其次介绍了影响机械可靠性的主要随机因素及其随机特征,包括载荷、几何特性和材料力学参数的随机性,对设计中常用的随机物理量及其相关概念进行了介绍,以供相关的计算参考,同时介绍了机械系统可靠性分析过程中主要影响因素辨识方法,为机械系统在复杂环境下进行可靠性分析与建模提供指南。

参考文献

[1] 李良巧. 机械可靠性设计与分析[M]. 北京:国防工业出版社,1993.
[2] 谢里阳,王正,周金宇,等. 机械可靠性基本理论与方法[M]. 2版. 北京:科学出版社,2012.
[3] 刘文珽. 结构可靠性设计手册[M]. 北京:国防工业出版社,2008.
[4] 许卫宝,钟涛. 机械产品可靠性设计与试验[M]. 北京:国防工业出版社,2015.

[5] 吕震宙,宋述芳,李洪双,等.结构机构可靠性及可靠性灵敏度分析[M].北京:科学出版社,2009.
[6] 刘鸿文.材料力学Ⅰ[M].4版.北京:高等教育出版社,2004.
[7] 王学颜,宋广惠.结构疲劳强度设计与失效分析[M].北京:兵器工业出版社,1992.
[8] 闻邦椿.机械设计手册[M].6版.北京:机械工业出版社,2020.
[9] 高镇同,熊峻江.疲劳可靠性[M].北京:北京航空航天大学出版社,2000.
[10] 温诗铸,黄平,田煜,等.摩擦学原理[M].5版.北京:清华大学出版社,2018.

第4章

复杂机构功能可靠性建模理论与方法

复杂运动机构组成复杂,机构功能多样。相比结构失效,复杂机构的失效模式更加多样、失效原因更加复杂,传统的基于失效数据和性能退化数据的方法已经无法满足当前需求。本章在对机构功能失效模式分析基础上,研究功能失效的表征方法及可靠性建模方法,并开展机构单失效模式及多失效模式相关的可靠性计算方法研究,解决复杂机构的可靠性建模及评估问题。

4.1 机构主要的功能失效模式及表征参数

4.1.1 复杂机构主要功能分类

总的来说,复杂机构一般具有两大主要功能:承受或传递动力和实现预期运动,因此可将机构可靠性问题划分为与承载能力相关的可靠性问题和与运动功能相关的可靠性问题,前者一般可归结为机械结构零部件的可靠性问题,目前已有较成熟的方法;后者属于机构功能可靠性问题。飞机复杂机构运动功能往往有以下几个特点:

(1) 机构是在外力带动下完成特定动作的,整个过程一般是按照时间顺序由一个或几个动作来完成的。例如,飞机起落架收放机构要完成收上动作、放下动作、开锁动作和上锁动作等。

(2) 机构附在机体上,在运动之前机构相对于机体是静止的。为完成规定的动作,机构相对于机体要做相对运动,在动作完成后,又要求机构相对于机体静止。

根据以上特点,针对机构的运动功能,可以把飞机机构工作过程按照动作序列分解为若干动作,每个动作又可以进一步分解为若干阶段。划分的原则是把机构从静止到运动再到静止这一完整过程定义为一个动作,而每个动作又可划分为3个阶段,即启动阶段、运动阶段及定位阶段。启动阶段是机构从静止阶段到运动状态的过渡阶段;运动阶段是机构保持运动状态到规定位置的阶段;定位阶段是机构从运动状态再回到静止状态的过渡阶段。对于可逆动作的机构,其反过来的过程与正过程是相同的。任何一个机构的运动过程都可描述成图 4-1 过程的全部或部分。

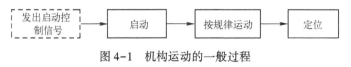

图 4-1　机构运动的一般过程

4.1.2　复杂机构功能表征参数

通常情况下,机构的每条性能曲线均能反映某种失效是否发生,失效模式表征的过程即从机构所有性能曲线中提取失效信息的过程。机构的失效模式分为构件失效、单个机构功能失效和多个机构整体功能失效 3 类。各类失效中又存在着多种失效模式,不同的失效模式有不同的表征方式:构件的强度或刚度失效可用其载荷曲线的最大值表征,即整个周期内的最大值超过其失效阈值则构件会失效,反之则不会失效;某一时刻的运动精度可以用该时刻的性能曲线值与许用值的偏差表征;等等。在对机构进行可靠性建模时,就需要根据实际情况对机构的失效模式进行表征,表 4-1 给出了机构几种典型失效模式及失效判剧。

表 4-1　机构典型失效模式及失效判据

失 效 模 式	表 征 参 量	失 效 判 据
构件强度破坏	构件的载荷或最大应力	载荷超过临界载荷/应力超过强度极限
机构运动精度不足	实际位置与设计位置的偏差	位置偏差超过许可值
机构运动卡滞	机构动作所需的驱动力	所需的驱动力超过系统能提供的最大驱动力
机构运动过快或过慢	机构的动作时间	动作时间超过许可范围
机构工作不同步/不协调	机构的动作时间差	机构动作时间差超过许可值

可见,机构失效模式表征量通常是某性能曲线的最大值、最小值或者某一特定时刻的值,称为"失效表征量",即 $F(x,n) = \max(F(x,t,n))$、$F(x,n) = \min(F(x,t,n))$ 或者 $F(x,n) = F(x,t,n)|t=tx$,其中,t 为机构单个周期内的工作时间,n 为机构的工作周期数。当 $F(x,n)$ 的任意一个分量超出机构正常工作所允许的包络范围时,认为机构失效。因此,在对机构可靠性评估时,往往可以不必对所有时刻的响应量进行分析,而只对其失效表征量进行分析。

功能可靠的机构,其所有失效表征量必须满足一定的要求,该"要求"即机构的失效判据,由失效阈值决定。对于构件的强度失效,失效阈值为构件所能承受的最大载荷或最大应力;对于运动卡滞,失效阈值为系统所能提供的最大力(矩),对于运动精度、运动时间过快或过慢等,失效阈值由机构的功能决定,如锁机构的运动精度阈值由锁钩与锁环之间的相对位置决定。

假设某机构存在 s 个失效模式,且其失效模式可用一组响应量的最大值表征,即 $F_i(\boldsymbol{x},n)=\max(F_i(\boldsymbol{x},t,n_j))$,如图 4-2 所示。其中,$i=1,2,\cdots,s$ 为机构所有失效模式表征量的编号,n_j 为机构工作周期数。当各失效模式对应的失效阈值分别为 L_i 时,各失效模式的极限状态方程可以表示为

$$g_i(x(n))=L_i-F_i(\boldsymbol{x},n)$$

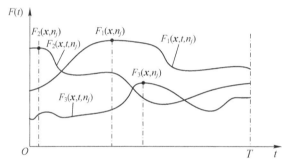

图 4-2 机构失效模式表征量示意图

4.2 复杂机构功能表征模型与方法

4.2.1 基于几何学模型的机构功能表征方法

1. 基于几何学的机构功能表征方法

在不考虑运动副间隙时,机构中任意的位置坐标可由其原动件转角 θ_1 来确定。而实际上,铰链存在间隙,以图 4-3 所示的四连杆机构为例,假设其铰链 C 存在间隙,用向量 $\boldsymbol{c}$ 表示。可见铰链间隙使系统增加了 2 个自由度,即间隙向量的大小 $|\boldsymbol{c}|$ 和方向 θ_c。

将间隙向量 $\boldsymbol{c}$ 看作一个连杆,则上述四连杆机构的封闭向量方程可以表示为

$$l_1\mathrm{e}^{\mathrm{i}\theta_1}+l_2\mathrm{e}^{\mathrm{i}\theta_2}=l_4+l_3\mathrm{e}^{\mathrm{i}\theta_3}+c\mathrm{e}^{\mathrm{i}\theta_c}$$

应用欧拉公式 $\mathrm{e}^{\mathrm{i}\theta}=\cos\theta+\mathrm{i}\sin\theta$ 将上式的实部和虚部分离,得到:

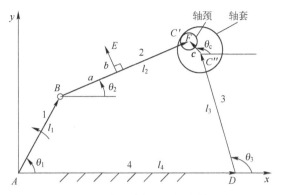

图 4-3 含铰链间隙的四连杆机构示意图

$$\begin{cases} l_1\cos\theta_1 + l_2\cos\theta_2 = l_4 + l_3\cos\theta_3 + c\cos\theta_c \\ l_1\sin\theta_1 + l_2\sin\theta_2 = l_3\sin\theta_3 + c\sin\theta_c \end{cases} \quad (4-1)$$

根据前两节中杆长与铰链间隙的随机性进行抽样后,对于每一组样本,式(4-1)中的原动件方位角 θ_1,各杆件的长度 l_i 和间隙向量 c 为已知量,未知量为其余各杆件的方位角。

求解式(4-1)得

$$\tan(\theta_3/2) = (A \pm \sqrt{A^2 + B^2 - C^2})/(B - C)$$

其中

$$\begin{cases} A = 2cl_3\cos\theta_c - 2l_1l_3\cos\theta_1 + 2l_3l_4 \\ B = 2cl_3\sin\theta_c - 2l_1l_3\cos(\theta_1 - \theta_c) \\ C = l_2^2 - l_1^2 - l_3^2 - l_4^2 - c^2 + 2cl_3\cos(\theta_1 - \theta_c) - 2cl_4\cos\theta_c + 2l_1l_4\cos\theta_1 \end{cases}$$

当方位角确定后,机构中任一点的位置即可用下式表示:

$$\begin{cases} x_E = l_1\cos\theta_1 + a\cos\theta_2 + b\cos(\theta_2 + 90°) \\ y_E = l_1\sin\theta_1 + a\sin\theta_2 + b\sin(\theta_2 + 90°) \end{cases}$$

2. 基于几何学的含间隙机构功能表征方法

上述含间隙铰链的四连杆机构模型相对简单,可通过解析法直接推导出解析解,但对于复杂连杆机构,直接推导解析解难度很大,此时需要采用数值解法,仍以图 4-3 所示机构为例来说明求解方法。

分别令 $\cos\theta_1 = x_1$,$\cos\theta_2 = x_2$,$\cos\theta_3 = x_3$,则 $\sin\theta_1 = k_1\sqrt{1-x_1^2}$,$\sin\theta_2 = k_2\sqrt{1-x_2^2}$,$\sin\theta_3 = k_3\sqrt{1-x_3^2}$。其中 $k_i = \pm 1$,具体取值根据理想机构中各杆件方位角的大小确定。

封闭向量方程组(4-1)可转化为如下形式:

$$\begin{cases} F(\boldsymbol{x}) = L_1 x_1 + L_2 x_2 - L_3 x_3 - C\cos\theta_c - L_4 = 0 \\ F(\boldsymbol{x}) = L_1 k_1\sqrt{1-x_1^2} + L_2 k_2\sqrt{1-x_2^2} - L_3 k_3\sqrt{1-x_3^2} - C\sin\theta_c \end{cases}$$

$F(\boldsymbol{x})$ 在 $\boldsymbol{x}$ 处的雅可比(Jacobi)矩阵为

$$F'(x) = \begin{pmatrix} L_2 & -L_3 \\ \dfrac{-k_2 L_2 x_2}{\sqrt{1-x_2^2}} & \dfrac{k_3 L_3 x_3}{\sqrt{1-x_3^2}} \end{pmatrix}$$

利用牛顿(Newton)迭代公式迭代求解杆件的方位角：

$$x^{(k+1)} = x^{(k)} - [F'(x^{(k)})]^{-1} F(x^k)$$

迭代初值取不考虑杆件长度误差和铰链间隙的理想情况下构件方位角的余弦值，以保证迭代收敛。求得各杆件的方位角 θ 后，代入上式即可求得定位点的位置坐标。

4.2.2 基于机构运动学和动力学的机构功能表征方法

1. 基于运动学的机构功能表征方法

机构运动学方程如下：

$$\boldsymbol{\Phi}_q \dot{q} = -\boldsymbol{\Phi}_t \equiv v$$

$$\boldsymbol{\Phi}_q \ddot{q} = -(\boldsymbol{\Phi}_q \dot{q})_q \dot{q} - 2\boldsymbol{\Phi}_{qt} \dot{q} - \boldsymbol{\Phi}_{tt} \equiv \gamma$$

式中：Φ 为位置坐标阵 q 的约束方程；Φ_q 为约束方程的雅可比矩阵；q 为质点系实际位置；v 为速度右向；γ 为加速度右向。

基于运动学的功能表征流程如图 4-4 所示。

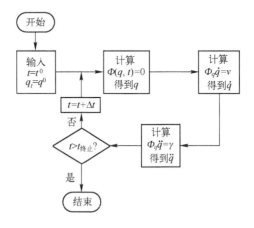

图 4-4 基于运动学的功能表征流程

2. 基于动力学的机构功能表征方法

基于机构动力学的机构功能表征建模包括理想机构建模、部件损伤建模和考虑损伤累积的机构建模3个方面，其建模流程如图4-5所示。

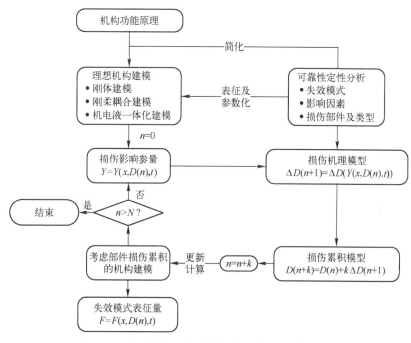

图4-5 基于机构动力学的机构功能表征建模流程

（1）理想机构建模。根据机构的功能原理和所要分析的失效模式及其影响因素对机构进行合理简化，去除与失效模式无关的部件后，在不考虑部件损伤的情况下，建立机构的刚体模型、刚柔耦合模型或机电液一体化模型。该模型必须能反映可靠性的影响因素，并能得到失效模式表征参量。另外，将模型中的因素参数化，以方便可靠性分析时快速更新模型参数。

（2）部件损伤建模。根据部件的损伤类型和机理，选取合适的损伤机理模型，从机构的动态响应中提取相关结果作为损伤机理模型的输入参数后，进行损伤量计算，再在理想机构模型中对部件损伤量进行表征和参数化。机构在单个周期内的损伤量通常很小，在每个周期结束后均对机构进行更新会大大降低建模的效率，因此，每隔 k 个工作周期对机构的损伤参数更新一次，其对应的损伤变化量取单个周期损伤量的 k 倍。将该损伤变化量与之前的损伤量进行累加，得到部件的损伤累积量。

（3）考虑部件损伤累积的机构建模。用步骤（2）得到的损伤累积量替换 k 个工作周期前的损伤累积量，运行仿真得到该工作周期对应的机构失效模式表征量和下个周期损伤变化量计算的输入参数。

重复(2)和(3)得到部件损伤累积下的机构动态性能参量,直到运行周期达到机构的寿命要求。

4.2.3 基于虚功原理的锁类机构功能表征方法

1. 虚功原理

以舱门锁的误上锁失效模式为例,说明基于虚功原理的机构功能表征方法,锁机构开锁状态受力分析如图 4-6 所示。

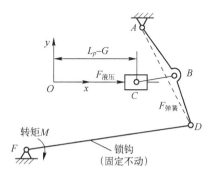

图 4-6 基于虚功原理的锁机构功能表征模型示意图

对于具有理想约束的质点系,其平衡的充分必要条件:作用于质点系的所有主动力在任何虚位移中所做虚功的和等于 0。

2. 无摩擦时的机构功能表征

假设 F 点施加一个主动力矩 M,则使整个系统在驱动力 $F_{液压}$、弹簧力 $F_{弹簧}$ 和力矩 M 三个主动力的作用下保持平衡。

给系统以虚位移,F 点向下移动的虚线位移为 δy,弹簧作用点的虚线位移为 δs,M 作用 DF 杆转过的虚角位移为 $\delta\theta$,则整个系统平衡的充要条件为

$$F_{液压}\delta y + F_{弹簧}\delta s + M\delta\theta = 0 \tag{4-2}$$

首先计算各点的坐标关系,如假设 F 点 (x,y),根据机构系统各点的位形关系可计算出其余各点。对于 (x,y) 的函数,则 3 个变分 δy、δs 与 $\delta\theta$ 之间的关系便可推导出来,进而代入式(4-2),可计算出 M 与 $F_{液压}$ 与 $F_{弹簧}$ 之间的关系,即 $M=f(F_{液压},F_{弹簧})$。

(1) 如果 $M=0$,则说明系统在 $F_{液压}$ 与 $F_{弹簧}$ 载荷的作用下可保持平衡。

(2) 如果 $M>0$,则说明需要一个顺时针的力矩才能使整个系统保持平衡,取出 DF 杆作为研究对象,$M>0$ 则在 $F_{液压}$ 与 $F_{弹簧}$ 载荷的作用下使得 DF 杆有逆时针运动的趋势,并且接触点的存在使整个系统处于平衡状态。

(3) 当 $M<0$ 时,说明需要一个逆时针的力矩才能使整个系统保持平衡,取出 DF 杆作为研究对象;当 $M<0$ 时,在 $F_{液压}$ 与 $F_{弹簧}$ 载荷的作用下使得 DF 杆有顺时针运动的趋势,则会发生误上锁。

3. 有摩擦时的机构功能表征

虽然应用虚位移原理的条件是质点系应具有理想约束,但也可以用于有摩擦的情况,只要把摩擦力当作主动力,在虚功方程中计入摩擦力所做的虚功即可。

对于平衡状态下的计及摩擦问题的力学问题,将摩擦力当作主动力,可求得 $M=f(F_{液压},F_{弹簧},F_{摩擦})$。因为静摩擦力的大小随主动力的情况而改变,介于 0 与最大值之间。且最大静摩擦力的大小与两物体间的正压力(即法向约束力)成正比,$0 \leqslant F_{摩擦} \leqslant f_S F_N$,所以有摩擦时平衡问题的解是一个范围。但可先在平衡状态下求解,求得结果后再分析讨论解的平衡范围。

因为 M 求解出来是一个定值,其大小反映了 $F_{液压}$、$F_{弹簧}$、$F_{摩擦}$ 三者对 DF 杆的合力(矩)作用,M 越大,顺时针或逆时针转动的趋势就越强,则误上锁或平衡的概率就越大。

4.3 机构功能可靠性计算方法

4.3.1 复杂机构功能单失效模式可靠性计算方法

飞机复杂机构的损伤演化模型求解速度较慢,为了提高可靠性分析的计算效率,本书采用基于代理模型和 MC 法的可靠性评估方法,其分析流程为:对可靠性影响因素抽取少量的样本,代入机构的损伤演化模型进行求解,提取各样本对应的失效模式表征量,再利用代理模型建立机构影响因素与失效模式表征量之间的传递关系,最后以该代理模型为机构的功能函数,利用 MC 法求解机构失效概率。

1. 常用代理模型

常用的代理模型主要包括多项式响应面模型[1]、Kriging 模型[2-4]等。

1) 多项式响应面模型

多项式响应面模型的基本思想:通过一系列确定性实验,用多项式函数来近似隐式极限状态函数,通过合理选取实验点和迭代策略,保证多项式函数能够在概率上收敛于真实的隐式极限状态函数,一般分为线性响应面、二次不含交叉项的响应面和二次响应面。

其中,线性响应面模型可表示为

$$f(x) = a_0 + \sum_{i=1}^{n} a_i x_i$$

式中：a_0、a_i 为响应面的待定系数；x_i 为随机变量；$f(x)$ 为随机变量与响应量之间的传递关系。

二次不含交叉项的响应面模型为

$$f(x) = a_0 + \sum_{i=1}^{n} a_i x_i + \sum_{i=1}^{n} a_{ii} x_i^2$$

式中：a_{ii} 为响应面的待定系数。

二次响应面模型为

$$f(x) = a_0 + \sum_{i=1}^{n} a_i x_i + \sum_{i=1}^{n} a_{ii} x_i^2 + \sum_{i=1}^{n} \sum_{j=1}^{j<i} a_{ij} x_i x_j$$

式中：a_{ij} 为响应面的待定系数。

2) Kriging 模型

Kriging 模型是一种半参数化的插值技术，其目的是通过部分已知的信息去模拟某一点的未知信息，由一个全局模型和一个局部偏差组成，即

$$\tilde{y}(\boldsymbol{x}) = \boldsymbol{f}^{\mathrm{T}}(\boldsymbol{x})\boldsymbol{\beta} + Z(\boldsymbol{x})$$

式中：$\boldsymbol{x} = (x_1, x_2, \cdots, x_n)$ 为 n 维随机空间；$\boldsymbol{f}(\boldsymbol{x})$ 为基函数列向量；$\boldsymbol{\beta}$ 为回归函数列矩阵；$\boldsymbol{f}^{\mathrm{T}}(\boldsymbol{x})\boldsymbol{\beta}$ 为多项式部分，代表全局统计特性；$Z(\boldsymbol{x})$ 表示局部偏差，一般采用均值为 0、方差为 σ_Z^2、协方差非 0 的高斯平稳随机过程，$Z(\boldsymbol{x})$ 的协方差矩阵可以表示为

$$\mathrm{Cov}[Z(x_i), Z(x_j)] = \sigma_Z^2 R[R(x_i, x_j)] \quad (i, j = 1, 2, \cdots, n_s)$$

式中：n_s 为样本数；$\boldsymbol{R}$ 为相关矩阵；$R(x_i, x_j)$ 为任意两个样本点 x_i 和 x_j 之间的相关函数，相关函数常选取为高斯函数。

2. 截尾分布随机变量概率密度函数及抽样方法

1) 截尾分布随机变量概率密度函数

对于两端截尾的随机变量，其累积分布函数为

$$K = \int_{x_{\min}}^{x_{\max}} f_X(x) \mathrm{d}x \tag{4-3}$$

式中：$x_{\min}$ 为下截尾点；$x_{\max}$ 为上截尾点；$f_X(x)$ 为理论分布的概率密度函数。

显然，截尾后的累积分布函数小于 1，因此将原概率密度函数放大 A 倍，以使累积分布函数为 1，即

$$\int_{x_{\min}}^{x_{\max}} A \cdot f_X(x) \mathrm{d}x = 1 \tag{4-4}$$

求解得

$$A = \frac{1}{\int_{x_{\min}}^{x_{\max}} f_X(x) \mathrm{d}x} = \frac{1}{K} \tag{4-5}$$

因此，截尾后新的概率密度函数可以表示为

$$f'_X(x) = f_X(x)/K \tag{4-6}$$

2）截尾分布随机变量的抽样方法

截尾分布随机变量的抽样方法的思路：首先依据理想分布进行抽样，再检验该样本是否落在截尾区间以内，如果是，则将其作为试验样本；如果不是，则继续抽样，直到产生所需数量的试验样本[5-6]。其抽样流程如图4-7所示。

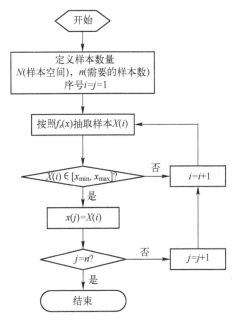

图4-7 服从截尾分布随机变量的抽样流程

3. 基于代理模型和 MC 法的机构可靠性分析方法

对于代理模型构建的极限状态方程：

$$g(x_1, x_2, \cdots, x_n) = 0 \tag{4-7}$$

将基本变量空间分为失效区域和可靠区域两部分，则失效概率 P_f 可表示为

$$P_f = \int \cdots \int_{D_f} f_X(x) \mathrm{d}x = \int \cdots \int_R I_F[x] f_X(x) \mathrm{d}x = E\{I_F[x]\} \tag{4-8}$$

式中：$f_X(x)$ 为基本随机变量 $x = (x_1, x_2, \cdots, x_n)$ 的联合概率密度函数；D_f 为失效域；$I_F[x]$ 为失效域的指示函数；$E[\cdot]$ 为期望函数。

用频率代替概率，可以得到失效概率的估计值：

$$\hat{P}_f = \frac{1}{N} \sum_{j=1}^{N} I_F[x_j] \tag{4-9}$$

式中：x_j 为按照联合概率密度函数 $f_X(x)$ 抽取的第 j 个样本点。

可靠性灵敏度定义为失效概率 P_f 对基本变量分布参数 θ_x 的偏导数，即 $\partial P_f / \partial \theta_x$，反映了基本变量分布参数对失效概率的影响程度。

第 i 个变量的第 k 个分布参数 $\theta_k^{(i)}$ 的灵敏度估计值为

$$\frac{\partial P_f}{\partial \theta_k^{(i)}} = \frac{1}{N} \sum_{j=1}^{N} \frac{I_F[x_j]}{f_X(x_j)} \cdot \left. \frac{\partial f_X(x)}{\partial \theta_k^{(i)}} \right|_{x=x_j} \tag{4-10}$$

无量纲正则化的可靠性灵敏度可以给出基本变量分布参数对可靠度的重要性排序，变量均值和标准差对可靠度的无量纲灵敏度分别为

$$S_{u_{x_i}} = \frac{\partial P_f / P_f}{\partial u_{x_i} / \sigma_{x_i}} = \frac{1}{N} \sum_{j=1}^{N} u_{ji} \tag{4-11}$$

$$S_{\sigma_{x_i}} = \frac{\partial P_f / P_f}{\partial \sigma_{x_i} / \sigma_{x_i}} = \frac{1}{N} \sum_{j=1}^{N} (u_{ji}^2 - 1) \tag{4-12}$$

式中：u_{ji} 为第 j 个样本 $x_j = (x_{j1}, x_{j2}, \cdots, x_{jn})$ 的第 i 个分量 x_{ji} 所对应的标准正态化样本，即 $u_{ji} = \dfrac{x_{ji} - u_{x_i}}{\sigma_{x_i}}$。

4.3.2 多失效模式相关的功能可靠性计算方法

上述基于代理模型和蒙特卡罗（MC）法的机构可靠性分析方法用于求解机构单失效模式的静态可靠度。但机构失效具有耦合特性和随时间演化特性，因此基于上述方法，分别给出基于 MC 法的机构多失效模式可靠性分析方法、基于线性相关系数的多失效模式可靠性分析方法和机构可靠性演化分析方法。

1. 基于 MC 法的机构多失效模式可靠性分析方法

由 4.2.2 节中的机构耦合特性分析可以看出，机构具有多因素、多部件、多损伤和多失效模式耦合的特性，而在传统的机构可靠性分析方法中，通常将机构看成多个独立构件组成的串联系统，分别计算得到各构件的可靠度，将机构整体的可靠度 R 表示为各个独立机构可靠度 R_i 的乘积，即 $R = \prod R_i$。显然，该方法忽略了机构失效的耦合特性。为此，给出了图 4-8 所示的基于 MC 法的机构多失效模式可靠性分析流程，具体步骤如下：

（1）将机构各失效模式的影响因素进行融合，形成影响因素集合，并给出各影响因素的分布类型及参数。

（2）根据上述各影响因素的联合概率密度函数，抽取 N 个样本，代入机构性能退化模型进行求解，并提取各失效模式表征量。

（3）对每个样本得到的多个失效模式表征量同时进行判断，任何一个失效表征量不满足要求时，认为该样本对应的机构发生失效。

(4) 对 N 个样本中的失效样本数 N_f 进行统计,得到机构失效概率为:$P_f = N_f/N$,对应的可靠度为 $P_r = 1-P_f = 1-N_f/N$。

该方法将机构的耦合特性融合在机构的性能退化模型中,同时对多个失效模式进行分析,可以在不解耦的情况下解决机构的多失效模式耦合问题。

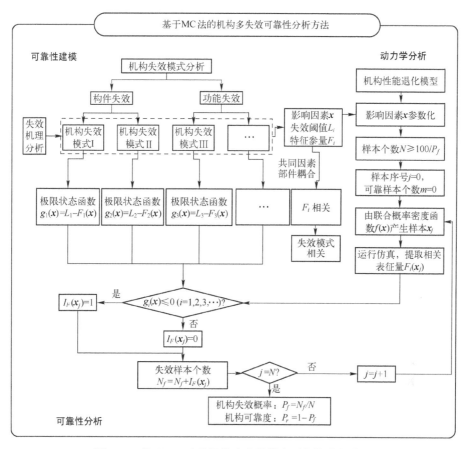

图 4-8 基于 MC 法的机构多失效模式可靠性分析流程

2. 基于线性相关系数的多失效模式可靠性分析和机构可靠性演化分析方法

通常情况下,机构的功能函数复杂,非线性程度较高,但因随机变量的方差一般不会太大,在随机变量均值的附近区域内,可用线性响应面建立其功能函数。

假设有 s 个失效模式,对于第 i 个失效模式,写出线性响应面功能函数:

$$F_i(\boldsymbol{x}) = b_0 + \sum_{j=1}^{m} b_j x_j \quad (i = 1, 2, \cdots, s) \tag{4-13}$$

式中:b 为响应面的待定系数;x_j 为随机变量;$F_i(\boldsymbol{x})$ 为第 i 个失效模式的随机变

量与响应量之间的传递关系。由式(4-13)可知,机构性能受 m 个随机因素 x_j 影响,$j=1,2,\cdots,m$,其中有 p 个非时变因素,q 个时变因素。

建立机构的仿真模型并进行模型修正后,利用拉丁超立方策略抽取样本,再代入仿真模型计算得到各样本对应的机构各失效模式对应的特征量后利用线性响应面法建立响应量与输入因素之间的函数关系。

假设非时变因素服从正态分布,时变因素为高斯过程,且各因素的分布参数如下:

$$\begin{cases} x_j \sim N(u_j, \sigma_j^2) & (j=1,2,\cdots,p) \\ x_j \sim N(u_j(n), \sigma_j^2(n)) & (j=p+1, p+2, \cdots, p+q) \\ p+q=m \end{cases}$$

式中:μ_j 和 σ_j 分别为第 j 个非时变因素的均值和标准差;n 为时变因素对应的工作时间,一般以工作次数表示;$\mu_j(n)$ 和 $\sigma_j(n)$ 分别为第 j 个时变因素工作 n 次后的均值和标准差。

一般而言,$F_i(n)$ 为单调增(减)函数,即随着机构性能的退化,$F_i(n)$ 增加(减小),用 L_i 表示各个响应量对应的失效阈值。以增函数为例,则每个失效模式对应的极限状态函数 $g_i(x,n)$、失效概率 $P_i(n)$、可靠度 $R_i(n)$ 及寿命 N_i 可表示为

$$\begin{cases} g_i(\boldsymbol{x}, n) = L_i - F_i(\boldsymbol{x}, n) \\ P_i(n) = P\{g_i(\boldsymbol{x}, n) < 0\} \\ R_i(n) = P_r\{g_i(\boldsymbol{x}, n) > 0\} \\ N_i = \inf\{N \mid g_i(\boldsymbol{x}, n) < 0, n \geq 0\} \end{cases} \quad (4-14)$$

式中:$\inf\{\cdot\}$ 为下确界函数。

机构的各失效模式通常可以看作串联关系,即认为任一失效模式发生将导致机构失效,具有 s 个失效模式的系统,其失效概率可以表示为

$$P_{sf} = \sum_{i=1}^{s} P_i - \sum_{1 \leq i < j}^{s} P_{i,j} + \sum_{1 \leq i < j < k}^{s} P_{ijk} - \cdots + (-1)^{s-1} P_{12\cdots s} \quad (4-15)$$

以往的文献[4,8]中常常将系统的各失效模式独立开来进行分析,忽略各个失效模式之间的相关性,即认为相关系数 $\rho_{ij}=0$,将系统的失效概率表示为

$$P(n) = \sum_{i=1}^{s} P_i(n) \quad (4-16)$$

但是,机构中的各零件处于同一载荷环境中,机构多因素及多部件耦合效应导致各失效模式并不是相互独立的,这就意味着不同失效模式之间存在相关性。因此,以往的忽略失效模式相关性的可靠性分析方法将导致得到的失效概率偏大、可靠度偏低,甚至错误的结论[9-10]。

考虑失效模式之间的相关性,对于失效模式个数 $s=2$ 时有

$$P_{2f}=P_1+P_2-P_{12} \tag{4-17}$$

$s=3$ 时,有

$$P_{3f}=P_1+P_2+P_3-P_{12}-P_{13}-P_{23}+P_{123} \tag{4-18}$$

对于式(4-13)所示的功能函数,各失效模式之间的相关性系数 ρ 和协方差矩阵 C 可以表示为

$$\rho_{ij}=\rho(F_i,F_j)=\frac{\mathrm{Cov}(F_i,F_j)}{\sqrt{DF_i}\cdot\sqrt{DF_j}}=\frac{\sum_{p=1}^{m}b_{ip}b_{jp}\sigma_{xp}^2}{\sqrt{\sum_{p=1}^{m}(b_{ip}^2\sigma_{xp}^2)\sum_{p=1}^{m}(b_{jp}^2\sigma_{xp}^2)}} \tag{4-19}$$

$$C=\begin{bmatrix} \sigma_{F_1}^2 & \rho_{12}\sigma_{F_1}\sigma_{F_2} & \rho_{13}\sigma_{F_1}\sigma_{F_3} & \cdots \\ \rho_{12}\sigma_{F_1}\sigma_{F_2} & \sigma_{F_2}^2 & \rho_{12}\sigma_{F_2}\sigma_{F_3} & \cdots \\ \rho_{13}\sigma_{F_1}\sigma_{F_3} & \rho_{23}\sigma_{F_2}\sigma_{F_3} & \sigma_{F_3}^2 & \cdots \\ \vdots & \vdots & \vdots & \ddots \end{bmatrix} \tag{4-20}$$

k 个失效模式同时发生的概率可以用多维相关变量的联合密度函数在失效域上的积分表示,即:

$k=2$ 时有

$$P_{ij}=\iint_G f(F_i,F_j)\mathrm{d}F_i\mathrm{d}F_j \tag{4-21}$$

$k=3$ 时有

$$P_{ijk}=\iiint_G f(F_i,F_j,F_k)\mathrm{d}F_i\mathrm{d}F_j\mathrm{d}F_k \tag{4-22}$$

利用多元正态随机变量的累积分布函数 mvncdf(·) 可以求得多个失效模式均不发生的概率,即机构的可靠度为

$$R(n)=\mathrm{mvncdf}(L,u_F,C) \tag{4-23}$$

由于时变因素分布参数与工作次数有关,因此,失效概率也是工作周期的函数,若要求机构的可靠度高于 R_C,则可得到对应的可靠寿命 N 为

$$N=\inf\{T\mid R(n)>R_C,n\geq 0\} \tag{4-24}$$

对于静态可靠性分析,变量分布参数对可靠度的灵敏度是常数;而对于时变可靠性问题,各设计变量分布参数对可靠度的灵敏度也会随工作时间发生变化,即灵敏度是时变的。因此,分布参数对可靠性的灵敏度也是工作时间的函数,对于式(4-13)所示的线性功能函数,各参数均值对可靠性的灵敏度可表示为

$$\frac{\partial P_f(n)}{\partial u_i(n)} = \frac{\partial P_f}{\partial \beta}\frac{\partial \beta}{\partial u_i} = -\frac{\left(\frac{\partial g}{\partial x_i}\right)_{u_x}}{\sqrt{2\pi}\sigma_g}\exp\left[-\frac{1}{2}\left(\frac{u_g}{\sigma_g}\right)^2\right] = -\frac{b_i}{\sqrt{2\pi}\sigma_g(n)}\exp\left[-\frac{1}{2}\left(\frac{u_g(n)}{\sigma_g(n)}\right)^2\right]$$
(4-25)

标准差对可靠性的灵敏度可表示为

$$\begin{aligned}\frac{\partial P_f(n)}{\partial \sigma_i(n)} &= \frac{\partial P_f}{\partial \beta}\frac{\partial \beta}{\partial \sigma_i} = -\frac{\left(\frac{\partial g}{\partial x_i}\right)^2_{u_x}\sigma_i u_g}{\sqrt{2\pi}\sigma_g^3}\exp\left[-\frac{1}{2}\left(\frac{u_g}{\sigma_g}\right)^2\right]\\ &= -\frac{b_i^2\sigma_i(n)u_g(n)}{\sqrt{2\pi}\sigma_g(n)}\exp\left[-\frac{1}{2}\left(\frac{u_g(n)}{\sigma_g(n)}\right)^2\right]\end{aligned}$$
(4-26)

4.4 小　　结

本章对复杂机构的主要功能进行了分类,并给出了典型功能失效的表征量,在此基础上提出了基于几何学、基于机构运动学和动力学、基于虚功原理3类机构功能表征方法,最后,给出了机构单失效及多失效模式相关的可靠性计算方法。

参考文献

[1] BUCHER C G,BOURGUND U. A fast and efficient response surface approach for structural reliability problems [J]. Structural Safety,1990,7:57-66.

[2] ECHARD B,GAYTON N,LEMAIRE M. AK-MCS:An active learning reliability method combining kriging and monte carlo simulation [J]. Structural Safety,2011,33:145-154.

[3] KAYMAZ I. Application of kriging method to structural reliability problems [J]. Structural Safety,2005,27:133-151.

[4] SIMPSON T W,MAUERY T M,KORTE J J,et al. Kriging Models for Global Approximation in Simulation-Based Multidisciplinary Design Optimization [J]. AIAA Journal,2001,39(12):2233-2241.

[5] 吕震宙,宋述芳,李洪双,等. 结构机构可靠性及可靠性灵敏度分析[M]. 北京:科学出版社,2009.

[6] ZHOU J H,NOWAK A S. Integration formulas to evaluate functions of random variables[J]. Structural Safety,1988,5(4):267-284.

[7] HURTADO J E, ALVAREZ D A. Classification approach for reliability analysis with stochastic finite-element modeling [J]. Journal of Structural Engineering, 2003, 129(8): 1141-1149.

[8] HURTADO J E. Filtered importance sampling with support vector margin: A powerful method for structural reliability analysis [J]. Structural Safety, 2007, 29: 2-15.

[9] PAI P F. System reliability forecasting by support vector machines with genetic algorithms [J]. Mathematical and Computer Modelling, 2006, 43: 262-274.

第5章

机械结构共享载荷系统可靠性分析

为提高系统的可靠性,常采用冗余系统的结构设计,载荷共享并联系统是冗余系统中常见的一种形式。载荷共享是指组成系统的各个单元按照一定的分配方式共同承担系统的载荷,当其中一个零件失效时,它所承担的载荷即由其他仍在正常工作的零件分担,使得作用载荷在剩余工作零件间重新分配,即载荷共享。具有这种载荷共享特性的并联系统即载荷共享并联系统。对于组成系统的各零件间载荷分配的原则,目前主要有以下3种[1]:

(1) 等载荷分配原则。即工作载荷在所有工作零件间平均分配,对于每个零件来说,各个阶段各个零件所承担的载荷是相等的。该载荷分配方式在计算机系统、钢缆系统、传动系统、动力系统等系统中经常出现,是较常用的一种载荷分配方式[2-4]。

(2) 局部载荷分配原则。即当一个零件失效后,其所承担的载荷在其相邻的零件间重新分配,各相邻零件的载荷分配比例与各零件和失效零件间的"距离"成反比。该载荷分配方式在缆索桥及机械连接装置等系统中常见。

(3) 单调载荷分配原则。即当有零件失效后,其他正常工作的零件所承担的载荷是非降的。

基于以上3种载荷分配原则的分配方式是适用于绝大多数载荷共享系统的,任何一种载荷分配原则下的系统可靠性分析方法均适用于其他载荷分配原则下的系统可靠性分析。

5.1 零件失效载荷共享系统可靠性分析

对于载荷共享并联系统的可靠性分析,常假设各零件的失效是相互独立的。零件失效独立的并联系统可靠度计算方法如下。

5.1.1 各零件失效相互独立时系统可靠度计算

对于由 k 个零件组成的载荷共享并联系统来说,当系统中的所有零件均失效时,即判定为系统失效。如果不考虑零件间的失效相关性,假设各零件之间的失效是相互独立的,则系统可靠度可由各零件可靠度和系统结构函数得到,系统可靠度计算式可表示为

$$R_{独立}(n) = 1 - \prod_{w=1}^{k}[1-R_w(n)] \tag{5-1}$$

式中:$R_w(n)$为第w个零件的可靠度。当组成系统的各零件相同时,式(5-1)可表示为

$$R_{独立}(n) = 1-[1-R(n)]^k \tag{5-2}$$

当考虑零件强度的非线性退化时,式(5-2)可表示为

$$R_{独立}(n) = 1 - \left\{1 - \prod_{i=0}^{n-1}\left\{\int_{\infty}^{r_0}\left[1-i\int_{-\infty}^{\infty}\left(\frac{s^m}{C}\right)^B\left(\frac{C}{s^m}\right)^\beta f_s(s)\mathrm{d}s\right]^a f_s(s)\mathrm{d}s\right\}\right\}^k \tag{5-3}$$

通过对载荷共享并联系统的研究,在对其开展可靠性分析之前,首先提出如下3点假设:

(1)各组成零件是均匀同分布的;
(2)各组成零件的载荷是平均分配的;
(3)当零件中的应力大于强度时,零件发生失效。

组成系统的各零件平均分配载荷,则作用在各零件上的载荷可表示为

$$l(t) = \frac{L}{n-N(t)} \tag{5-4}$$

式中:L为作用在系统上的总载荷;n为组成系统的零件总数;$N(t)$为到时刻t时系统中发生失效的零件数。

5.1.2 各零件失效相关时系统可靠度计算

假设载荷共享并联系统由k个零件组成,由假设条件可知,组成系统的每个零件是相同的,同时工作载荷在各个零件间的分配是相等的,即每个零件平均分配总载荷。平均分配载荷原则下的系统可靠度计算方法同样适用于其他形式载荷分配原则下的系统可靠度计算。

当系统中只有$j(j=1,2,\cdots,k)$个零件工作时,记此时系统处于状态j。在零件依次失效的过程中,第i个发生失效的零件共经历了i个不同的载荷过程。将零件全部正常工作到第1个零件发生失效的这段时间定义为状态1。当一个零件发生失效后,总的工作载荷将在剩余$k-1$个零件中重新均匀分布。将第1个零件发生失效到第2个零件发生失效的这段时间定义为状态2,当第2个零件发生失效后,总的工作载荷将在剩余$k-2$个零件中重新均匀分布。以此类推,将状态j定义为当第$j-1$个零件发生失效到第j个零件发生失效的这段时间。当系统中有两个零件先后失效时,正常工作的零件所承受载荷大小的变化

情况及其强度退化情况如图 5-1 所示。

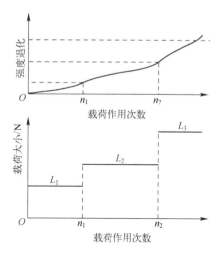

图 5-1　零件强度退化情况及相应的载荷大小

从图中可以看出,系统刚开始使用时,系统中所有零件均能正常工作,各零件所承担的载荷为 L_1,随着载荷作用次数的增加,各零件强度逐渐退化但此时的强度退化速率较低,当载荷作用次数达到 n_1 次时,具有最小初始强度的零件随着强度的退化其许用强度裕量小于零件内的应力,即发生失效。此时,总载荷在剩余可正常工作的零件中重新分配,各零件所承担载荷相应增加,变为 L_2,所对应的各零件强度退化速率随作用载荷的增加而增加。当载荷作用次数达到 n_2 次时,第 2 个零件发生失效,随着第 2 个零件的失效,作用在剩余正常工作零件上的载荷也进一步增加,相应的强度退化速率也将进一步加大。依此类推,当系统中只有一个零件正常工作时,它将承担全部的工作载荷,零件退化速率也将达到最大,随着载荷作用次数的继续增加,当其强度退化到一定程度且小于作用于其中的应力时,零件失效。随着最后一个零件的失效,整个载荷共享并联系统也将失效。

在开始进行可靠度计算前,不考虑零件初始强度的分布。将 k 个零件的初始强度 $r_1, r_2, \cdots, r_k$ 从大到小依次排列,即 $r_1 > r_2 > \cdots > r_k$。当只有 j 个零件正常工作时,零件中的应力表示为 $s_j (j=1, 2, \cdots, k)$,其概率密度函数为 $f_{s_j}(s_j)$。所有零件均分载荷,当系统中至少有一个零件能正常工作时,则认为该载荷共享并联系统能正常工作,即系统中初始强度最大的零件能正常工作时,整个系统就可以正常工作。

当载荷作用 n 次后,系统的可靠度可由下式计算:

$$R = R_1(n) \tag{5-5}$$

式中：$R_1(n)$ 表示初始强度最大的零件在载荷作用 n 次后的可靠度（其中 1 表示初始强度最大的零件）。

在整个系统的工作过程中，将有如下 k 种状态：

（1）状态 0：$R(k)$ 表示当载荷作用 n 次后，整个系统中没有零件失效，k 个零件均正常工作。即系统中具有最小初始强度 r_k 的零件仍能正常工作时的系统可靠度。在这种情况下，系统的可靠度可以表示为

$$R(k) = \prod_{i=0}^{n-1} \left\{ \int_{-\infty}^{r_1} \left[1 - i \int_{-\infty}^{+\infty} \left(\frac{s_k^m}{C} \right)^{B\left(\frac{C}{s_k^m}\right)^{\beta}} f_{s_k}(s_k) \mathrm{d}s_k \right]^a f_{s_k}(s_k) \mathrm{d}s_k \right\} \quad (5\text{-}6)$$

（2）状态 1：$R(k-1)$ 表示系统中具有最小初始强度 r_k 的零件在载荷作用 n 次的过程中发生了失效，而其余的零件正常工作时的系统可靠度。最小初始强度的零件发生失效时，载荷作用次数 n_k 可以由零件的初始强度 r_k 和强度退化过程来决定。具体计算表达式为

$$r_k \left[1 - n_k \int_{-\infty}^{+\infty} \left(\frac{s_k^m}{C} \right)^{B\left(\frac{C}{s_k^m}\right)^{\beta}} f_{s_k}(s_k) \mathrm{d}s_k \right]^a = s_k \quad (5\text{-}7)$$

由非线性损伤累积模型可得，当最小初始强度的零件发生失效时，其他正常工作的零件在载荷作用 n_k 次后所造成的损伤可表示为

$$D_k = n_k \int_{-\infty}^{+\infty} \left(\frac{s_k^m}{C} \right)^{B\left(\frac{C}{s_k^m}\right)^{\beta}} f_{s_k}(s_k) \mathrm{d}s_k \quad (5\text{-}8)$$

此时，初始强度最大的零件 1 的剩余强度可表示为

$$r_1^{k-1} = r_1 - D_k = r_1 - n_k \int_{-\infty}^{+\infty} \left(\frac{s_k^m}{C} \right)^{B\left(\frac{C}{s_k^m}\right)^{\beta}} f_{s_k}(s_k) \mathrm{d}s_k \quad (5\text{-}9)$$

式中：r_1^{k-1} 的上角标表示系统中有 $k-1$ 个零件正常工作。

当系统中初始强度最小的零件失效后，作用于剩余工作零件上的载荷相应增加，此时，作用于零件中的应力为 s_{k-1}，其概率密度函数为 $f_{s_{k-1}}(s_{k-1})$。随着载荷作用次数的增加，整个系统在载荷作用次数 n 之前再无其他零件失效，则剩余 $k-1$ 个零件继续工作所经历的载荷作用次数为：$n_{k-1} = n - n_k$。

此时，系统可靠度 $R(k-1)$ 可由下式进行计算：

$$R(k-1) = R(k) \cdot \prod_{i=0}^{n_{k-1}-1} \left\{ \int_{-\infty}^{r_1^{k-1}} \left[1 - i \int_{-\infty}^{+\infty} \left(\frac{s_{k-1}^m}{C} \right)^{B\left(\frac{C}{s_{k-1}^m}\right)^{\beta}} f_{s_{k-1}}(s_{k-1}) \mathrm{d}s_{k-1} \right]^a f_{s_{k-1}}(s_{k-1}) \mathrm{d}s_{k-1} \right\}$$

$$(5\text{-}10)$$

式中：$R(k)$ 为所有零件均正常工作，载荷作用次数为 n_k 时的系统可靠度，由状态 0 中的计算公式得到。

(3) 状态 $k-j$：$R(j)$ 表示系统中有 j 个零件正常工作,其余具有初始强度 $r_{j+1}, r_{j+2}, \cdots, r_k$ 的零件 $j+1, j+2, \cdots, k$ 均已失效后的系统可靠度。

剩余零件所经历的 $k-j$ 个状态所积累的损伤可表示为

$$D_j = D_k + D_{k-1} + \cdots + D_{j+1}$$

$$= n_k \cdot \int_{-\infty}^{+\infty} \left(\frac{s_k^m}{C}\right)^{B\left(\frac{C}{s_k^m}\right)^\beta} f_{s_k}(s_k) \mathrm{d}s_k + n_{k-1} \cdot \int_{-\infty}^{+\infty} \left(\frac{s_{k-1}^m}{C}\right)^{B\left(\frac{C}{s_{k-1}^m}\right)^\beta} f_{s_{k-1}}(s_{k-1}) \mathrm{d}s_{k-1} + \cdots +$$

$$n_{j+1} \cdot \int_{-\infty}^{+\infty} \left(\frac{s_{j+1}^m}{C}\right)^{B\left(\frac{C}{s_{j+1}^m}\right)^\beta} f_{s_{j+1}}(s_{j+1}) \mathrm{d}s_{j+1}$$

(5-11)

式中：$n_k, n_{k-1}, \cdots, n_{j+1}$ 为各载荷阶段下,各零件失效前的载荷作用次数,由零件的剩余强度和强度退化过程决定。

此时,具有最大初始强度的零件 1 的剩余强度可表示为

$$r_1^j = r_1 - D_j \tag{5-12}$$

剩余 $k-j$ 个零件在应力 s_j 的作用下所经历的载荷作用次数可表示为

$$n_j = n - n_{k-j} + 1 \tag{5-13}$$

此状态下,系统的可靠度 $R(j)$ 可表示为

$$R(j) = R(k-j+1) \cdot \prod_{i=0}^{n_j-1} \left\{ \int_{-\infty}^{r_1^j} \left[1 - i\int_{-\infty}^{+\infty} \left(\frac{s_j^m}{C}\right)^{B\left(\frac{C}{s_j^m}\right)^\beta} f_{s_j}(s_j) \mathrm{d}s_j\right]^a f_{s_j}(s_j) \mathrm{d}s_j \right\} \tag{5-14}$$

(4) 状态 $k-1$：$R(1)$ 表示系统中只有一个零件正常工作,即具有最大初始强度的零件 1 在正常工作时的系统可靠度。此时,零件 1 共经历了 $k-1$ 个不同的应力阶段：$s_k, s_{k-1}, \cdots, s_2$,所有不同的应力对其造成的累积损伤可表示为

$$D_1 = D_k + D_{k-1} + \cdots + D_2$$

$$= n_k \cdot \int_{-\infty}^{+\infty} \left(\frac{s_k^m}{C}\right)^{B\left(\frac{C}{s_k^m}\right)^\beta} f_{s_k}(s_k) \mathrm{d}s_k + n_{k-1} \cdot \int_{-\infty}^{+\infty} \left(\frac{s_{k-1}^m}{C}\right)^{B\left(\frac{C}{s_{k-1}^m}\right)^\beta} f_{s_{k-1}}(s_{k-1}) \mathrm{d}s_{k-1} + \cdots +$$

$$n_2 \cdot \int_{-\infty}^{+\infty} \left(\frac{s_2^m}{C}\right)^{B\left(\frac{C}{s_2^m}\right)^\beta} f_{s_2}(s_2) \mathrm{d}s_2$$

(5-15)

零件 1 在载荷 s_1 作用下所经历的载荷作用次数可表示为

$$n_1 = n - n_2 \tag{5-16}$$

式中：n_2 表示直到第 $k-2$ 个零件失效时所经历的载荷作用次数。

此状态下,系统的可靠度 $R(1)$ 可表示为

$$R(1) = R(k-2) \cdot \prod_{i=0}^{n_1-1} \left\{ \int_{-\infty}^{r_1} \left[1 - i\int_{-\infty}^{+\infty} \left(\frac{s_1^m}{C}\right)^{B\left(\frac{C}{s_1^m}\right)^\beta} f_{s_1}(s_1) \mathrm{d}s_1\right]^a f_{s_1}(s_1) \mathrm{d}s_1 \right\} \tag{5-17}$$

得到各个状态所对应的可靠度 $R(1),R(2),\cdots,R(k)$,确定载荷作用次数 n 后,即可得到整个载荷共享并联系统的可靠度。

5.1.3　考虑初始强度分散性的系统可靠度计算

以上对于各个状态下系统可靠度的计算均建立在确定的零件初始强度的基础上,当考虑零件初始强度的分散性时,各状态下的可靠度计算式可表示为

状态 0:

$$R(k) = \int_0^\infty f_r(r_1) \prod_{i=0}^{n-1} \left\{ \int_{-\infty}^{r_1} \left[1 - i \int_{-\infty}^{+\infty} \left(\frac{s_k^m}{C} \right)^B \left(\frac{C}{s_k^m} \right)^\beta f_{s_k}(s_k) \mathrm{d}s_k \right]^a f_{s_k}(s_k) \mathrm{d}s_k \right\} \mathrm{d}r_1 \quad (5-18)$$

状态 1:

$$R(k-1) = R(k) \cdot \int_0^\infty f_r(r_1) \prod_{i=0}^{n_{k-1}-1} \left\{ \int_{-\infty}^{r_1^{k-1}} \left[1 - i \int_{-\infty}^{+\infty} \left(\frac{s_{k-1}^m}{C} \right)^B \left(\frac{C}{s_{k-1}^m} \right)^\beta f_{s_{k-1}}(s_{k-1}) \mathrm{d}s_{k-1} \right]^a f_{s_{k-1}}(s_{k-1}) \cdot \mathrm{d}s_{k-1} \right\} \mathrm{d}r_1$$

以上所示为系统处于状态 0 和状态 1 时,在考虑零件初始强度的分散性条件下所对应的系统可靠度计算式。当系统处于其余状态时,考虑零件初始强度的分散性下的可靠度计算式可以此类推。

5.2　无零件失效载荷共享系统可靠性分析

目前,对于载荷共享并联系统的可靠性分析,均建立在系统工作过程中存在零件失效的假设基础上,即所有组成系统的零件均承担载荷且当其中一个零件失效后,剩余零件按一定的载荷分配原则承担总的工作载荷。由于存在载荷的重新分配,使各零件的失效之间存在一定相关性。当最后一个工作零件失效后,整个系统失效。对于该载荷共享并联系统,其失效是突然的,随着零件的突然失效,系统也将立刻失效。但是,对于部分载荷共享并联系统来说,整个的工作过程中并不存在零件的失效,或者说在其工作时间范围内,当零件还未来得及失效时,系统所能提供的性能就已不能满足工程使用要求,这种情况下系统的失效也不是突然的,随着工作时间或载荷作用次数的增加,系统的性能不断降低,当系统性能不满足工作需要时,系统失效。例如,坦克抛壳机中提供将弹底壳抛出窗外所需能量的扭簧板(扭簧板由多片矩形截面等直杆相互叠加组成),是一种载荷共享并联系统,但是其在使用过程中,很少出现其中一片扭簧片发生断裂的情况,而是随着使用次数的不断增多,其整体性能发生退化,导致扭簧板在扭转同样的角度后所提供的扭矩不足以将弹底壳抛出窗外;又如,污水过滤系统中含有多个快速重力过滤装置,每个过滤装置都可能由于杂质的堆

积导致过滤性能下降,但系统整体并不会发生突然失效,而是整个过滤系统中的快速重力过滤装置在整个运行的过程中,过滤性能不断降低,当整个过滤系统的性能不符合要求时,系统发生失效。上述两种装置在其整个工作过程中,均未发生单个零件的突然失效,而是随着使用时间和使用次数的增加,零件的性能发生退化,从而导致系统整体性能发生退化,当系统总体性能下降到一定程度不能满足工作需要时,系统失效。因此,有必要对无零件失效载荷共享并联系统的可靠度计算进行研究。

退化是损伤不断累积的一个不可逆过程,不同于传统基于失效时间数据的可靠性分析方法,退化分析关注产品的失效过程信息且仅需要较少的试验数据即可达到与传统方法相同的计算精度。退化型失效是指产品在工作或储存的过程中,随着时间的延长,其性能不断发生退化,直至无法正常工作。

对于退化失效的产品,往往在寿命试验中只能得到非常少甚至无法得到失效数据,但是通过对表征产品功能的特征量进行测量,则可得到产品的退化数据,利用这些退化数据对产品功能的退化过程进行分析,即可分析出产品的可靠性。由于能够很好地利用随机因素对退化失效过程的影响进行描述,随机过程模型常被用来描述系统或零部件的退化过程。其中,维纳(Wiener)过程和伽马(Gamma)过程应用较多,逆高斯过程描述零部件的性能退化也得到了越来越多的应用。

维纳过程也被称为布朗运动过程,可用于描述连续的性能退化过程,适用于因大量微小损伤而导致产品性能具有增加或减小趋势的非单调退化过程。维纳过程的一个显著特点是其样本路径并不一定是严格单调的。与维纳退化过程所不同的是,伽马退化过程是严格正则的。伽马退化过程可被认为是复合泊松退化过程的一种极限状态,即当单位时间内载荷的作用次数趋于无穷大且每次载荷作用时所造成的退化量又非常小趋近于 0 时,复合泊松退化过程可表示为伽马退化过程。

因机械工程中所用到的退化几乎不涉及非正则的过程,因此,在本节中主要介绍累积损伤模型(复合泊松模型)、伽马退化模型及逆高斯过程模型。

5.2.1 随机增量过程描述系统性能退化量

坦克抛壳机中使用的扭簧板,需要将弹底壳抛出窗外时,扭簧板扭转一次;不需要将弹底壳抛出时,扭簧板不发生扭转。扭转次数不是随时间变化的连续变量,而是离散变量。每扭转一次,扭簧板就产生一定的损伤,其所能提供的扭矩也随着损伤的发生而相应减小,当扭簧板损伤累积到一定程度,所能提供的扭矩也减小到一定程度而不足以将弹底壳抛出窗外时,判定为系统失效。建立合理的退化过程模型是对系统进行可靠性分析的关键,由于外部环境和系统零件自身的随机性使系统的性能退化常常是随机的,因此,对于系统性能的退化多采用随机过程进行描述。现介绍几种常用的平稳随机过程,可根据实际需要选择不同的平稳随机过程对系统性能退化是离散或连续的过程进行说明。

在对不存在零件失效的载荷共享并联系统可靠度进行计算之前,首先说明利用性能退化过程来研究系统可靠性的几点假设前提:

(1) 系统的性能退化量是单调递增的随机过程 $\{W(t);t \geq 0\}$。当时间 $t=0$ 时,对应着系统安装完成后刚开始工作的时刻。对于任意的时刻 t,都有 $s>0$,系统的性能退化量增量 $W(t+s)-W(t)$ 与 $t+s$ 时刻的退化量是相互独立的,且具有同 $W(t)$ 相同的分布。

(2) 在系统的工作过程中,组成系统的各个零件的性能退化是基本相同的,当系统的性能退化到失效阈值时,系统失效,不存在某个零件性能退化量过大而发生失效的情况。

1. 累积损伤模型

假设系统在投入使用($t=0$)时所具有的性能为 M_0(初始性能 M_0 可表示为扭簧板提供的扭矩、污水过滤装置的单位时间流量、承受的总载荷等,根据系统需求而代表不同的含义),则随着载荷作用次数或时间的增加,其性能不断下降,当性能下降超过一定范围时,系统发生失效。当系统只有执行任务才工作(如坦克在作战过程中,抛壳机只有需要将弹底壳抛出窗外时才工作),且工作频率并不是很高时,可考虑用累积损伤模型对系统退化量 $W(t)$ 进行模拟。累积损伤模型可用于描述离散作用下性能退化过程的累积损伤,常用于离散状态的性能退化过程[5]。该模型认为系统的性能退化主要是由冲击和每次冲击时所造成的微小损伤造成。系统的退化量可表示为

$$W(t) = \sum_{i=1}^{N(t)} W_i \qquad (5-19)$$

式中:$\{N(t);t \geq 0\}$ 为截至 t 时刻载荷的作用次数;$W_i(i=1,2,\cdots)$ 为每次载荷作用时系统的性能退化量,一般情况下,是一系列独立同分布的随机变量,且与 $\{N(t);t \geq 0\}$ 独立。

系统的性能退化过程 $W(t)$ 是递增的,当给定系统所允许退化量的最大变化量为 ΔW 时,可得到系统在 t 时刻相应的可靠度表达式为

$$R(t) = P(W(t) < \Delta W) = P\left(\sum_{i=1}^{N(t)} W_i < \Delta W\right) = \sum_{i=1}^{\infty} P(N(t)=i) G_i(\Delta W)$$

$$(5-20)$$

式中:$G_i(\Delta W) = (W_1+W_2+\cdots+W_i \leq \Delta W)$ 表示 $W_1,W_2,\cdots,W_i$ 的卷积分布。

对于不同的退化机理可以对 $N(t)$ 和 W_i 选取不同的分布类型,从而得到多种不同的累积损伤模型[6-9]。但工程中常选取泊松分布来描述载荷的作用次数 $N(t)$,即复合泊松过程。因泊松分布可以选取齐次分布、非齐次分布或广义分布等多种分布类型,故复合泊松过程可以用来拟合不同形状的退化曲线。

为说明退化量随时间的累积过程,现利用齐次复合泊松过程来描述系统的性能退化量。假设载荷的作用次数 $N(t)$ 服从参数 λ 的齐次泊松分布,每次载荷作用时系统的性能退化量 W_i 服从参数为 1 的指数分布,则 0~100h 内,系统的性能退化量的累积量如图 5-2 所示。

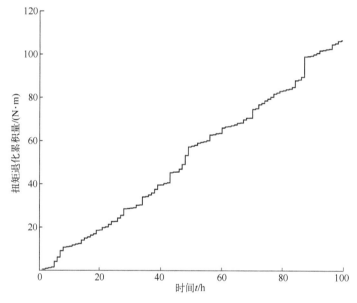

图 5-2 服从齐次泊松过程的性能退化累积量

从图 5-2 中可以看出,系统的性能退化累积量呈明显的阶梯形式,复合泊松过程适用来描述系统只在有需要时才进行工作且工作频率并不是很高的情况。

2. 伽马过程

当系统的性能退化量以单调递增的形式随时间发生变化时,可用伽马过程来描述其退化量的大小,伽马退化过程描述的是严格正则的退化过程且伽马过程为纯跳过程,其样本路径是不连续的[10-14]。伽马过程的形状参数和尺度参数取不同值时,其对应的概率密度函数也具有不同的形状,因此,伽马过程既可以用来描述连续微小冲击造成的缓慢退化,也可以用来描述大冲击造成的大损伤。

假设 t 时刻系统所具有的性能为 $M(t)$,系统性能是随着使用时间的增加而单调递减的,系统刚开始投入使用时的初始性能为 $M(t_0)$,则 t 时刻系统的性能退化量 $W(t)$ 可表示为

$$W(t) = M(t) - M(t_0)$$

由于系统性能随着使用时间的增加是单调递减的,即系统的性能退化量是单调递增的,则对于任意时刻 t_j、$t_i(t_j>t_i)$,都有 $W(t_j)>W(t_i)$。

当系统的性能退化量 $w(t)$ 具有以下几点特征时:

(1) $w(t)=0$,$t=0$ 以概率1成立;

(2) 增量之间相互独立,即对于任意的 $t_1<t_2<\cdots<t_n(n\geq 2)$,$w(t_2)-w(t_1)$,$\cdots$,$w(t_n)-w(t_{n-1})$ 之间相互独立;

(3) 对于 $t>s$,$w(t)-w(s)$ 服从伽马分布 $Ga(\alpha(t)-\alpha(s),\lambda)$,其中 $\alpha(t)-\alpha(s)$ 为分布的形状参数,λ 为分布的尺度参数;$\alpha(t)$ 为时间 t 的严格单调连续函数,且 $\alpha(0)=0$。

此时的系统性能退化量 $W(t)$ 可被认为是服从伽马分布 $Ga(\alpha(t),\lambda)$ 的,则系统性能退化量 $W(t)$ 所服从的概率密度函数可表示为

$$g_{W(t)}(w;\alpha(t),\lambda) = \frac{\lambda(\lambda w)^{\alpha(t)-1}}{\Gamma(\alpha(t))}\exp(-\lambda w) \quad (w>0) \tag{5-21}$$

式中:$\alpha(t)$ 和 λ 分别为形状参数和尺度参数;$\Gamma(\alpha(t)) = \int_0^\infty t^{\alpha(t)-1}e^{-t}dt$ 为伽马函数。

此时,系统性能退化量 $W(t)$ 的期望和方差可分别表示为

$$E(W(t)) = \frac{\alpha(t)}{\lambda}, \quad \mathrm{Var}(W(t)) = \frac{\alpha(t)}{\lambda^2} \tag{5-22}$$

对于系统性能的退化来说,随着性能的不断降低,系统性能退化的程度和速率呈不断上升的趋势,而尺度参数在系统性能的退化中不随性能退化过程而发生改变,因此可将系统性能退化量的期望表示为时间的幂函数,即

$$\alpha(t) = kt^v \tag{5-23}$$

式中:k 和 v 为尺度参数,均为正实数。则系统性能退化量 $W(t)$ 的概率密度函数可表示为

$$g_{W(t)}(w;\alpha(t),\lambda) = \frac{\lambda(\lambda w)^{kt^v-1}}{\Gamma(kt^v)}\exp(-\lambda u) \quad (w>0) \tag{5-24}$$

为说明退化量服从伽马过程时系统性能退化累积量同时间的变化关系,且与上述齐次复合泊松过程退化量同时间的关系形成对比,现假设退化量服从形状参数为 t,尺度参数为1的伽马分布。仍以 0~100h 内系统的性能退化累积量

同时间的关系进行说明,两者的关系如图 5-3 所示。

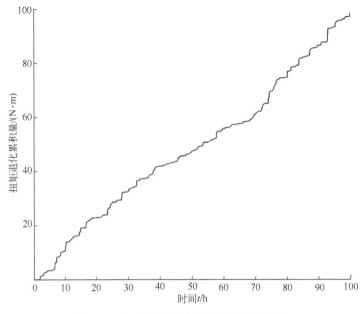

图 5-3　服从伽马分布的性能退化累积量

由图中可以看出,利用伽马过程描述的系统的性能退化累积量相对比较平滑,即可用伽马过程来描述连续微小冲击导致的退化。

3. 逆高斯过程

逆高斯过程是一类具有独立增量的随机过程,适合对具有单调退化轨迹的产品进行建模,逆高斯过程可被看作具有独立但不一定同分布的复合泊松过程的极限情况[15]。逆高斯过程 $\{Y(t), t \geq 0\}$,是指满足如下条件的随机过程:

(1) $Y(t)$ 具有独立增量,即对于任意的 $t_2 > t_1 \geq s_2 > s_1$ 有 $Y(t_2) - Y(t_1)$ 和 $Y(s_2) - Y(s_1)$ 相互独立。

(2) 对于任意的时间 $t > s \geq 0$,逆高斯过程的增量 $Y(t) - Y(s)$ 服从逆高斯分布 $\mathrm{IG}(\Lambda(t) - \Lambda(s), \eta[\Lambda(t) - \Lambda(s)]^2)$。其中,均值函数 $\Lambda(t)$ 为单调递增函数。令 $\Lambda(0) = 0$,则 $Y(t) \sim \mathrm{IG}(\Lambda(t), \eta \Lambda(t)^2)$,且其均值为 $\Lambda(t)$,方差为 $\Lambda(t)/\eta$。

(3) $Y(0) = 0$ 以概率 1 成立。

假设作用于系统的载荷是离散的,且每次载荷作用时所引起的系统性能退化量 $W_i(i=1,2,\cdots,n)$ 是相互独立同分布的,且均服从逆高斯分布,即 $W_i \sim \mathrm{IG}(\mu, \lambda)(\mu, \lambda \geq 0)$,则系统退化量 W_i 所服从的概率密度函数和分布函数可表示为

$$f_{\text{IG}}(w;\mu,\lambda) = \left(\frac{\lambda}{2\pi w^3}\right)^{1/2} \exp\left[-\frac{\lambda\,(w-\mu)^2}{2\mu^2 w}\right] \quad (w>0) \tag{5-25}$$

$$F_{\text{IG}}(w;\mu,\lambda) = \Phi\left[\sqrt{\frac{\lambda}{w}}\left(\frac{w}{\mu}-1\right)\right] + \exp\left(\frac{2\lambda}{\mu}\right)\cdot\Phi\left[-\sqrt{\frac{\lambda}{w}}\left(\frac{w}{\mu}+1\right)\right] \quad (w>0) \tag{5-26}$$

式中:$\Phi(\cdot)$为标准正态分布的分布函数。

当载荷作用 n 次后,系统的性能退化量 W 可表示为

$$W = \sum_{i=1}^{n} W_i \tag{5-27}$$

W_i 服从逆高斯分布,则利用其矩母函数可得 W 所服从的分布类型仍然为逆高斯分布,即 $W \sim \text{IG}(n\mu, n^2\lambda)$。

为说明退化量服从逆高斯过程时系统的性能退化累积量同时间的变化关系,假设退化量服从 $\text{IG}(t, t^2)$。仍以 0~100h 内系统的性能退化累积量同时间的关系进行说明,两者的关系如图 5-4 所示。

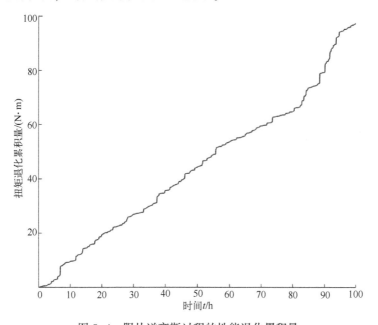

图 5-4 服从逆高斯过程的性能退化累积量

由图 5-4 可以看出,相比复合泊松过程和伽马过程,逆高斯过程所描述的性能退化量更加平滑,逆高斯分布是复合泊松过程的极限状态,在有限的时间区间内,所描述的性能退化量变化是可数的,且每次变化增量都很小。逆高斯过程可用来描述由可数的许多小载荷变化引起的性能退化,如磨损、腐蚀、高频

率小冲击引起的损伤等。

5.2.2 随机增量过程描述系统可靠度计算

系统在使用过程中均需满足一定的性能要求,当超出所允许的使用范围时,系统即发生失效。假设系统从初始使用时刻到失效时所允许的性能退化量最大值为 ΔW。可根据实际情况,选择合适的描述性能退化量的模型,利用相应的退化量分布和所允许的失效阈值,即可得到相应时刻的系统可靠度。

基于系统的性能退化数据对其进行可靠性分析的具体步骤主要包括以下 3 步:

(1) 确定表征产品性能退化特征的参数和失效判据;
(2) 确定描述系统性能退化过程所需的数学模型;
(3) 确定可靠度函数对系统进行可靠性的分析。

仍以抛壳机抛壳过程中将弹底壳抛出窗外的扭簧板系统为例,其在整个过程中需提供满足条件的扭矩以保证将弹底壳顺利抛出。初始时刻,扭簧板所能提供的扭矩为 M_0,为保证其能将弹底壳抛出窗外,所允许提供的最小扭矩为 $M_{\min}$,随着扭转次数的不断增加,所允许的扭矩变化范围为 $\Delta M = M_0 - M_{\min}$。扭矩 M 即表征系统的性能退化特征所需的参数,ΔM 即整个过程中系统失效的失效判据。

若以伽马过程描述系统的性能退化量,则假设系统所允许的性能退化量仍为 ΔW,即当系统的性能退化量达到所允许范围 ΔW 时,系统即发生失效,对应的系统可靠度计算式可表示为

$$R = P(W(t) < \Delta W) = \frac{1}{\Gamma(\alpha(t))} \int_0^{\Delta W} \lambda(\lambda w)^{\alpha(t)-1} \exp(-\lambda w) \mathrm{d}w \quad (5-28)$$

若以复合泊松过程描述系统性能退化过程,系统所允许的性能退化量仍为 ΔW,则系统的可靠度计算式可表示为

$$\begin{aligned} R(t) &= 1 - F_T(t) = P(W(t) < \Delta W) \\ &= P\Big(\sum_{i=1}^{N(t)} W_i < \Delta W\Big) = \sum_{i=0}^{\infty} P\Big(\sum_{j=1}^{N(t)} W_j < \Delta W \mid N(t) = i\Big) P(N(t) = i) \end{aligned}$$
$$(5-29)$$

令 $F^{(i)}(\Delta W) = P(W_1 + W_2 + \cdots + W_i < \Delta W)$,$n \geq 1$,$F^{(0)}(\Delta W) = 1$,且载荷作用次数服从参数为 λ 的齐次泊松分布,则系统的可靠度计算式为

$$R(t) = \sum_{i=0}^{\infty} F^{(i)}(\Delta W) \cdot \frac{(\lambda t)^i \mathrm{e}^{-\lambda t}}{i!} \quad (5-30)$$

假设每次载荷作用时系统的性能退化量 $W_i(i=1,2,\cdots,n)$ 服从均值为 μ、标准差为 σ 的正态分布 $N(\mu, \sigma^2)$,因为每次载荷作用时系统性能的退化量是相互

独立同分布的,所以随机变量 $\sum_{j=1}^{i} W_i$ 也服从正态分布 $N(i\mu, i\sigma^2)$,即

$$F^{(i)}(\Delta W) = \Phi\left(\frac{\Delta W - i\mu}{\sqrt{i}\sigma}\right) \quad (n \geq 1) \tag{5-31}$$

此时,系统的可靠度计算式可表示为

$$R(t) = e^{-\lambda t} + \sum_{i=1}^{\infty} \Phi\left(\frac{\Delta W - i\mu}{\sqrt{i}\sigma}\right) \frac{(\lambda t)^i e^{-\lambda t}}{i!} \tag{5-32}$$

式中:$\Phi(\cdot)$ 为标准正态分布的分布函数。

描述性能退化的各种数学模型中,常含有大量的未知参数,对于未知参数的估计,可根据观测到的各零部件在不同时刻的退化数据,利用极大似然估计法、矩估计法等进行评估。

当载荷共享并联系统在工作过程中不存在零部件的失效情况时,即可利用系统的性能退化来对其进行可靠性的分析。确定了系统性能退化的表征参数及失效阈值后,选择合适的数学模型来描述性能退化的过程,即可得到在特定时刻系统的可靠度。

5.3 案例分析

5.3.1 扭簧板零件失效可靠度计算

5.1节介绍了载荷共享并联系统零件依次失效时的可靠度计算方法,但是对于扭簧板来说,其扭转产生的扭矩需满足一定的范围,因此极少存在零件依次失效直至最后一个零件工作的情况。

以4个矩形截面等直杆相互叠加所组成的扭簧板为例进行说明,假设各矩形截面等直杆中所产生的应力和其自身的强度分布均服从正态分布,4个等直杆均正常工作时的应力、强度分布的均值和标准差如表5-1所列。

表5-1 4个等直杆均正常工作时的应力、强度分布的均值和标准差

参 数	均值 μ	标准差 σ	分布类型
强度 r	160MPa	10MPa	正态分布
一级应力 s_3	90MPa	5MPa	正态分布

随着扭簧板扭转次数的不断增加,矩形截面等直杆内的损伤不断累积,考虑零件初始强度的分散性,当最小初始强度的零件失效时,扭簧板的可靠度仍趋近于1。但是,由于最小初始强度矩形截面等直杆的破坏,仅有3片等直杆提

供扭簧板扭转所需产生的扭矩,由 3 片矩形截面等直杆扭转所产生的扭矩约为 76.16N·m,小于所需满足的工作条件的最小扭矩值,扭簧板将直接失效。

因此,在利用载荷共享并联系统可靠性分析方法对系统可靠性进行分析时,应综合考虑系统在使用过程中需满足的性能要求。

5.3.2 扭簧板性能退化可靠度计算

抛壳机在工作时,为了将弹底壳抛出炮塔外,扭簧板需不断扭转,随着扭簧板扭转次数的增加,扭簧板的性能会发生一定的退化。为保证弹底壳顺利抛出,扭簧板所需提供的扭矩不小于一定值。随着扭簧板性能不断退化,扭簧板所能提供的扭矩不断减小,当减小到被允许的最小值时,扭簧板所能提供的扭矩将不足以提供将弹底壳抛出窗外所需的能量,从而导致抛壳机失效,并进一步影响坦克的作战性能。因此,有必要对扭簧板发生性能退化时的系统可靠度与载荷作用时间或载荷作用次数之间的关系进行研究。

1. 扭簧板性能退化

如前所述,扭簧板由多片矩形截面等直杆相互叠加而成,组成扭簧板的每个矩形截面等直杆按照等载荷分配原则共同承担载荷,即载荷共享并联系统。但扭簧板在扭转过程中所提供的扭矩需满足一定的范围,因此几乎不存在某个矩形截面等直杆发生断裂的情况。在各个矩形截面等直杆发生断裂前,其所组成的扭簧板的整体系统性能随着载荷作用次数或时间的增加而发生退化,当系统性能退化到失效阈值时,系统失效。扭簧板在工作过程中需要不断地扭转一定角度以提供所需的扭矩,但扭簧板的扭转次数并非集中产生的。可以利用参数为 λ 的泊松过程 $\{N(t);t \geq 0\}$ 来描述扭簧板的扭转过程。因此,本节将利用 5.3.1 节所介绍的随机增量过程中的复合泊松过程来描述扭簧板扭转相同角度后所能提供的扭矩的退化过程。

复合泊松过程的表达式可表示为

$$X(t) = \sum_{i=1}^{N(t)} W_i$$

式中:$\{N(t);t \geq 0\}$ 为速率参数为 λ 或 $\lambda(t)$ 的齐次或非齐次泊松过程;W_i 为每次载荷作用时扭簧板所产生的性能退化量,具有有限的均值 $E[W_j] = \nu$,各性能退化量间是独立分布的且与 $N(t)$ 独立。当 $\{N(t);t \geq 0\}$ 是强度为 λ 的齐次泊松过程时,则 $\{X(t) = \sum_{i=1}^{N(t)} W_i, t \geq 0\}$ 是参数为 λ 的齐次复合泊松过程。

当退化过程用复合泊松过程描述时,按照标准损伤累积过程理论,可得到时刻 t 的累积损伤 $X(t)$ 的分布:

$$F_{X(t)}(x) = P(X(t) \leq x) = \sum_{k=0}^{\infty} P(X(t) \leq x \mid N(t) = k) P(N(t) = k)$$

$$= \sum_{k=0}^{\infty} \frac{(\lambda t)^k}{k!} e^{-\lambda t} \cdot G^{(k)}(x)$$

式中:$G(\cdot)$为损伤 W 的分布函数。

当 $x=0$ 时,$X(t)$ 对应在 $[0,t]$ 时间内没有冲击到达的情形。因此,累积损伤 $X(t)$ 是连续随机变量和取值为 0 的离散随机变量所组成的混合随机变量,其概率密度函数可表示为

$$\begin{cases} f_{X(t)}(x) = \sum_{k=1}^{\infty} \frac{(\lambda t)^k}{k!} e^{-\lambda t} \cdot g^{(k)}(x) & (x > 0) \\ f_{X(t)}(x) = e^{-\lambda t} & (x = 0) \end{cases}$$

式中:$g(\cdot)$为损伤 W 的概率密度函数。

由累积损伤 $X(t)$ 的概率密度函数式,累积损伤 $X(t)$ 的分布函数可表示为

$$F_{X(t)} = e^{-\lambda t} + \int_0^x f_{X(t)}(u) \mathrm{d}u$$

由累积损伤 $X(t)$ 的特征函数,利用齐次复合泊松过程表示的累积损伤 $X(t)$ 的均值和方差可以表示为

$$E[X(t)] = E[N(t)] E(W) = \nu \lambda t$$
$$\mathrm{Var}[X(t)] = \mathrm{Var}[W] E[N(t)] + [E(W)]^2 \mathrm{Var}[N(t)]$$
$$= \lambda t \{\mathrm{Var}(W) + [E(W)]^2\}$$
$$= \lambda t E(W^2)$$

为了判断零部件或系统的退化失效情况,需选取其主要的性能指标作为零部件或系统的退化特性参数,即对于扭簧板来说,选取其在扭转相同角度后所产生的扭矩为其整个过程的退化特性参数。假设扭簧板初始扭矩 M_0,将弹底壳抛出窗外所需的扭簧板最小扭矩为 $M_{\min}$,则扭簧板扭矩允许退化的范围为 $\Delta M = M_0 - M_{\min}$。当利用复合泊松过程计算得到的扭簧板性能退化量达到扭矩所允许的退化范围 ΔM 后,系统失效。

假设每次扭转时,扭簧板的扭矩退化量 W 服从参数为 ν 的指数分布,则其概率密度函数可表示为

$$f_W(w) = \frac{1}{\nu} e^{-\frac{w}{\nu}}$$

当扭簧板扭转 k 次后,累积损伤 $G^{(k)}(x)$ 服从形状参数为 k、尺度参数为 $1/\nu$ 的伽马分布。则整个扭簧板的可靠度计算式可表示为

$$P(X(t) \leq \Delta M) = \sum_{k=0}^{\infty} \frac{(\lambda t)^k}{k!} e^{-\lambda t} \cdot \int_0^{\Delta M} \mathrm{ga}\left(u; \frac{1}{\nu}, k\right) \mathrm{d}u$$

式中：$\mathrm{ga}\left(u;\dfrac{1}{\nu},k\right)$ 为形状参数为 k、尺度参数为 $1/\nu$ 的伽马分布概率密度函数，其中：

$$\mathrm{ga}\left(u;\dfrac{1}{\nu},k\right)=\dfrac{\left(\dfrac{1}{\nu}\right)^{k}}{\Gamma(k)}u^{k-1}\mathrm{e}^{-\frac{1}{\nu}u}\quad(u>0)$$

累积损伤 $X(t)$ 的均值和方差可表示为

$$E[X(t)]=\nu\lambda t,\quad \mathrm{Var}[X(t)]=2\nu\lambda t$$

2. 可靠度计算

本节利用齐次泊松过程来模拟扭簧板扭转一定次数的过程，令泊松过程速率参数 $\lambda=0.6h^{-1}$，每次扭簧板扭转时扭矩的退化量服从指数分布，其参数 $\nu=0.04$。则扭簧板扭矩性能退化累积过程如图 5-5 所示。

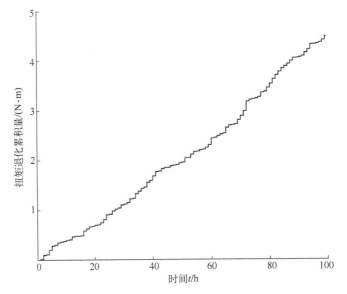

图 5-5 服从齐次复合泊松过程的扭矩退化累积量

从图中可以看出假设扭簧板扭转一定角度后产生的扭矩在每次扭转时的退化量服从指数分布且整个退化过程服从齐次复合泊松过程的前提下，扭矩退化累积量同时间的关系。

令扭簧板扭矩允许发生退化的范围为 $\Delta M=10\mathrm{N}\cdot\mathrm{m}$。则扭簧板可靠度随时间的变化关系如图 5-6 所示。

从图中可以看出，随着作用时间的增加，扭簧板扭矩的性能退化量逐渐增加；随着扭簧板扭矩性能退化累积量的不断增加，扭簧板的可靠度逐渐降低。为保证抛壳机能够顺利将弹底壳抛出炮塔外，在保证扭簧板扭转角度准确性的前提下，仍需使扭簧板扭转相同的角度所能提供的扭矩保持在一定范围之内。

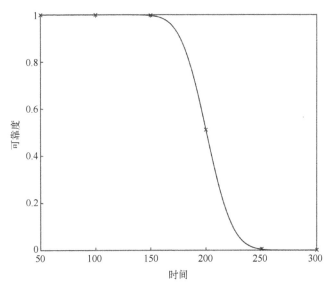

图 5-6　扭簧板可靠度随时间的变化关系

5.4　小　　结

为提高系统的可靠性，冗余系统得到了广泛的应用。载荷共享并联系统是冗余系统中较常见的一种，因为载荷共享的性质，当系统中存在零件失效时，其余正常工作零件所承担的载荷增加，其性能退化加剧。由载荷共享并联系统的特性可知，当系统中最大初始强度的零件仍能工作时，系统即能工作。本章介绍了常见的竞争失效模型，以及改进的竞争失效模型，需要指出的是：

（1）当存在零件失效情况时，最大初始强度的零件能正常工作，整个系统即能正常工作。但是随着零件的逐个失效，最大初始强度的零件所承担的载荷不断增加，其性能退化不断加剧。利用等效损伤累积原则，将不同工作载荷情况引起的性能退化等效到当前工作载荷情况下，得到最大初始强度零件随载荷作用次数的可靠度关系，即整个系统的可靠度。

（2）考虑了组成系统的零件初始强度分散性的影响。对于相同尺寸、相同材料零件所组成的载荷共享并联系统，当零件的初始强度分散性较小时，随着最小初始强度的零件发生失效，整个系统将很快失效。

(3) 载荷共享并联系统的工作过程中,并不是总存在零件的失效。随着零件性能的不断退化,系统性能也随之发生退化。当系统性能退化到不能满足系统工作需要时,系统发生失效。利用随机增量过程来对系统性能的退化情况进行拟合。平稳增量过程中常用的复合泊松过程、逆高斯过程可用来对系统性能退化量随载荷作用次数的关系进行描述,而伽马过程可用来对系统性能退化量随作用时间的关系进行描述。

参考文献

[1] AMARI S V, MISRA K B, PHAM H. Tampered failure rate load-sharing systems: status and prespectives[M]//Handbook of Performability Engineering. London: Springer, 2008.

[2] SCHEUER E M. Reliability of an m-out-of-n system when component failure induces higher failure rates in survivors[J]. IEEE Transactions on Reliability, 1988, 37(1): 73-74.

[3] LIN H, QIANG X. Lifetime reliability for load-sharing redundant systems with arbitrary failure distributions[J]. IEEE Transactions on Reliability, 2010, 59(2): 319-330.

[4] 郝广波. 管道、钢缆类系统可靠性建模若干关键问题的研究[D]. 沈阳: 东北大学, 2008.

[5] NAKAGAWA T. Shock and damage models in reliability theory[M]. New York: Springer, 2006.

[6] 冯静. 小子样复杂系统可靠性信息融合方法与应用研究[D]. 长沙: 国防科技大学, 2004.

[7] ZHAO J, LIU F. Reliability assessment of the metallized film capacitors from degradation data[J]. Microelectronics Reliability, 2007, 47(3): 434-436.

[8] BOCCHETTI D, GIORGIO M, GUIDA M, et al. A competing risk model for the reliability of cylinder liners in marine Diesel engines[J]. Reliability Engineering and System Safety, 2009, 94(8): 1299-1307.

[9] HSIEH M H, JENG S L, SHEN P S. Assessing device reliability based on scheduled discrete degradation measurements[J]. Probabilistic Engineering Mechanics, 2009, 24(2): 151-158.

[10] PARK C, PADGETT W J. Accelerated degradation models for failure based on geometric Brownian motion and gamma processes[J]. Lifetime Data Analysis, 2005, 11(4): 511-527.

[11] LAWLESS J, CROWDER M. Covariates and random effects in a Gamma process model with application to degradation and failure[J]. Lifetime Data Analysis, 2004, 10(3): 213-227.

[12] NOORTWIJK J M, WEIDE J A M, KALLEN M, et al. Gamma processes and peaks-over-threshold distributions for time-dependent reliability[J]. Reliability Engineering and System Safety, 2007, 92(12): 1651-1658.

[13] NOORTWIJK J M. A survey of the application of gamma processes in maintenance[J]. Reliability Engineering and System Safety,2009,94(1):2-21.

[14] TSAI C C,TSENG S T,BALAKRISHNAN N. Optimal design for degradation tests based on Gamma processes with random effects[J]. IEEE Transactions on Reliabilty,2012,61(2):604-613.

[15] WANG X,XU D H. An inverse Gaussian process model for degradation data[J]. Technometrics,2010,52(2):188-197.

第6章

基于田口质量损失的机械系统误差源重要度分析方法

6.1 重要性测度研究方法简介

田口质量损失函数是田口玄一博士在田口方法中引入的,用于表征产品质量特性从目标值的偏差对社会造成的损失。基于田口质量观,只要产品质量特性存在从目标值的偏差,就会给社会带来损失。田口质量损失函数是田口方法的核心指标,在工业部门和学术界都获得了广泛的认同和关注,产生了巨大的经济效益[1]。

对于机械系统来说,由于材料性能偏差、加工和装配误差、运动副磨损、构件变形、输入误差等误差源的存在,其输出量在目标值处的不确定偏差是不可避免的,从而给社会带来损失。为控制该损失,最好的方法是在产品研发阶段就对误差源进行优化设计,在有限的资源下把损失降到最低。然而,对高档数控机床、工业机器人、航空航天装备等复杂机械系统来说,由于其结构原理复杂、性能指标要求高、设计变量和误差源多、误差源对质量特征和质量损失的影响错综复杂,且资金、时间、人员等研发资源有限,其误差源的优化设计始终是一个挑战。在此背景下,研究不确定性误差源对产品平均质量损失的贡献程度,并据此对误差源重要度进行排序,称为误差重要性测度(error source importance measure,ESIM)。由此,可以将有限的研发资源集中在最重要的误差源上,对复杂机械系统的高效优化具有重要意义。

经典的平方型平均质量损失函数可以看作由两部分组成:①由质量特性的方差引入的质量损失;②由质量特性的均值从目标值处的偏移引入的质量损失。其中,产品质量特征的方差来源于误差源不确定性,质量特性的均值偏移则同时受误差源的不确定性和均值偏移的影响,如图6-1所示。因此,在误差源的重要性测度研究中,误差源的方差和均值偏移对产品质量损失的贡献都应被反映出来。

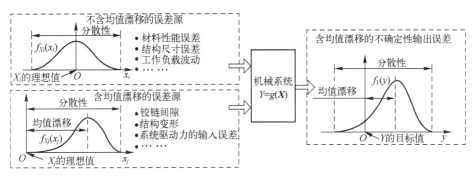

图 6-1　机械系统误差源与质量特性偏差的关系

针对重要性测度问题,目前主要有两个方面的研究:

1)系统中元件或组件的重要性测度

元件或组件的重要性测度(importance measure,IM)基于系统逻辑结构、元件可靠性和(或)寿命分布来评估的元件(组件)状态和性能变化对系统可靠性的影响程度[2]。一般假设系统为关联系统,各元件相互独立,且元件和系统只有"正常"和"失效"两种状态。根据元件重要性测度所需要的信息,可将其分为如下三类[3]:

(1)可靠性重要度:在元件任务时间默认或固定的情况下,基于元件在此任务时间内的可靠度及其所处的位置,评价其对系统的重要性。作为一种最基本的重要性测度方法,Birnbaum 可靠性重要度定义为系统可靠度对元件可靠度的偏导数[3]。针对 Birnbaum 可靠性重要度不包含元件自身可靠性信息的问题,Kuo 和 Zuo 引入了关键重要度,以 Birnbaum 重要度与元件可靠度(失效概率)的乘积来表征元件对系统正常(失效)的重要性[4]。FV 可靠性重要度(由 J. B. Fussel 和 W. E. Vesely 提出)以系统割向量(路向量)中包含某元件最小割(最小路)的概率来表达该元件失效(正常)对系统的贡献程度[5]。风险增加当量(风险减少当量)定义为该元件失效(正常)时的系统条件可靠度与系统可靠度的比值。贝叶斯可靠性重要度定义为在系统失效的条件下,某元件失效的概率[2]。

(2)寿命重要度:在元件具有长期寿命的情况下,基于元件寿命分布,考察元件(组件)在某一时刻或一段时间内对系统可靠性的重要性。根据重要度指标是否与时间相关,寿命重要度可进一步分为时间相关的寿命重要度和时间独立的寿命重要度。将元件可靠度表达为时间的函数,则可靠性重要度可直接转化为时间相关的寿命重要度。针对元件 i,时间独立的 BP 寿命重要度定义为元件 i 的 Birnbaum 重要度在元件 i 整个寿命分布范围内的数学期望。

(3) 结构重要度:该方法基于系统逻辑结构评价元件所处位置的重要性。当系统中的元件相互独立且具有相同的可靠度时,Birnbaum 可靠性重要度即转化为 Birnbaum 结构重要度。同理,系统中的所有元件均相互独立且可靠度均为 PR=0.5 时,FV 可靠性重要度即转化为 FV 结构重要度。令所有元件具有相同的寿命分布,则 BP 寿命重要度(由 R. E. Barlow 和 F. Proschan 提出)转化为 BP 结构重要度。另外,元件 i 和元件 j 的排列重要度定义:元件 i 正常、元件 j 失效时的系统可靠度是否大于元件 i 失效、元件 j 正常时的系统可靠度。

针对工程实际中二态假设不能成立的情况,重要性测度方法也被发展到多态情况[6-7],多态系统重要性测度方法分为两类,即针对元件某些状态的方法和针对元件本身的方法[8]。同时,一些学者将 Birnbaum 可靠性重要度扩展到了非关联系统的情况[9-11]。多位学者基于网络拓扑结构研究了网络节点重要性测度方法[12-14]。近年来,传统的重要性测度研究也被扩展到系统可用性、弹性等指标[15-17]。由各类重要性测度方法的定义可知,元件或组件的重要性测度主要侧重于研究元件或组件的性能变化对系统性能变化的影响,而不关心系统、元件或组件的性能与目标值的偏离程度,因此不适用于误差源的重要性测度。

2) 模型中不确定性因素的敏感性分析

不确定性因素的敏感性分析(sensitivity analysis,SA)研究模型中影响因素的不确定性对系统响应不确定性的贡献程度[18],可分为局部敏感性分析(local sensitivity analysis,LSA)和全局敏感性分析(global sensitivity analysis,GSA)两大类方法。其中,LSA 方法一般基于系统响应对影响因素的偏导数来定义,如标准化偏导数等,反映影响因素在名义值处对系统响应的影响。然而,LSA 依赖基准点的选择。在非线性系统中,LSA 指标随影响因素名义值的变化而变化,因此只适用于线性模型[19]。GSA 方法则研究不确定性因素在整个分布区间内对系统响应不确定性的影响,也被称为不确定性的重要性测度(uncertainty importance measure,UIM)[20]。GSA 主要包含如下 4 类方法:

(1) 基于样本的方法:也称作非参数方法。在已获得影响因素和系统响应大量样本的情况下,该方法利用不确定性因素与系统响应量之间的相关系数(如 Pearson 相关系数、Spearman 相关系数等)或回归模型的(标准化)回归系数来定义影响因素的重要度指标[21]。

(2) 筛选法:筛选法的目的在于以较小的计算量识别对系统响应不重要的因素。其中最为典型的方法是 Morris 提出的基于 EE(elementary effect)的方法[22]。该方法依次移动各个影响因素,以移动前、后系统响应的差值与移动步长的比值来表征相应影响因素的影响程度。最后,基于不同位置的 EE 的均值和标准差等统计量来定义影响因素的重要度指标。采用与 Morris 方法同样的思想,可将基于偏导数的 LSA 指标扩展到全局的情况[23]。

(3) 基于方差的方法:该方法利用方差来表征影响因素和系统响应的不确定性,并基于不确定性因素对系统响应方差的贡献程度定义重要度指标。Sobol'利用 ANOVA 分解将系统响应的方差分解为不确定性因素的主效应和交互效应之和,并基于 ANOVA 分解定义不确定性因素的重要度指标[24]。由于 Sobol'方法严谨的数学定义和清晰的物理背景,成为近年来研究和应用最多的 GSA 方法之一。然而,由于基于方差的方法仅依赖二阶矩(即方差)来表征不确定性,在偏峰分布等情况下可能得出不合理的结果[25]。

(4) 矩独立方法:针对基于方差的方法的问题,Borgonovo 提出了矩独立方法,该方法利用某不确定性影响因素被固定时系统响应的概率密度函数的变化来表征相应不确定性因素的影响,从而消除对某阶矩(如方差)的依赖[26]。此外,还有基于分布函数的矩独立方法[27-28]。

传统的 GSA 方法均针对静态情况。近年来,也有学者基于指示函数的方差分解将传统 GSA 方法扩展到动态情况[29-32]。此外,基于 GSA 方法还可以对产品关键误差源的识别进行研究[33-35]。然而,由各类 GSA 方法的定义可知,现有 GSA 方法主要关注"不确定性",而不考虑"从设计值或目标值处的偏离程度"。若采用 GSA 方法评价误差源的重要程度,则实际上获得的是误差源不确定性对产品质量特征不确定性的影响或贡献程度,而误差源和质量特征的均值从目标值或理想值处的偏移没有被考虑进来。

除了以上两方面的重要度测度分析方法,一些学者还基于田口质量损失函数对产品公差和参数进行了优化设计。传统的田口方法基于质量损失函数/信噪比和正交实验法进行参数设计,在工业部门获得了极大成功。近年来,国内外学者也开始以质量损失函数作为产品性能评价标准,基于产品仿真模型进行优化设计[36-41]。若单独对产品的参数或公差进行优化设计,往往无法获得最优的结果[42],而目前一些学者基于田口质量损失函数对产品的参数和公差进行的优化设计方法的研究[42-44],既没有考虑产品底层不确定性因素对质量特征的敏感性和重要度,也没有考虑维护对质量损失的影响。对于长寿命的大型复杂产品来说,优化模型的建模和求解一直以来都是一个难题,维护活动是保证产品工作状态的重要手段。因此,在考虑产品维护的情况下,研究底层误差源的重要性测度方法,揭示误差源对产品质量损失的影响规律,对提高产品优化设计效率、保证产品质量具有重要意义。

6.2　田口质量损失函数简介

设某机械系统具有单质量特性,表示为 Z,其目标值为 Z_T。质量特性 Z 从

目标值的偏差会引起质量损失,且偏差 $|Z-Z_T|$ 越大,引起的质量损失越大。质量损失是质量特性 Z 的函数,将其表示为 $L(Z)$。设 $L(Z)$ 存在二阶以上的导数,则 $L(Z)$ 可表示为如下的泰勒展开形式:

$$L(Z) = L(Z_T) + L'(Z_T)(Z-Z_T) + \frac{1}{2}L''(Z_T)(Z-Z_T)^2 + \cdots \quad (6-1)$$

在工程实际中,如果质量特性等于其目标值,即 $Z=Z_T$,则不会对社会造成损失,因此 $L(Z_T)=0$。另外,质量损失在 Z_T 处达到最小值,因此 $L'(Z_T)=0$。略去二阶以上的高阶项,则田口质量损失函数可写成如下形式:

$$L(Z) = K_L(Z-Z_T)^2 \quad (6-2)$$

式中: K_L 为质量损失系数。

质量特性 Z 的不确定性是不可避免的,一般可将其表示为随机变量,其概率密度函数表示为 $f_Z(Z)$。以平均质量损失 E_L 来表示一批产品对社会造成的损失:

$$E_L = K_L \int (Z-Z_T)^2 f_Z(Z) \mathrm{d}Z \quad (6-3)$$

这里引入一个变量 Y 来描述质量特性从目标值的偏差,即 $Y=Z-Z_T$。同样地,Y 也是一个随机变量,将其概率密度函数表示为 $f_Y(y)$。产品质量特性的偏差是由多种误差源引起的,将误差源表示为 $\boldsymbol{X}=(X_1,X_2,\cdots,X_N)^T$,其联合概率密度函数表示为 $f_X(\boldsymbol{X})$。将质量特性偏差与误差源之间的函数关系表示为 $Y=g(\boldsymbol{X})=g(X_1,X_2,\cdots,X_N)$,称为系统质量特性偏差函数。如果一个系统中所有的误差源的值均为 0,则系统质量特性必然等于其目标值,质量特性的偏差也为 0,即 $Y=g(0_1,0_2,\cdots,0_N)=0$。为简便起见,本书我们用 $g(0)$ 表示 $g(0_1,0_2,\cdots,0_N)$。

设 $Y=g(\boldsymbol{X})$ 为平方可积,则平均质量损失 E_L 可表示为

$$E_L = K\int Y^2 f_Y(Y)\mathrm{d}Y = K\int g(\boldsymbol{X})^2 f_X(\boldsymbol{X})\mathrm{d}\boldsymbol{X} = K \cdot E(Y^2) \quad (6-4)$$

6.3 基于田口质量损失的误差源重要度分析方法

6.3.1 平均质量损失分解及重要度指标定义

设质量特性偏差与误差源的函数 $Y=g(\boldsymbol{X})=g(X_1,X_2,\cdots,X_N)$ 在 0 点为 m 阶可导,则 $g(\boldsymbol{X})$ 可表示为如下泰勒展开形式:

$$Y \approx g(0) + \sum_{i_1=1}^{N} \frac{\partial g(0)}{\partial X_{i_1}} X_{i_1} + \frac{1}{2!}\sum_{i_1=1}^{N}\sum_{i_2=1}^{N} \frac{\partial^{(2)} g(0)}{\partial X_{i_1} \partial X_{i_2}} X_{i_1} X_{i_2} + \cdots +$$

$$\frac{1}{m!}\sum_{i_1=1}^{N}\sum_{i_2=1}^{N}\cdots\sum_{i_m=1}^{N}\frac{\partial^{(m)}g(0)}{\partial X_{i_1}\partial X_{i_2}\cdots\partial X_{i_m}}X_{i_1}X_{i_2}\cdots X_{i_m} \quad (6\text{-}5)$$

由于 $g(0)=0$,式(6-5)可表示为

$$Y\approx\sum_{i_1=1}^{N}(a_{i_1}X_{i_1})+\sum_{i_1=1}^{N}\sum_{i_2=1}^{N}[a_{i_1,i_2}(X_{i_1}X_{i_2})]+\cdots+\sum_{i_1=1}^{N}\sum_{i_2=1}^{N}\cdots\sum_{i_m=1}^{N}[a_{i_1,i_2,\cdots,i_m}(X_{i_1}X_{i_2}\cdots X_{i_m})]$$
(6-6)

式中: $a_{i_1,i_2,\cdots,i_s}$ 表示多项式系数,其计算方法如下:

$$a_{i_1,i_2,\cdots,i_s}=\frac{1}{s!}\cdot\frac{\partial^{(s)}g(0)}{\partial X_{i_1}\partial X_{i_2}\cdots\partial X_{i_s}} \quad (s=1,2,\cdots,m) \quad (6\text{-}7)$$

基于式(6-6)计算系统的平均质量损失,如下式所示:

$$E_L=K\cdot E(Y^2)\approx K\cdot E\Big[\Big(\sum_{i_1=1}^{N}a_{i_1}X_{i_1}+\sum_{i_1=1}^{N}\sum_{i_2=1}^{N}a_{i_1,i_2}X_{i_1}X_{i_2}+\cdots+$$
$$\sum_{i_1=1}^{N}\sum_{i_2=1}^{N}\cdots\sum_{i_m=1}^{N}a_{i_1,i_2,\cdots,i_m}X_{i_1}X_{i_2}\cdots X_{i_m}\Big)^2\Big] \quad (6\text{-}8)$$

上式的右侧为 $M(M=2m)$ 阶多项式,最低阶项为 2 次项,最高阶项为 M 阶项。我们用 $A_{i_1,i_2,\cdots,i_s}(s=2,3,\cdots,M)$ 来表示其多项式系数,则上式可展开成如下形式:

$$E_L\approx E\Big(\sum_{i_1=1}^{N}\sum_{i_2=1}^{N}A_{i_1,i_2}X_{i_1}X_{i_2}+\sum_{i_1=1}^{N}\sum_{i_2=1}^{N}\sum_{i_3=1}^{N}A_{i_1,i_2,i_3}X_{i_1}X_{i_2}X_{i_3}+\cdots\sum_{i_1=1}^{N}\sum_{i_2=1}^{N}\cdots\sum_{i_M=1}^{N}A_{i_1,i_2,\cdots,i_M}X_{i_1}X_{i_2}\cdots X_{i_M}\Big)$$
$$=\sum_{i_1=1}^{N}\sum_{i_2=1}^{N}A_{i_1,i_2}E(X_{i_1}X_{i_2})+\sum_{i_1=1}^{N}\sum_{i_2=1}^{N}\sum_{i_3=1}^{N}A_{i_1,i_2,i_3}E(X_{i_1}X_{i_2}X_{i_3})+\cdots+\sum_{i_1=1}^{N}\sum_{i_2=1}^{N}\cdots\sum_{i_M=1}^{N}A_{i_1,i_2,\cdots,i_M}E(X_{i_1}X_{i_2}\cdots X_{i_M})$$
(6-9)

上式将系统的平均质量损失表达为多项式形式的一系列分量之和。针对某一个误差源 X_j,可将上式中包含 X_j 的各分量划分为两部分:

(1) 独立效应:仅包含 X_j 的分量之和,包括 $A_{j,j}E(X_j^2)$,$A_{j,j,j}E(X_j^3)$,…,$A_{j,j,\cdots,j}E(X_j^M)$ 等,表征了 X_j 对系统平均质量损失的单独贡献。独立效应的最低项次数为 2,最高项次数为 M。

(2) 交叉效应。同时包含和其他误差源的分量之和,如 $A_{j,i_2}E(X_jX_{i_2})$,$A_{j,i_2,i_3}E(X_jX_{i_2}X_{i_3})$,…,$A_{j,i_2,\cdots,i_M}E(X_jX_{i_2}\cdots X_{i_M})$ 等,其中 $i_2\neq j,i_3\neq j,\cdots,i_M\neq j$。交叉效应表征了 X_j 与其他误差源对系统平均质量损失的交叉贡献。交叉效应的最低项次数为 2,最高项次数为 M。

对于 X_j 来说,其对系统平均质量损失的贡献应同时包括主效应和交叉效应,称为总效应。X_j 的独立效应 $E_{L,j}^{(1)}$、交叉效应 $E_{L,j}^{(2)}$ 和总效应 $E_{L,j}^{T}$ 分别如下式所示:

$$\begin{cases} E_{L,j}^{(1)} = B_j^{(2)} E(X_j^2) + B_j^{(3)} E(X_j^3) + \cdots + B_j^{(M)} E(X_j^M) \\ E_{L,j}^{(2)} = \left[\sum_{i_2=1}^{N} B_{j,i_2} E(X_j X_{i_2}) - B_j^{(2)} E(X_j^2)\right] + \left[\sum_{i_2=1}^{N} \sum_{i_3=1}^{N} B_{j,i_2,i_3} E(X_j X_{i_2} X_{i_3}) - B_j^{(3)} E(X_j^3)\right] + \cdots + \\ \qquad \left[\sum_{i_2=1}^{N} \sum_{i_3=1}^{N} \cdots \sum_{i_M=1}^{N} B_{j,i_2,i_3,\cdots,i_M} E(X_j X_{i_2} X_{i_3} \cdots X_{i_M}) - B_j^{(M)} E(X_j^M)\right] \\ E_{L,j}^{T} = E_{L,j}^{(1)} + E_{L,j}^{(2)} \end{cases}$$

(6-10)

式中：B 为多项式系数，用于表征独立效应、交叉效应和总效应的多项式结构，并没有明确的物理意义。在实际情况下，若系统输出偏差与误差源之间的函数关系非线性程度越低，上式中的高阶项系数将越小。

针对一组误差源，即 $\underline{X} = (X_{j_1}, X_{j_2}, \cdots, X_{j_n})$，其中 $n = 2, 3, \cdots, N-1$，其独立效应 $E_{L,\underline{X}}^{(1)}$、交叉效应 $E_{L,\underline{X}}^{(2)}$ 和总效应 $E_{L,\underline{X}}^{T}$ 分别如下式所示：

$$\begin{cases} E_{L,\underline{X}}^{(1)} = \sum_{i_1=j_1}^{j_n} \sum_{i_2=j_1}^{j_n} C_{i_1,i_2} E(X_{i_1} X_{i_2}) + \sum_{i_1=j_1}^{j_n} \sum_{i_2=j_1}^{j_n} \sum_{i_3=j_1}^{j_n} C_{i_1,i_2,i_3} E(X_{i_1} X_{i_2} X_{i_3}) + \cdots + \\ \qquad \sum_{i_1=j_1}^{j_n} \sum_{i_2=j_1}^{j_n} \cdots \sum_{i_M=j_1}^{j_n} C_{i_1,i_2,\cdots,i_M} E(X_{i_1} X_{i_2} \cdots X_{i_M}) \\ E_{L,\underline{X}}^{(2)} = \sum_{i_1=j_1}^{j_n} \sum_{i_1=1}^{N} C_{i_1,i_2} E(X_{i_1} X_{i_2}) + \sum_{i_1=j_1}^{j_n} \sum_{i_2=1}^{N} \sum_{i_3=1}^{N} C_{i_1,i_2,i_3} E(X_{i_1} X_{i_2} X_{i_3}) + \cdots + \\ \qquad \sum_{i_1=j_1}^{j_n} \sum_{i_2=1}^{N} \cdots \sum_{i_M=1}^{N} C_{i_1,i_2,\cdots,i_M} E(X_{i_1} X_{i_2} \cdots X_{i_M}) - E_{L,\underline{X}}^{(1)} \\ E_{L,\underline{X}}^{(2)} = E_{L,\underline{X}}^{(1)} + E_{L,\underline{X}}^{(2)} \end{cases}$$

(6-11)

针对单个误差源 X_j 或一组误差源 $\underline{X}$，我们将其重要度指标定义为总效应与系统质量损失 E_L 的比值，如下式所示：

$$\begin{cases} \mathrm{EI}_j = \dfrac{E_{L,j}^{T}}{E_L} = \dfrac{E_{L,j}^{(1)} + E_{L,j}^{(2)}}{E_L} \\ \mathrm{EI}_{j_1,j_2,\cdots,j_n} = \dfrac{E_{L,\underline{X}}^{T}}{E_L} = \dfrac{E_{L,\underline{X}}^{(1)} + E_{L,\underline{X}}^{(2)}}{E_L} \end{cases}$$

(6-12)

式中：EI_j 为 X_j 的重要度指标；$\mathrm{EI}_{j_1,j_2,\cdots,j_n}$ 为 $\underline{X}$ 的重要度指标。

6.3.2 求解方法

基于 6.3.1 节的分析和定义，系统平均质量损失的分解是在多元函数泰勒展开的基础上进行的,误差源重要度指标的求解需要计算系统质量特性偏差函数 $Y=g(X)$ 的各阶偏导数。然而,在工程实际中,函数 $Y=g(X)$ 的连续可导假设并不总是成立的。对于大型复杂机械系统而言,大量高阶偏导数的计算量也是不可承受的。

对于单个误差源 X_j 来说,通过观察其独立效应和交叉效应的表达式我们发现,独立效应中的分量可看作以 X_j 为变量的函数,交叉效应中的各分量可看作 X_j 与其他误差源的乘积的函数。如果设置 X_j 的值为 0,则 X_j 的独立效应和交叉效应将均等于 0。同理,若设置 $\underline{X}$ 的值为 0,$\underline{X}$ 的独立效应和交叉效应也将均等于 0。基于此性质,我们提出重要度指标 EI_j 和 $\mathrm{EI}_{j_1,j_2,\cdots,j_n}$ 的计算方法如下:

$$\begin{cases} \mathrm{EI}_j = \dfrac{E_\mathrm{L} - E_{\mathrm{L}|X_j=0}}{E_\mathrm{L}} \\ \mathrm{EI}_{j_1,j_2,\cdots,j_n} = \dfrac{E_\mathrm{L} - E_{\mathrm{L}|\underline{X}=0}}{E_\mathrm{L}} \end{cases} \quad (6\text{-}13)$$

6.3.3 性质讨论

Saltelli 认为重要性测度方法应具有全局性、可量化性和模型独立性的特点。下面分别讨论所提误差源重要度指标的性质。

全局性:由式(6-9)可知,平均质量损失的分解式中的每个分量均是在所包含的误差源的取值范围内求均值而得,因此误差源的所有可能取值均被考虑进来。另外,由式(6-10)和式(6-11)可知,误差源贡献的低阶项、高阶项以及与其他误差源的交叉效应都在重要度指标中被考虑进来了。因此,所提的 ESIM 方法具有全局性的特点。

可量化性:所提重要度指标以系统平均质量损失分解为基础,基于误差源对系统平均质量损失的贡献评价其重要程度,显然具有可量化性的特点。

模型独立性:在系统平均质量损失的分解和误差源重要度指标定义过程中,没有对模型的非线性、单调性等性质进行约束。另外,虽然系统平均质量损失的分解是在系统质量特性偏差函数 $Y=g(X)$ 为 m 阶可导的假设基础上进行的,但误差源重要度指标的计算并不需要求解任何一阶偏导数,实际上也不需要函数 $Y=g(X)$ 为 m 阶可导。因此,所提的 ESIM 方法具有模型独立性的特点。

下面讨论所提 ESIM 方法的其他性质。由于系统的平均质量损失,即 E_L 和条件平均质量损失,即 $E_{\mathrm{L}|X_j=0}$ 或 $E_{\mathrm{L}|\underline{X}=0}$,均为非负,由式(6-13)可知,误差源重要度指标始终不大于 1。由于一个交叉效应分量可能被包含在不同误差源的交叉效应中,因此所有误差源的重要度指标之和可能大于 1。

在工程实际中,误差源的均值可能大于其设计值,也可能小于其设计值。

因此条件平均质量损失 $E_{L|X_j=0}$ 或 $E_{L|\boldsymbol{X}=0}$ 可能大于 E_L,因此误差源的重要度指标也可能为负值或 0。若某误差源的重要度指标为负值,则表明该误差源的存在实际上减小了系统质量特性从目标值处偏差的程度,起到了误差补偿作用。由于误差源不确定性的存在必然增加质量特性偏差的分散性,质量特性偏差程度的减小实际上是由该误差源的均值漂移引起的。因此,在产品优化设计过程中,误差源的分散性和均值漂移都应当被考虑进来。

6.4 案例分析

6.4.1 测试案例定性分析

本节引入三个简单模型说明所提 ESIM 方法的有效性,包括一个线性模型、一个不含交叉项的非线性模型和一个含交叉项的非线性模型。另外,为与现有 GSA 方法进行对比分析,我们还采用了最为流行的两种 GSA 方法,即基于方差的 Sobol′方法[33]和矩独立的 Borgonovo 方法[35],来分析测试模型中各误差源的重要程度。测试模型如下:

$$\begin{cases} g_1(\boldsymbol{X}) = X_1 + X_2 + X_3 + 1.3X_4 \\ g_2(\boldsymbol{X}) = X_1^2 + X_2^2 + X_3^2 + 1.3X_4^2 \\ g_3(\boldsymbol{X}) = X_1^2 + X_2^2 + X_3^2 + 1.3X_4^2 + X_5^2 + X_6^2 + cX_5X_6 \end{cases} \quad (6-14)$$

式中:X_i 为误差源;c 为多项式系数;$g_1(\boldsymbol{X})$ 为线性模型;$g_2(\boldsymbol{X})$ 为不含交叉项的二次非线性模型;$g_3(\boldsymbol{X})$ 为含交叉项的二次非线性模型。

正态分布是工程中常见的分布形式,具有如下特点:随机变量的分散性完全由参数 σ 描述,随机变量的均值漂移完全由参数 μ 描述。此性质使分别讨论误差源的分散性和均值漂移对其重要度的影响成为可能。因此,此测试案例中我们假设误差源相互独立且均服从正态分布,分布参数为 $X_1 \sim N(0,4)$、$X_2 \sim N(0,9)$、$X_3 \sim N(1,9)$、$X_4 \sim N(1,9)$、$X_5 \sim N(1,4)$、$X_6 \sim N(1,9)$。

首先对各误差源的重要度进行定性分析。X_1 和 X_2 具有相同的多项式系数和均值,但 X_2 的方差大于 X_1,因此 X_2 对系统平均质量损失的贡献应大于 X_1。X_2 和 X_3 具有相同的多项式系数和方差,但 X_3 的均值大于 X_2,因此 X_3 对系统平均质量损失的贡献应大于 X_2。X_3 和 X_4 具有相同的分布参数,但 X_4 的多项式系数大于 X_3,因此 X_4 对系统平均质量损失的贡献应大于 X_3。综上所述,可得如下重要度排序:$I_{X_4} > I_{X_3} > I_{X_2} > I_{X_1}$。

X_5 和 X_6 的重要度受多项式系数 c 的影响,无法直接判断其与其他误差源的重要度排序。X_5 和 X_6 具有相同的均值、多项式系数以及交叉项,但 X_6 的方差大

于 X_5,因此 X_6 对系统平均质量损失的贡献应大于 X_5。综上所述,可得如下重要度排序: $I_{X_6} > I_{X_5}$。

6.4.2 现有 GSA 方法结果及分析

采用基于方差的 Sobol′方法和矩独立的 Borgonovo 方法评价各误差源的重要程度。为研究误差源分散性、误差源均值漂移和交叉项对误差源重要度的影响,在考虑 X_1 方差、X_2 均值以及多项式系数 c 的变化的情况下计算各误差源的重要度指标。Sobol′方法和 Borgonovo 方法的计算结果分别如图 6-2、图 6-3 和图 6-4 所示。

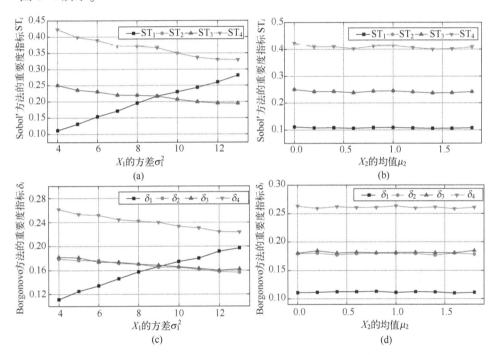

图 6-2　在线性模型 $g_1(\boldsymbol{X})$ 中,误差源重要度指标随分布参数的变化

(a) Sobol′指标随 σ_1^2 的变化;(b) Sobol′指标随 μ_2 的变化;

(c) Borgonovo 指标随 σ_1^2 的变化;(d) Borgonovo 指标随 μ_2 的变化。

如图 6-2 所示,在 X_1 和 X_2 的分布参数尚没有变化的情况下,Sobol′方法和 Borgonovo 方法得到了不同的重要度指标值,但相同的重要度排序结果,即 $ST_4 > ST_3 = ST_2 > ST_1$,$\delta_4 > \delta_3 = \delta_2 > \delta_1$。该排序结果与上文的定性分析结果不相符,这两种方法的结果在工程中是不合理的。另外,随着 X_1 的方差的增加,X_1 的重要度指标值显著增加。然而,随着 X_2 的均值的增加,各个误差源的重要度指标值几乎保持不变。也就是说,误差源均值的变化对其重要程度没有影响。其实,这种结果容易理解,因为这两种方法所关注的正是"分散性",也即方差,而非系统输出均值从目标值的偏离程度。由于 $g_1(X)$ 是线性模型,X_2 均值的变化不改变模型输出的方差,因而各个误差源的重要度指标保持不变。

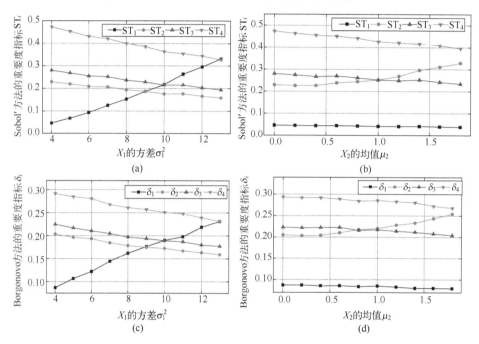

图 6-3 在非线性模型 $g_2(X)$ 中,误差源重要度指标随分布参数的变化

(a) Sobol'指标随 σ_1^2 的变化;(b) Sobol'指标随 μ_2 的变化;

(c) Borgonovo 指标随 σ_1^2 的变化;(d) Borgonovo 指标随 μ_2 的变化。

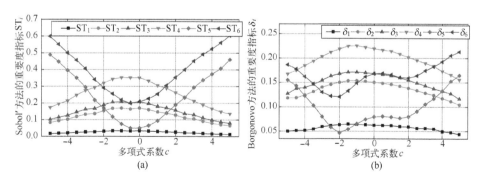

图 6-4 在非线性模型 $g_3(X)$ 中,误差源重要度指标随多项式系数 c 的变化

(a) Sobol'指标随 c 的变化;(b) Borgonovo 指标随 c 的变化。

由图 6-2 可见,随着 X_1 方差和 X_2 均值的增加,X_1 和 X_2 的重要度指标值均分别随之增加。然而,X_2 的重要度指标值的增加是由模型非线性引起的。为解释该现象,我们引入一个简单的只有一个误差源的系统模型,即 $Y=g_4(X)$。误差源 X 与质量特性偏差 Y 之间的函数关系如下图所示。误差源 X 以相同的概率取两个值,即 $P(X=x_a)=P(X=x_b)=0.5$,X 的均值为 $x_m=(x_a+x_b)/2$。如果我们将 X 的均值由 x_m 增加到 x_m',而两个取值点之间的距离不变,由图可见由于曲线斜率的增加,Y 的取值范围,即分散性也随之增加了。

非线性模型中误差源均值变化对系统质量特性偏差的分散性的影响如图 6-5 所示。

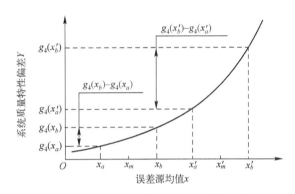

图 6-5 非线性模型中误差源均值变化对系统质量特性偏差的分散性的影响

在图 6-4 中,多项式系数 c 等于 0 时,X_6 的重要度指标值与 X_3 相等。随着 c 的值的变化,X_5 与 X_6 的重要度指标有相同的变化趋势。在图 6-4(a)中,随着 c 的值从 0 点开始下降,X_5 与 X_6 的重要度指标首先略微下降,然后快速增加。两者重要度指标的下降是由于 X_5 和 X_6 与 cX_5X_6 之间的协方差为负值,抵消了由 $|c|$ 的增加而导致的系统输出方差的增加,导致 X_5 与 X_6 的重要度指标的下降。另外,随着 c 的值从 0 点开始增加,X_5 与 X_6 的重要度指标随之增加。这是由于系统输出的方差和均值漂移均随之增加了。在图 6-5(b)中,X_5 与 X_6 的重要度指标随多项式系数 c 的变化规律则较为复杂。

综上所述,可得关于 Sobol′方法 Borgonovo 方法的如下结论:①随着误差源方差的增加,对应误差源的重要度指标随之增加;②误差源均值漂移变化对其重要度指标的影响取决于系统质量特性偏差模型的结构形式;③两种方法均能反映交叉效应的影响。实际上,上述结论并不意外,因为全局敏感性分析方法关心的是模型输入和输出的"分散性",而不是其从目标值或设计值处的偏离程度。由此可得,现有的全局敏感性分析方法是不适用于机械系统误差源的重要性测度的。

6.4.3 ESIM 方法结果及分析

下面应用本书所提 ESIM 方法对测试模型进行仿真分析。在考虑 X_1 方差、X_2 均值以及多项式系数 c 变化的情况下计算各误差源的重要度指标,仿真计算结果分别见图 6-6、图 6-7 和图 6-8。

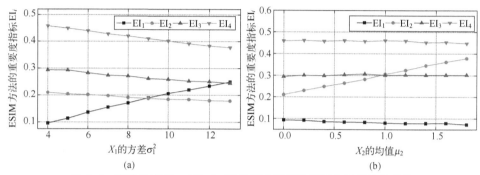

图 6-6 在线性模型 $g_1(X)$ 中,误差源重要度指标随分布参数的变化
（a）误差重要度指标随 σ_1^2 的变化；（b）误差重要度指标随 μ_2 的变化。

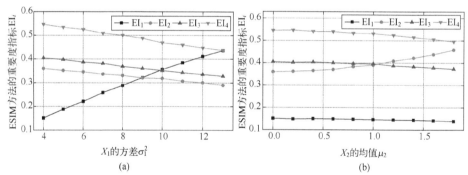

图 6-7 在非线性模型 $g_2(X)$ 中,误差源重要度指标随分布参数的变化
（a）误差重要度指标随 σ_1^2 的变化；（b）误差重要度指标随 μ_2 的变化。

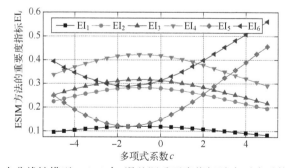

图 6-8 在非线性模型 $g_3(X)$ 中,误差源重要度指标随多项式系数 c 的变化

由图 6-6 和图 6-7 可见,无论是在线性模型还是非线性模型中,各个误差源的重要度指标值均随着误差源方差和均值漂移的变化而变化,即所提 ESIM 方法可以同时反映误差源分散性和均值漂移的影响。

在图 6-8 中,随着多项式系数 c 从 0 下降到 -2,X_5 与 X_6 的重要度指标下降到最低点。这是由于:①系统质量特性偏差分量 X_5 和 X_6 与 cX_5X_6 之间的协方差为负值,抵消了由 $|c|$ 增加而产生的系统质量特性偏差方差的增加;②当 c 等于 0 时,系统质量特性偏差的均值为正值,c 从 0 点的下降实际上减小了系统质量特性偏差的均值。上述两个方面的效应实际上减小了系统质量特性从目标值的偏差程度,进而导致 X_5 与 X_6 的重要度指标的下降。随着多项式系数 c 从 -2 开始下降,X_5 与 X_6 的重要度指标随之增加。这是由于系统质量特性从 0 点向负值方向的偏差开始大于由 cX_5X_6 产生的协方差的减小。随着多项式系数 c 从 0 点开始增加,X_5 与 X_6 的重要度指标随之增加。综上所述,ESIM 方法不仅能反映误差源分散性和均值漂移的影响,还能反映系统质量特性偏差模型中交叉项的影响。

6.5 小　　结

针对机械系统中不确定性误差源重要性测度的现实问题,以及现有 GSA 方法不能真实反映误差源均值漂移影响的问题,本章介绍了基于田口质量损失的误差源重要性测度(ESIM)方法。该方法基于多元函数泰勒展开的思想将机械系统平均质量损失分解为误差源的一系列贡献分量,包括单个误差源的单独效应和不同误差源之间的交叉效应。在平均质量损失分解的基础上,给出了单个和一组误差源重要度指标的数学定义。重要度指标具有全局性、可量化性和模型独立性的特点。另外,给出了所提重要度指标的数值计算方法。最后引入 3 个测试模型,通过与现有 GSA 方法(基于方差的 Sobol' 方法和矩独立的 Borgonovo 方法)对比分析,对所提 ESIM 方法的有效性进行了验证。仿真结果表明,所提 ESIM 方法不仅能反映误差源分散性和均值漂移的影响,还能反映系统质量特性偏差模型中交叉项的影响,适用于机械系统误差源的重要性测度问题,可为复杂机械系统的高效优化提供有效支撑。

参考文献

[1] TAGUCHI G, ELSAYED E A, HSIANG T C. Quality engineering in production system[M]. New York: McGraw-Hill, 1989.
[2] KUO W, ZHU X Y. Importance measures in reliability, risk, and optimization[M]. New York: John Wiley & Sons, 2012.

［3］ BIRNBAUM Z W. On the importance of different components in a multicomponent system［M］. New York:Academic Press,1969.

［4］ KUO W,ZUO M J. Optimal reliability modeling:Principles and applications［M］. New York:John Wiley & Sons,2003.

［5］ FUSSEL J B. How to hand-calculate system reliability and safety probabilistic［J］. IEEE Transactions on Reliability,1975,24(3):169-174.

［6］ GRIFFITH W S. Multistate reliability models［J］. Journal of Applied Probabilistic,1980,17:735-44.

［7］ KIM C,BAXTER L A. Reliability importance for continuum structure functions［J］. Journal of Applied Probabilistic,1987,24:779-785.

［8］ RAMIREZ-MARQUEZ J E,COIT D W. Composite importance measures for multi-state systems with multi-state components［J］. IEEE Transactions on Reliability,2005,54(3):517-529.

［9］ ANDREWS J D. The use of not logic in fault tree analysis［J］. Quality & Reliability Engineering International,2001,17(3):143-150.

［10］ VAURIO J K. Importances of components and events in non-coherent systems and risk models［J］. Reliability Engineering & System Safety,2016,147:117-122.

［11］ ALIEE H,BORGONOVO E,GLAß M,et al. On the Boolean extension of the Birnbaum importance to non-coherent systems［J］. Reliability Engineering & System Safety,2017,160:191-200.

［12］ 谭跃进,吴俊,邓宏钟. 复杂网络中节点重要度评估的节点收缩方法［J］. 系统工程理论与实践,2006(11):79-83.

［13］ 陈静,孙林夫. 复杂网络中节点重要度评估［J］. 西南交通大学学报,2009,44(3):426-429.

［14］ ZHU C S,WANG X Y,ZHU L. A novel method of evaluating key nodes in complex networks［J］. Chaos,Solitons and Fractals,2017,96:43-50.

［15］ BARKER K,RAMIREZ-MARQUEZ J E,ROCCO C M. Resilience-based network component importance measures［J］. Reliability Engineering and System Safety,2013,117:89-97.

［16］ CASSADY R C,POHL E A,SONG J. Managing availability improvement efforts with importance measures and optimization［J］. Journal of Management Mathematics,2004,15(2):161-74.

［17］ 潘星,蒋卓,杨艳京. 基于弹性的体系组件重要度及恢复策略［J］. 北京航空航天大学学报,2017(9):1713-1720.

［18］ SALTELLI A. Sensitivity analysis for importance assessment［J］. Risk Analysis,2002,22(3):579-590.

［19］ SALTELLI A,ANNONI P. How to avoid a perfunctory sensitivity analysis［J］. Environmental Modelling and Software,2010,25(12):1508-1517.

[20] XU X, LU Z Z, LUO X P. A kernel estimate method for characteristic function-based uncertainty importance measure[J]. Applied Mathematical Modelling, 2017, 42:58-70.

[21] HELTON J C, JOHNSON J D, SALLABERRY C J, et al. Survey of sampling-based methods for uncertainty and sensitivity analysis[J]. Reliability Engineering and System Safety, 2006, 91:1175-1209.

[22] MORRIS M D. Factorial sampling plans for preliminary computational experiments[J]. Technometrics, 1991, 33(2):161-174.

[23] KUCHERENKO S, RODRIGUEZ-FERNANDEZ M, PANTELIDES C, et al. Monte Carlo evaluation of derivative-based global sensitivity measures[J]. Reliability Engineering and System Safety, 2009, 94(7):1135-1148.

[24] SOBOL' I M. Sensitivity estimates for nonlinear mathematical models[J]. Mathematical Modelling & Computational Experiments, 1993(1):407-414.

[25] PIANOSI F, BEVEN K, FREER J, et al. Sensitivity analysis of environmental models: A systematic review with practical workflow[J]. Environmental Modelling & Software, 2016, 79:214-232.

[26] BORGONOVO E. A new uncertainty importance measure[J]. Reliability Engineering and System Safety, 2007, 92(6):771-784.

[27] CHUN M H, HANB S J, TAK N I. An uncertainty importance measure using a distance metric for the change in a cumulative distribution function[J]. Reliability Engineering and System Safety, 2000, 70:321-313.

[28] LIU Q, HOMMA T. A New Importance Measure for Sensitivity Analysis[J]. Journal of Nuclear Science and Technology, 2010, 47(1):53-61.

[29] WEI P F, SONG J W, LU Z Z, et al. Time-dependent reliability sensitivity analysis of motion mechanisms[J]. Reliability Engineering and System Safety, 2016, 149:107-120.

[30] WEI P F, WANG Y Y, TANG C H. Time-variant global reliability sensitivity analysis of structures with both input random variables and stochastic processes[J]. Structure Multidiscipline Optimization, 2017, 55:1883-1898.

[31] LIGMANN-ZIELINSKA A, SUN L B. Applying time-dependent variance-based global sensitivity analysis to represent the dynamics of an agent-based model of land use change [J]. International Journal of Geographical Information Science, 2010, 24(12):1829-1850.

[32] XIAO S N, LU Z Z, WANG P. Multivariate global sensitivity analysis for dynamic models based on wavelet analysis[J]. Reliability Engineering and System Safety, 2018, 170:20-30.

[33] CHENG Q, FENG Q N, LIU Z F, et al. Sensitivity analysis of machining accuracy of multi-axis machine tool based on POE screw theory and Morris method[J]. International Journal of Advanced Manufacturing Technology, 2016, 84(9-12):2301-2318.

[34] LIAN B B, SUN T, SONG Y M. Parameter sensitivity analysis of a 5-DoF parallel manipulator[J]. Robotics and Computer-Integrated Manufacturing, 2017, 46:1-14.

[35] 贺楚超,高晓光. 直升机火控系统精度敏感性分析的 BNSobol 法[J]. 航空学报, 2016,37(10):3110-3120.

[36] 赵延明. 机械产品质量损失建模与公差体系优化设计方法研究[D]. 长沙:中南大学,2013.

[37] ZHAO Y M,LIU D S,WEN Z J. Optimal tolerance design of product based on service quality loss[J]. International Journal of Advanced Manufacturing Technology,2016,82(9-12):1715-1724.

[38] ZHANG Y Y,LI L X,SONG M S,et al. Optimal tolerance design of hierarchical products based on quality loss function[J]. Journal of Intelligent Manufacturing,2019,30(1):185-192.

[39] 李欣玲,张均富,佘霞,等. 考虑运动副间隙的函数机构稳健设计[J]. 西华大学学报(自然科学版),2016,35(3):12-25.

[40] KUMAR L R,PADMANABAN K P,KUMAR S G,et al. Design and optimization of concurrent tolerance in mechanical assemblies using bat algorithm[J]. Journal of Mechanical Science and Technology,2016,30(6):2601-2614.

[41] LIU S,JIN Q,DONG Y,et al. A closed-form method for statistical tolerance allocation considering quality loss and different kinds of manufacturing cost functions[J]. International Journal of Advanced Manufacturing Technology,2017,93(5-8):2801-2811.

[42] JEANG A. Combined parameter and tolerance design optimization with quality and cost[J]. Interactional Journal of Production Research,2001,39(5):923-952.

[43] SHEN L,YANG J,ZHAO Y. Simultaneous optimization of robust parameter and tolerance design based on generalized linear models[J]. Quality and Reliability Engineering International,2013,29(8),1107-1115.

[44] HAN M,TAN M H Y. Integrated Parameter and Tolerance Design with Computer Experiments[J]. IIE Transactions,2016,48(11):1004-1015.

第7章

考虑铰链磨损的机构运动精度可靠性评估方法

运动机构作为传递运动规律和载荷的机械装置在飞机中广泛应用。机构中的部件通过铰链连接,它们之间不可避免地存在相对运动,导致铰链发生磨损。磨损是一个缓慢进行的过程,会降低机构的运动精度[1]。研究铰链磨损对机构运动精度的影响并对机构进行可靠性评估对保证飞机飞行安全有重要意义。

当前对机构铰链磨损研究的文献主要集中在单个铰链的磨损演化上,并认为铰链的磨损深度达到临界值时,机构发生失效[2]。国内外学者提出了很多研究方法,如基于有限元的磨损预测方法[3-6]、基于 Winkle 模型的磨损预测方法[7-10]、基于 Lankarani-Nikravesh 接触力模型的磨损预测方法[11-13]。基于以上方法,一些学者进一步研究了机构设计参数对铰链磨损的影响,包括铰链初始尺寸[2,14]、铰链接触刚度[10]、连杆柔性等[15-16]。这些研究对降低铰链磨损、提高机构寿命有着重要的参考价值和指导意义。然而,它们都是集中在单个铰链的磨损方面,一些学者在研究中发现,机构中多个铰链的磨损存在相互作用[14],即同一个机构中一个铰链的磨损会影响另一个铰链的磨损量。这种相互作用显然会影响铰链的磨损预测以及可靠性评估。考虑铰链磨损相互作用的机构可靠性评估方法研究较少。本章旨在解决这一问题。首先使用随机过程模拟铰链半径由磨损引起的演化特征,通过 Vine Copula 函数建立不同铰链之间磨损的相关性模型,并引入了一种联合参数估计方法来提高随机过程和 Vine Copula 函数的参数估计精度;其次推导建立了表征铰链磨损与机构运动精度关系的功能函数;最后提出一种基于蒙特卡罗的机构可靠性评估方法。

7.1 多个铰链磨损的相互作用机理与表征

7.1.1 铰链磨损的随机性

铰链材料的随机性导致销轴和衬套接触表面的刚度以及形貌存在差异,此外,机构在工作过程中承受的载荷也具有随机性。这些因素的综合作用对铰链磨损有着重要影响,并导致铰链的磨损量具有随机性。此外,磨损是一个单调缓慢累积的过程,即当磨损发生时,销轴的半径逐渐变小,衬套的半径逐渐变大。伽马过程作为一个具有独立非负增量的随机过程,已被证明在模拟单调渐进的退化过程,如磨损、腐蚀和材料的蠕变等方面具有很好的适用性。因此,本书采用伽马过程模拟由磨损引起的销轴或衬套半径的演化特征。假设铰链的磨损是均匀变化的,即铰链发生磨损后,销轴或衬套沿圆周方向的半径相同。铰链中销轴或衬套的磨损深度等于磨损前后销轴或衬套的半径之差。形状参数为 v,尺度参数为 u 的伽马过程 $\{Y(t), t \geq 0\}$ 具有如下属性[17]:

(1) $Y(0) = 0$;

(2) 增量 $\Delta Y(t) = Y(t+\Delta t) - Y(t)$ 是独立的;

(3) $\Delta Y(t)$ 服从伽马分布: $G(v\Delta t, u)$, $t \geq 0$,其中 $G(y|v,u)$ 是形状参数为 v,尺度参数为 u,服从伽马分布的随机变量 $Y(Y \geq 0)$ 的概率密度函数:

$$G(y|v,u) = \frac{u^v}{\Gamma(v)} y^{v-1} \exp(-uy) \tag{7-1}$$

式中: $\Gamma(v) = \int_0^\infty y^{v-1} e^{-y} dy$ 为完全伽马函数。

7.1.2 多个铰链磨损的相互作用机理

对于一个含有 $n(n>2)$ 个间隙铰链的运动机构,各个铰链磨损及其对机构运动输出的影响如图 7-1 所示。

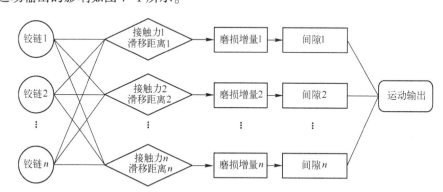

图 7-1 铰链磨损及其对机构运动输出的影响

当铰链的间隙由于磨损变大时,机构中其他铰链中销轴和衬套的相对滑移速度和接触力会随之发生变化。相对滑移速度和接触力是影响磨损的主要因素,继而其他铰链的磨损速率也会发生变化。因此,一个铰链的磨损会影响另一个铰链的磨损,这种相互作用会进一步影响机构的运动输出。

对于含有多个铰链的运动机构,不同位置的铰链对其他铰链的磨损影响不同。这主要是由两个原因造成的:①不同位置的铰链,由于接触力和相对滑移速度不同,磨损速率不同,铰链间隙尺寸也不同,最终对其他铰链的影响也不同;②铰链之间的相互作用是通过机构中的连杆传递的,当两个铰链之间存在更多的连杆时,它们之间的相互作用可能会减弱,反之相互作用就会加强。以图 7-2 所示的曲柄滑块机构为例,该机构中含有三个间隙铰链 A、B 和 C。其中,铰链 A 对铰链 C 的影响小于铰链 A 对铰链 B 的影响。因此,各个铰链之间的相互作用不能用同样的方式处理。此外,不同位置的铰链间隙对机构运动输出的影响也不同[18]。

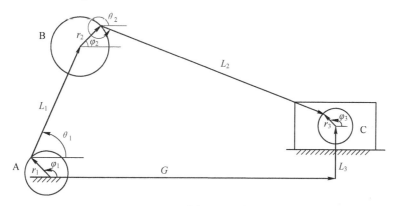

图 7-2 曲柄滑块机构

此外,机构中间隙铰链的数量不同,铰链之间的相互作用也不同。对于一个含间隙铰链机构的多体动力学模型,如果更多的铰链用间隙铰链模拟,则机构的运动输出以及铰链之间的相互作用将会发生显著变化。因此,间隙铰链的个数也是影响机构磨损和运动输出的重要因素。一个复杂的运动机构,常常含有多个间隙铰链,为了准确进行磨损预测以及机构功能评估,所有铰链都需要用间隙铰链来模拟。

7.1.3 基于 Vine Copula 函数的铰链磨损相关性模型

1)铰链磨损相关关系模型

根据 7.1.2 节的分析,可以看出机构中铰链的磨损存在复杂的相关关系。各个铰链之间的磨损存在相关性,并且这种相关性在两两铰链间互不相同。一种常用的模拟物理量退化之间相关性的工具是 Copula 函数。Copula 函数是一种可以对多个变量边缘分布和联合分布进行连接的函数。传统的多元 Copula

函数仅有一个用于描述变量之间相关性的参数。在这种情况下,各个变量之间的相关性是相同的。显然,这无法准确捕捉运动机构中各个铰链磨损的相关性。为了解决多个变量之间复杂的相关性,近年来,Vine Copula 函数在不确定性领域逐渐发展起来。Vine Copula 函数的核心是将多元随机变量的联合概率密度函数分解成多个二元 Copula 函数[19]。通过这种方式,各个变量之间的相关性就可以通过不同的二元 Copula 函数来准确模拟。Vine Copula 函数提供了一种灵活的多元变量相关性模拟方式。因此,本书采用 Vine Copula 函数模拟机构中多个铰链之间磨损的相关性。

对于一个含 $n(n>2)$ 个间隙铰链的运动机构,各个铰链中销轴或衬套的磨损深度随时间的变化用 $\{Y_1(t),\cdots,Y_i(t),\cdots,Y_n(t)\}$,$t \geq 0$ 表示,并且满足伽马过程。$\Delta Y_{i,j} = Y_i(t_j) - Y_i(t_{j-1})$,其中 $j=2,3,\cdots,m$ 表示第 i 个铰链在时间间隔 $[t_{j-1},t_j]$ 内的磨损增量。假设机构中不同铰链的磨损增量在同一时间间隔内是相关的、在不同时间间隔内是独立的。第 i 个铰链在时间间隔 $[t_{j-1},t_j]$ 内磨损增量的累积分布函数(CDF)和概率密度函数(PDF)分别为:$F_{i,j}(\Delta Y_{i,j})$ 和 $f_{i,j}(\Delta Y_{i,j})$。由于磨损增量是相关的,根据条件概率公式[20],铰链磨损增量的联合概率密度函数 $f(\Delta y_{1,j}, \Delta y_{2,j}, \cdots, \Delta y_{n,j})$ 可以分解成如下形式:

$$f(\Delta y_{1,j}, \Delta y_{2,j}, \cdots, \Delta y_{n,j}) = f_1(\Delta y_{1,j}) f_{2|1}(\Delta y_{2,j} | \Delta y_{1,j}) f_{3|12}(\Delta y_{3,j} | \Delta y_{1,j}, \Delta y_{2,j}) \cdots \\ f_n|_{1,2\cdots n-1}(\Delta y_{n,j} | \Delta y_{1,j}, \Delta y_{2,j}, \cdots, \Delta y_{n-1,j}) \quad (7-2)$$

其中,$f_k|_{1,2\cdots k-1}(\Delta y_{k,j} | \Delta y_{1,j}, \Delta y_{2,j}, \cdots, \Delta y_{k-1,j})$,$k=2,3,\cdots,n$ 为条件概率密度函数,可以通过用二元 Copula 函数乘以边缘概率密度函数来表示。对于多元变量中的任一变量 X_s,条件概率密度函数可以写成如下形式[21]:

$$f_{X_s|V}(X_s|V) = c_{X_s,V_s|V_{-s}}(F_{X_s|V_{-s}}(X_s|V_{-s}), F_{V_s|V_{-s}}(V_s|V_{-s})) f(_{X_s|V_{-s}}(X_s|V_{-s})) \quad (7-3)$$

式中:V 为条件向量;V_s 为 V 中任意向量;V_{-s} 为向量 V 中除去 V_s 后剩下的向量;$c_{X_s,V_s|V_{-s}}(\cdot|\cdot)$ 为二元条件 Copula 密度函数,形式如下:

$$c_{X_s,V_s|V_{-s}}(F_{X_s|V_{-s}}(X_s|V_{-s}), F_{V_s|V_{-s}}(V_s|V_{-s})) = \frac{\partial C(F_{X_s|V_{-s}}(X_s|V_{-s}), F_{V_s|V_{-s}}(V_s|V_{-s}))}{\partial F_{X_s|V_{-s}}(X_s|V_{-s}) \partial F_{V_s|V_{-s}}(V_s|V_{-s})} \quad (7-4)$$

式中:$C(\cdot)$ 为二元 Copula 函数;$F_{X_s|V_{-s}}(\cdot|\cdot)$ 为在给定 V_{-s} 下变量 X_s 的条件分布,可以通过如下公式表示:

$$F_{X_s|V}(X_s|V) = \frac{\partial C_{X_s,V_s|V_{-s}}(F(X_s|V_{-s}), F_{V_s|V_{-s}}(V_s|V_{-s}))}{\partial F_{V_s|V_{-s}}(V_s|V_{-s})} \quad (7-5)$$

当 V 是一元变量时,式(7-5)可以写成:

$$F_{r|s}(x_r|x_s) = \frac{\partial C_{r,s}(u_r, u_s)}{\partial u_s} \tag{7-6}$$

通过递归使用式(7-2)和式(7-3),联合概率密度函数可以表示为一系列二元 Copula 函数相乘的形式。当式(7-2)中的联合概率密度函数是高维时,多种分解形式可以对其进行分解。Vine 模型是一种常用的分解方法,包括 C-vine 和 D-vine。更多关于联合概率密度函数分解的方法,可以参考文献[21]。本章使用 D-vine 对铰链磨损增量联合概率密度函数进行分解,可以得到如下形式:

$$f(\Delta y_{1,j}, \Delta y_{2,j}, \cdots, \Delta y_{n,j}) = \prod_{k=1}^{n} f_k(\Delta y_{k,j}) \prod_{q=1}^{n-1} \prod_{p=1}^{n-q} c_{p,p+q|p+1,\cdots,p+q-1}(F_{p|p+1,\cdots,p+q-1}$$
$$(\Delta y_{p,j} | \Delta y_{p+1,j}, \cdots, \Delta y_{p+q-1}), F_{p+q|p+1,\cdots,p+q-1}(\Delta y_{p+q} | \Delta y_{p+1}, \cdots, \Delta y_{p+q-1}))$$
$$\tag{7-7}$$

通过方程(7-7)可以看出,铰链磨损增量在时间间隔$[t_{j-1}, t_j]$内的联合概率密度函数可以表示成各个铰链磨损增量的边缘分布与多个二元 Copula 函数的乘积,这些二元 Copula 函数表征机构中任意两个铰链磨损增量或者它们的条件变量在时间间隔$[t_{j-1}, t_j]$内的相关关系。

2) Copula 函数选择与参数估计

式(7-7)构建了多个铰链磨损增量之间的相关关系模型,进一步需要解决的问题就是方程中的 Copula 函数形式以及参数的估计。式(7-7)中各个二元 Copula 函数旨在准确描述任意两个铰链的磨损增量或者它们的条件变量之间的相关关系,因而它们的形式需要谨慎选择。工程中常用的描述变量之间相关关系的二元 Copula 函数主要有 Clayton Copula 函数、Gumbel Copula 函数、Frank Copula 函数、Gaussian Copula 函数。Clayton Copula 函数是一个非对称的阿基米德 Copula 函数,对变量下尾变化反应灵敏,而对上尾处的变化反应较迟缓。Gumbel Copula 函数是一个非对称的阿基米德 Copula 函数,对变量上尾变化反应灵敏,而对下尾处的变化反应较迟缓。Frank Copula 函数是一个对称的阿基米德 Copula 函数,变量在尾部是渐近独立的。Gaussian Copula 函数是一个椭圆 Copula 函数,在上尾和下尾处的相关性为0。这四个 Copula 函数几乎可以覆盖工程中所有物理变量之间的相关关系,因而将这四个 Copula 函数作为候选 Copula 函数,它们的属性如表7-1所列。

表 7-1 候选 Copula 函数

编号	名称	函数形式	参数 α 范围
1	Clayton Copula 函数	$(u_1^{-\alpha} + u_2^{-\alpha} - 1)^{-\frac{1}{\alpha}}$	$(0, +\infty)$

续表

编号	名称	函数形式	参数 a 范围
2	Frank Copula 函数	$-\dfrac{1}{\alpha}\ln\left[1+\dfrac{(\mathrm{e}^{-\alpha u_1}-1)(\mathrm{e}^{-\alpha u_2}-1)}{\mathrm{e}^{-\alpha}-1}\right]$	$[-\infty,+\infty]\backslash\{0\}$
3	Gumbel Copula 函数	$\exp\left\{-\left[(-\ln u_1)^\alpha+(-\ln u_2)^\alpha\right]^{\frac{1}{\alpha}}\right\}$	$[1,+\infty]$
4	Gaussian Copula 函数	$\int_{-\infty}^{\phi^{-1}(u_1)}\int_{-\infty}^{\phi^{-1}(u_2)}\dfrac{1}{2\pi\sqrt{1-\alpha^2}}\exp\left[-\dfrac{s^2-2\alpha st+t^2}{2(1-\alpha^2)}\right]dsdt$	$[-1,1]$

下一步是利用磨损数据,从候选 Copula 函数中选取最佳 Copula 函数来表征铰链磨损增量之间的相关关系,并结合最大似然函数(MLE)和 Akaike 信息准则(AIC)进行选取。假设所研究的运动机构共有 q 个样本,并且每个样本中有 p 个时间间隔。任意两个铰链 r 和 $s(1\leq r<s\leq n)$ 的似然函数为

$$\ln L_{C_{rs}}=\prod_{k=1}^{q}\prod_{j=1}^{p}\{c[F_{r,j}(\Delta y_{r,j}^k),F_{s,j}(\Delta y_{s,j}^k)]f_{r,j}(\Delta y_{r,j}^k)f_{s,j}(\Delta y_{s,j}^k)\} \quad (7-8)$$

式中:$c(\cdot)$ 为 Copula 密度函数。

然后利用最大似然函数估计方程(7-8)中 Copula 函数和伽马过程的参数。对所有的候选 Copula 函数采取同样的操作,然后利用 AIC 准则选取最佳 Copula 函数:

$$\mathrm{AIC}=-2\ln L_{C_{rs}}+2p \quad (7-9)$$

式中:p 为模型中参数的个数。AIC 值越小,Copula 函数对磨损数据的拟合就越好,因而选取具有最小 AIC 值的 Copula 函数。

完成式(7-2)中 Copula 函数形式的选择后,下一步是参数估计。参数估计主要包括两部分:伽马过程中的参数 α_g 和 Vine Copula 函数的参数 α_c。尽管在进行 Copula 函数形式选择的时候,已经利用最大似然估计分别对参数进行了估计,但由于各个铰链的磨损是相关的,对所有参数进行联合估计可以提高参数的估计精度。因此在 Copula 函数的形式确定后,引入一种基于贝叶斯(Bayesian)的参数联合估计方法重新对所有参数进行估计[22]:

$$p(\alpha_g,\alpha_c|\Delta y_1,\Delta y_2)\propto \pi(\alpha_g,\alpha_c)\times \prod_{k=1}^{q}\prod_{j=1}^{p}\left[f(\Delta y_{1j}^k,\Delta y_{2j}^k,\cdots,\Delta y_{nj}^k)\prod_{i=1}^{n}f_{i,j}(\Delta y_{ij}^k)\right]$$

$$(7-10)$$

式中:Δy_{ij}^k 为第 k 个样本中第 i 个铰链在时间间隔 $[t_{j-1},t_j]$ 内的磨损增量。

以一个含有 3 个铰链的机构为例,其中,模拟 3 个铰链磨损的伽马过程共有 6 个未知参数,以及 3 个模拟铰链磨损相关关系的 Copula 函数参数。式(7-10)中将会有 9 个参数需要估计。当有大量的数据时,特别当样本个数和时间间隔数

量很大时,求解将会非常复杂。因而,我们采用马尔科夫链蒙特卡罗(MCMC)方法根据后验分布生成样本,然后对生成的样本进行统计分析,可以对参数实现准确的点估计和区间估计。本章中,假设所有参数的先验分布类型为无信息先验分布。

7.2 铰链磨损与机构运动输出传递关系模型

功能函数可以反映一个系统中输入和输出的关系。这一节主要研究机构中铰链的磨损与运动输出的关系。影响机构运动输出的主要因素有连杆尺寸(L)、铰链初始间隙(c)、铰链磨损深度(y),以及铰链中心和衬套中心的相对位置(r,φ),如图7-3所示。功能函数可以写成如下形式:

$$g = G(L, c, y, r, \varphi) \tag{7-11}$$

根据输入(L, c, y, r, φ),通过模型$G(\cdot)$可以得到机构的运动输出g。

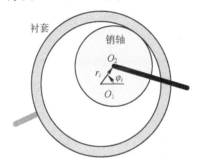

图7-3 间隙铰链中销轴中心和衬套中心的相对位置

连杆和初始间隙尺寸取决于机构的设计参数。销轴中心相对于衬套中心的位置,共有3种运动模式:自由运动模式、碰撞模式和接触变形模式[23],如图7-4所示。

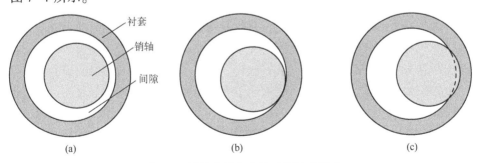

图7-4 销轴在衬套中的三种运动模式
(a)自由运动模式;(b)碰撞模式;(c)接触变形模式。

自由运动模式是销轴在衬套中自由运动,两者之间没有任何接触,这种运动模式在高速运动机构中常常出现;当销轴的外表面与衬套的内表面发生接触时,碰撞模式产生;当销轴与衬套存在接触穿透时,接触变形模式产生。显然,不同的运动模式对机构的运动输出有很大的影响。对于自由运动模式,碰撞模式和接触变形模式对机构的运动输出影响更大。因为这两种模式中,销轴中心相对于衬套的中心偏差更大。对于碰撞模式,销轴中心和衬套中心的距离等于磨损深度与初始间隙之和。对于接触变形模式,销轴中心和衬套中心的距离等于初始间隙、磨损深度以及销轴和衬套的穿透深度之和。除了高速重载的机构外,一般的运动机构中发生接触变形模式时,销轴与衬套穿透深度很小,可以忽略不计。在工程中,高速重载机构占很小的比例,因而高速重载机构在本章未予考虑。因而,销轴中心与衬套中心的距离可以表示为

$$r_i = c_i + y_i \tag{7-12}$$

式中:c_i 和 y_i 为第 i 个铰链的初始间隙和磨损深度。当自由运动模式发生时,销轴和衬套的距离会小于式(7-12)的值。采用式(7-12)的值,可以为机构的可靠性预测提供保守的评估。此外,这种模式相对于另外两种模式,在机构稳定运行时发生的概率较小。

机构的功能函数可以进一步写成:

$$g = G(L, r, \varphi) \tag{7-13}$$

以图 7-2 的曲柄滑块机构为例来说明在考虑机构运动精度时,如何求解功能函数,其中,θ_1 为输入角。曲柄滑块机构的闭环方程为

$$\begin{cases} r_1\cos\varphi_1 + L_1\cos\theta_1 + r_2\cos\varphi_2 + L_2\cos\theta_2 - r_3\cos\varphi_3 - G = 0 \\ r_1\sin\varphi_1 + L_1\sin\theta_1 + r_2\sin\varphi_2 + L_2\sin\theta_2 - r_3\sin\varphi_3 - L_3 = 0 \end{cases}$$

消除 θ_2,可以得到滑块的位移 G 为

$$G = r_1\cos\varphi_1 + L_1\cos\theta_1 + r_2\cos\varphi_2 - r_3\cos\varphi_3 + \sqrt{A}$$

$$A = L_2^2 - (L_3 + r_3\sin\varphi_3 - L_1\sin\theta_1 - r_1\sin\varphi_1 - r_2\sin\varphi_2)^2$$

从曲柄滑块机构的功能函数可以发现,影响机构运动输出的另一因素为销轴中心相对于衬套中心的向量角度 $\varphi(\varphi_1, \varphi_2, \cdots, \varphi_n)$,并且这一因素对运动输出的影响很大。在关于运动机构的现有文献中,一般假设销轴中心相对于衬套中心的向量角度在 $[0, 2\pi]$ 内服从均匀分布[24],本书也沿用这一假设。考虑最严酷的情形,即存在一组角度 $\varphi_m(\varphi_{m,1}, \varphi_{m,2}, \cdots, \varphi_{m,n})$,使机构运动输出发生最大的偏差。由于机构的功能函数是通过机构的运动方程得到的,具有较小的阶数,φ_m 很容易通过偏微分得到:

$$\varphi_m = F\left(\frac{\partial G}{\partial \varphi_1}, \frac{\partial G}{\partial \varphi_2}, \cdots, \frac{\partial G}{\partial \varphi_n}\right) \tag{7-14}$$

功能函数可以重新写成:

$$g = \hat{G}(L, r | \boldsymbol{\varphi_m}) \tag{7-15}$$

式(7-15)可以视为机构的运动输出的包络值,如果该值小于机构发生失效的临界值,则机构必定是安全的。

7.3 基于蒙特卡罗方法的机构运动精度可靠性评估

本节提出一种基于蒙特卡罗方法的运动机构可靠性评估方法。在该方法中,模拟铰链磨损深度的伽马过程以及模拟它们之间相关关系的 Vine Copula 函数的参数,通过 7.1.3 节参数估计得到的后验分布生成得到。基于式(7-2)中铰链磨损增量的联合分布,对铰链磨损增量在不同时间间隔内进行多维随机抽样。根据彭在文献[22,25]中关于退化预测方法,得到各个铰链在不同时刻的磨损深度。将各个铰链的累积磨损深度代入机构的功能函数,得到机构的运动输出。当机构的运动输出小于临界值时,机构发生失效。

机构在时刻 t_p 的运动输出为

$$g(t_p) = G\left(L, r_{1,t_p} + \sum_{l=1}^{p} \Delta y_{1,l}, r_{2,t_p}, \cdots, \sum_{l=1}^{p} \Delta y_{i,l}, \cdots, r_{n,t_p} + \sum_{l=1}^{p} \Delta y_{n,l} | \boldsymbol{\varphi_m}\right) \tag{7-16}$$

生成各个铰链在不同时间间隔内的磨损深度增量,计算各个铰链的累积磨损深度,代入功能函数中得到机构的运动输出。主要程序如下:

步骤 1:确定蒙特卡罗仿真的样本数量 N,以及时间点 $t_1, t_2, \cdots, t_p$,这些时间点为机构状态的关注点。

步骤 2:根据式(7-10)中得到的伽马过程和 Vine Copula 参数 $\{\boldsymbol{\alpha_g}, \boldsymbol{\alpha_c}\}$ 的后验分布,生成 N 组样本。

步骤 3:对各组参数样本 $\{\boldsymbol{\alpha_g^k}, \boldsymbol{\alpha_c^k}\}$,根据铰链磨损增量的相关关系以及累积分布函数,生成时间间隔 $[t_1, t_2], [t_2, t_3], \cdots, [t_{p-1}, t_p]$ 的磨损增量。生成方式如下[26]:

步骤 3.1:在 $[0,1]$ 内生成多元独立且服从均匀分布的随机变量 $v_1 = (v_{1,1}, v_{2,1}, \cdots, v_{n,1})$;

步骤 3.2:令 $u_{1,1} = v_{1,1}$,则第一个铰链在时间间隔 $[t_0, t_1]$ 内的磨损增量为 $\Delta y_{1,1} = F_{1,1}^{-1}(u_{1,1} | \boldsymbol{\alpha_{g,1}^k})$;

步骤 3.3:令 $F_{2|1}(\Delta y_{2,1} | \Delta y_{1,1}) = \partial C_{12}(F_{1,1}(\Delta y_{1,1}), F_{2,1}(\Delta y_{2,1}) | \boldsymbol{\alpha_c^k}) / \partial F_{1,1}(\Delta y_{1,1}) = h_{21}(u_{1,1}, u_{2,1}) = u_{2,1}$,可以得到 $u_{2,1} = h_{21}^{-1}(v_{2,1}, u_{1,1})$,则第二个铰链在时间间隔 $[t_0, t_1]$ 内的磨损增量为 $\Delta y_{2,p+1} = F_{2,p+1}^{-1}(u_{2,1} | \boldsymbol{\alpha_{g,2}^k})$;

步骤 3.4：令 $F_{3|12}(\Delta y_{3,1}|\Delta y_{1,p+1},\Delta y_{2,1}) = \partial C_{13|2}(F_{3|2}(\Delta y_{3,1}|\Delta y_{2,1}),F_{1|2}(\Delta y_{1,1}|\Delta y_{2,1})|\boldsymbol{\alpha}_c^k)/\partial F_{1|2}(\Delta y_{1,1}|\Delta y_{2,1}) = h_{3|2,1|2}(h_{32}(u_{3,1},u_{2,1},t),h_{12}(u_{1,1},u_{2,1},t),t) = v_3$，可以得到 $u_{3,1} = h_{32}^{-1}[h_{3|2,1|2}^{-1}[v_{3,1},h_{12}(u_{1,1},u_{2,1})],u_{2,1}]$，则第三个铰链在时间间隔 $[t_0,t_1]$ 内的磨损增量为 $\Delta y_{3,1} = F_{3,1}^{-1}(u_{3,1}|\boldsymbol{\alpha}_{g,3}^k)$；

步骤 3.5：令 $F_{4|123}(\Delta y_{4,1}|\Delta y_{1,1},\Delta y_{2,1},\Delta y_{3,1}) = \partial C_{14|23}(F_{4|23}(\Delta y_{4,1}|\Delta y_{2,1},\Delta y_{3,1}),F_{1|23}(\Delta y_{1,1}|\Delta y_{2,1},\Delta y_{3,1})|\boldsymbol{\alpha}_c^k)/\partial F_{1|23}(\Delta y_{1,1}|\Delta y_{2,1},\Delta y_{3,1}) = h_{4|23,1|23}\{h_{4|3,2|3}[h_{43}(u_{4,1},u_{3,1}),h_{23}(u_{2,1},u_{3,1})],h_{1|2,3|2}[h_{12}(u_{1,1},u_{2,1}),h_{32}(u_{1,1},u_{3,1})]\} = v_{4,1}$，可以得到 $u_{4,1} = h_{43}^{-1}\{h_{4|2,2|3}^{-1}\{h_{4|23,1|23}^{-1}\{v_{4,1},h_{1|2,3|2}[h_{12}(u_{1,1},u_{2,1},t),h_{32}(u_{3,1},u_{2,1},t),t]\},h_{23}(u_{2,1},u_{3,1})\},u_{3,1}\}$，则第四个铰链在时间间隔 $[t_0,t_1]$ 内的磨损增量为 $\Delta y_{4,p+1} = F_{4,p+1}^{-1}(u_{4,p+1}|\boldsymbol{\alpha}_{g,4}^k)$；

步骤 3.6：依次得到其他铰链在时间间隔 $[t_0,t_1]$ 内的磨损增量，这样就可以得到一组机构在时间间隔 $[t_0,t_1]$ 内各个铰链的磨损增量 $\{\Delta y_{1,1},\Delta y_{2,1},\cdots,\Delta y_{n,1}\}$；

步骤 3.7：重复步骤 3.1 到步骤 3.6，依次生成机构各个铰链在时间间隔 $[t_1,t_2],[t_2,t_3],\cdots,[t_{p-1},t_p]$ 内的磨损增量；

步骤 3.8：计算铰链在时刻 $t_1,t_2,\cdots,t_p$ 的累积磨损增量：$\boldsymbol{y}_{t_s} = \{\sum_{l=1}^{s}\Delta y_{1,l},\sum_{l=1}^{s}\Delta y_{2,l},\cdots,\sum_{l=1}^{s}\Delta y_{n,l}\}$，$s = 1,2,\cdots,p$；

步骤 3.9：将各个时刻各铰链的累积磨损增量分别代入式(7-15)功能函数中得到机构运动输出 $g_k(t_s)$；

步骤 3.10：对比机构的功能输出与失效临界值。若超出临界值，则机构失效。

步骤 4：计算机构在不同时刻的可靠度。

7.4 案例分析

采用一个曲柄滑块机构演示所提方法。曲柄滑块机构及驱动系统如图 7-5 所示，在驱动系统的作用下，滑块可以实现往复运动。具体运动形式如下：在电机驱动下，传动轴逆时针旋转，连杆 EF 推动滑块 2 沿着导轨 2 向下运动，同时连杆 L_2 驱动滑块 2 沿着导轨向左运动。当滑块 2 达到最大行程时，EF 推动滑块 2 沿着导轨 2 向上运动，同时连杆 L_2 驱动滑块 1 沿着导轨 1 向右运动。电机的转速为 10r/m。在曲柄滑块机构中，共有 3 个旋转副，即旋转副 A、旋转副 B 以及旋转副 C。表 7-2 为曲柄滑块机构的参数。

第7章 考虑铰链磨损的机构运动精度可靠性评估方法

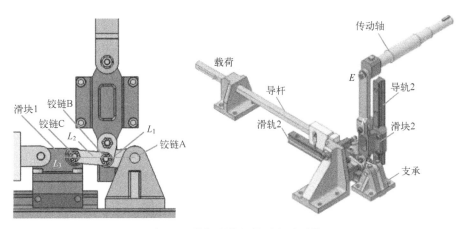

图 7-5 曲柄滑块机构及驱动系统

表 7-2 曲柄滑块机构的参数

参 数	数 值
连杆 L_1 长度	31.5mm
连杆 L_2 长度	29.5mm
连杆 L_3 长度	2mm
衬套尺寸	3.95mm
销轴尺寸	4mm
销轴和衬套的接触宽度	6mm
销轴材料	45 钢
衬套材料	黄铜

对曲柄滑块机构进行磨损试验,试验装置如图 7-6 所示。由于钢的硬度远大于铜的,销轴的磨损相对于衬套很小,忽略销轴的磨损,试验中只测量衬套的

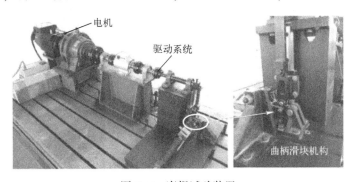

图 7-6 磨损试验装置

磨损。驱动系统中铰链的材料均为 45 钢,因而它们的磨损也忽略不计,所有的铰链均为干摩擦。机构共运转 750000r,每隔 30000r 测量一次衬套的磨损。

采用文献[11]中的方法测量衬套的磨损量:测量沿着衬套在圆周方向 6 个均匀分布位置处衬套的直径,如图 7-7 所示,然后取这 6 个测量值的平均值,减去衬套的初始半径,即磨损深度:

$$R_k = \frac{1}{12} \sum_{l=1}^{6} D_{k,l}^m, \Delta y = R_k - R_{k-1} \qquad (7-17)$$

式中:$D_{k,l}^m$ 为时刻 t_k 时,第 l 个位置处衬套半径的测量值;R_k 为衬套在时刻 t_k 时的平均半径;Δy 为在时间间隔[t_{k-1}, t_k]内衬套的磨损增量。

图 7-7 衬套直径的测量位置

曲柄滑块机构中衬套和销轴是可以更换的,所以采用两组衬套和销轴来重复磨损试验。每组试验中,共测量了 25 个点,前 13 个点用于估计模型的参数,包括伽马过程和 Vine Copula 函数的参数;后 12 个点用于验证预测结果。3 个衬链的累积磨损深度如图 7-8 所示。

各组铰链的磨损增量散点图如图 7-9 所示,通过散点图,可以看出铰链的磨损增量之间存在很强的相关性,并且不同组铰链的磨损相关性不同。为了进一步评估这些铰链磨损之间的相关性,使用肯德尔系数度量铰链磨损的相关性。作为一个常用的变量非线性相关性度量工具,肯德尔系数具有不依赖变量边缘分布的优点。变量(X, Y)的肯德尔系数定义如下:

$$\tau = P[(X_1 - X_2)(Y_1 - Y_2) > 0] - P[(X_1 - X_2)(Y_1 - Y_2) < 0] \qquad (7-18)$$

铰链 A 与铰链 B、铰链 A 与铰链 C、铰链 B 与铰链 C 的肯德尔系数分别为 0.7662、0.7587、0.8084。这些值均较大,表明铰链的磨损增量存在很强的相关性。此外铰链 A 与铰链 B,以及铰链 B 与铰链 C 的肯德尔系数,大于铰链 A 与铰链 C 的磨损系数,主要原因是铰链 A 与铰链 B,以及铰链 B 与铰链 C 是相邻的铰链,这导致它们之间的相关性较强。

第 7 章 考虑铰链磨损的机构运动精度可靠性评估方法

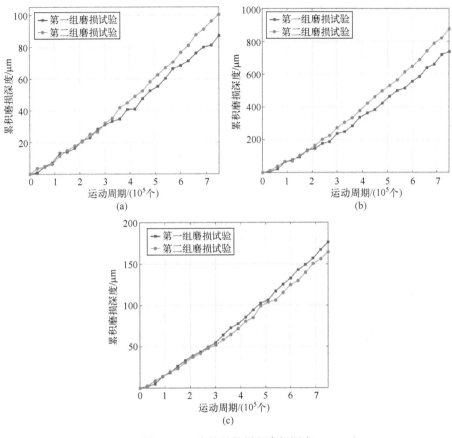

图 7-8 3 个铰链的累积磨损深度

(a) 铰链 A；(b) 铰链 B；(c) 铰链 C。

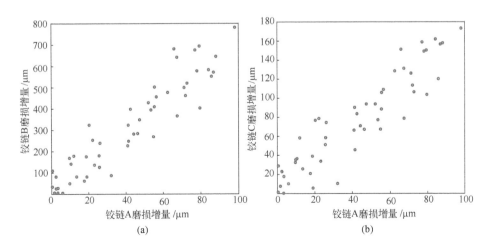

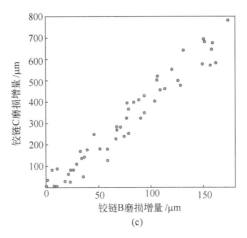

图 7-9 铰链的磨损增量散点图
(a) 铰链 A-B;(b) 铰链 A-C;(c) 铰链 B-C。

曲柄滑块机构中共有 3 个铰链,在时间间隔 $[t_{j-1}, t_j]$ 内的联合概率密度函数为

$$f(\Delta y_{A,j}, \Delta y_{B,j}, \Delta y_{C,j}) = f_{A,j}(\Delta y_{A,j}) \cdot f_{B,j}(\Delta y_{B,j}) \cdot f_{C,j}(\Delta y_{C,j}) \cdot c_{AB}[F_{A,j}(\Delta y_{A,j}), F_{B,j}(\Delta y_{B,j})] \cdot c_{BC}[F_{A,j}(\Delta y_{A,j}), F_{B,j}(\Delta y_{B,j})] \cdot c_{AC|B}[F_{A|B}(\Delta y_{A,j}|\Delta y_{B,j}), F_{C|B}(\Delta y_{C,j}|\Delta y_{B,j})]$$

(7-19)

根据 7.1.3 节的 Copula 函数形式选择方法以及参数估计方法,得到式(7-19)中联合概率密度函数中的 c_{AB}、c_{BC} 和 $c_{AC|B}$ 分别为 Clayton Copula 函数、Clayton Copula 函数和 Frank Copula 函数。伽马过程和 Copula 函数的参数估计结果如表 7-3 所列。

表 7-3 模型参数的估计结果

参 数	均 值	标 准 差	2.50%分位	97.50%分位
v_A	6331	633.4	5150	7714
u_A	29.42	2.958	23.96	35.96
v_B	5033	542.6	4012	6134
u_B	4.679	0.5053	3.729	5.701
v_C	4965	526.6	3996	6038
u_C	43.59	4.646	35.02	53.1
α_{AB}	5.6871	0.6754	4.4173	7.0371
α_{BC}	8.1356	0.7606	6.7817	9.7405
α_{ACB}	4.1403	0.3498	3.4820	4.8399

曲柄滑块机构的运动简图如图 7-2 所示,在本案例中,θ_2 是输入角,因而消掉 θ_1,得到滑块的位移 G 为

$$G = r_1\cos\varphi_1 + L_2\cos\theta_2 + r_2\cos\varphi_2 - r_3\cos\varphi_3 + \sqrt{A}$$
$$A = L_1^2 - (L_3 + r_3\sin\varphi_3 - L_2\sin\theta_2 - r_1\sin\varphi_1 - r_2\sin\varphi_2)^2$$

本案例研究当 $\theta_2 = 0$ 时,滑块随着铰链的磨损位置的变化。滑块位移 G 对角度 $(\varphi_1, \varphi_2, \varphi_3)$ 求偏导数,可以得到导致机构运动精度产生最大偏差的角度值 $\boldsymbol{\varphi_m}(\varphi_{m,1}, \varphi_{m,2}, \varphi_{m,3})$:

$$\begin{cases} \varphi_1 = \arctan\dfrac{1}{\sqrt{L_2^2 - (L_3 - L_2\sin\theta_2 + r_3\sin\varphi_3 - r_1\sin\varphi_1 - r_2\sin\varphi_2)^2}} \\ \varphi_2 = \arctan\dfrac{1}{\sqrt{L_2^2 - (L_3 - L_2\sin\theta_2 + r_3\sin\varphi_3 - r_1\sin\varphi_1 - r_2\sin\varphi_2)^2}} \\ \varphi_3 = \arctan\dfrac{1}{\sqrt{L_2^2 - (L_3 - L_2\sin\theta_2 + r_3\sin\varphi_3 - r_1\sin\varphi_1 - r_2\sin\varphi_2)^2}} \end{cases}$$

在一个机构中,间隙的尺寸远小于连杆的尺寸,因而上式分母中 $r_3\sin\varphi_3 - r_1\sin\varphi_1 - r_2\sin\varphi_2$ 的大小,相对于 $L_3 - L_2\sin\theta_2$ 可以忽略不计,$\boldsymbol{\varphi_m}(\varphi_{m,1}, \varphi_{m,2}, \varphi_{m,3})$ 可以进一步写成:

$$\begin{cases} \varphi_{m,1} \approx \arctan\dfrac{1}{\sqrt{L_2^2 - (L_3 - L_2\sin\theta_2)^2}} \\ \varphi_{m,2} \approx \arctan\dfrac{1}{\sqrt{L_2^2 - (L_3 - L_2\sin\theta_2)^2}} \\ \varphi_{m,3} \approx \arctan\dfrac{1}{\sqrt{L_2^2 - (L_3 - L_2\sin\theta_2)^2}} \end{cases}$$

试验中,在测量衬套磨损时,同时对滑块的位置在 $\theta_2 = 0$ 时进行测量。为了验证功能函数的准确性,我们将测量的铰链磨损量代入功能函数中,然后与试验中的测量值进行对比,对比结果如图 7-10 所示。

从图 7-10 可以看出,通过功能函数得到的滑块位移值总是高于试验测量值。在图中圆圈标记的点中,功能函数的计算值接近实际值,这意味着试验中,销轴中心与衬套中心的向量角度 $\boldsymbol{\varphi}(\varphi_1, \varphi_2, \varphi_3)$ 接近 $\boldsymbol{\varphi_m}(\varphi_{m,1}, \varphi_{m,2}, \varphi_{m,3})$。可以认为功能函数能够准确地反映出曲柄滑块机构的运动输出和机构的输入 $(\boldsymbol{L}, \boldsymbol{c}, \boldsymbol{y}, (\boldsymbol{r}, \boldsymbol{\varphi}))$ 的关系。

曲柄滑块机构的滑块在 $\theta_2 = 0$ 时位置的临界值为 $6.2 \times 10^4 \mu m$;如果在 $\theta_2 = 0$ 时,滑块的位置超出该值,则认为机构发生失效。滑块位置预测的平均值和试

验结果如图7-11(a)所示,可靠性评估结果如图7-11(b)所示。

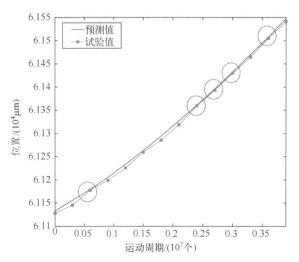

图7-10 功能函数的计算结果与试验结果对比

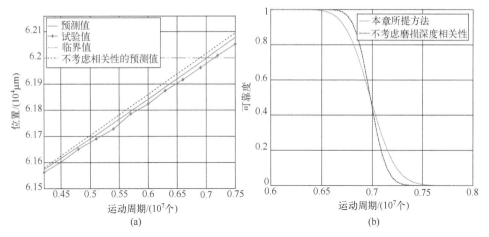

图7-11 滑块位置预测及曲柄滑块机构可靠性评估结果
(a) 滑块位置预测结果;(b) 可靠性评估结果。

从图7-11(a)可以看出,滑块位置预测结果与试验测量值存在偏差,并且随着时间的累积,偏差逐渐变大。这主要是由两个原因造成的:①铰链的磨损深度预测不够准确,铰链磨损深度预测的平均值及试验结果如图7-12所示,从图中可以看出当铰链的磨损深度较小时,预测的误差较小;而当铰链的磨损深度较大时,预测的误差则较大,这是由于仅有两组数据,很难准确估计伽马过程的参数。②随着磨损的进行,铰链的间隙逐渐变大,销轴相对于衬套运动得更加剧烈,这导致 $\boldsymbol{\varphi}(\varphi_1,\varphi_2,\varphi_3)$ 很难同时达到 $\boldsymbol{\varphi}_m(\varphi_{m,1},\varphi_{m,2},\varphi_{m,3})$。

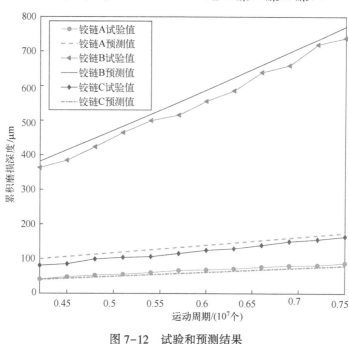

图 7-12　试验和预测结果

当不考虑铰链磨损的相关性时,曲柄滑块机构的可靠性评估结果如图 7-11(b)所示。从中可以看出,不考虑相关性与考虑相关性时的偏差较大。

7.5　小　　结

机构中多个铰链的磨损存在相互作用,这种相互作用会进一步影响机构的运动输出。本章介绍了一种考虑铰链磨损时的机构功能可靠性评估方法,同时考虑了机构中磨损演化的随机性以及铰链磨损增量间的相关性,建立了反映铰链磨损与机构运动输出的功能函数,最后给出了一种基于蒙特卡罗方法的运动机构可靠性评估方法。

参考文献

[1] LI Y, WANG C, HUANG W. Dynamics analysis of planar rigid-flexible coupling deployable solar array system with multiple revolute clearance joints[J]. Mechanical Systems and Signal Processing, 2019, 117: 188-209.

[2] LI Y, CHEN G, SUN D, et al. Dynamic analysis and optimization design of a planar slider-crank mechanism with flexible components and two clearance joints[J]. Mechanism and Ma-

chine Theory,2016,99:37-57.

[3] MUKRAS S,KIM N H,SAWYER W G,et al. Numerical integration schemes and parallel computation for wear prediction using finite element method[J]. Wear, 2009,266:822-831.

[4] REZAEI A,VAN PAEPEGEM W,DE BAETS P,et al. Adaptive finite element simulation of wear evolution in radial sliding bearings[J]. Wear,2012,296:660-671.

[5] SU Y,CHEN W,TONG Y,et al. Wear prediction of clearance joint by integrating multi-body kinematics with finite-element method[J]. Journal of Engineering Tribology,2010, 224:815-823.

[6] MUKRAS S,KIM N H,MAUNTLER N A,et al. Analysis of planar multibody systems with revolute joint wear[J]. Wear,2010,268:643-652.

[7] PÕDRA P,ANDERSSON S. Wear simulation with the Winkler surface model[J]. Wear, 1997,207:79-85.

[8] LI P,CHEN W,ZHU A. An improved practical model for wear prediction of revolute clearance joints in crank slider mechanisms[J]. Science China:Technological Sciences,2013, 56:2953-2963.

[9] ZHU A,HE S,ZHAO J,et al. A nonlinear contact pressure distribution model for wear calculation of planar revolute joint with clearance[J]. Nonlinear Dynamics,2017,88:315-328.

[10] AIBIN Z,LI H S,CHAO Z,et al. The Effect Analysis of Contact Stiffness on Wear of Clearance Joint[J]. Journal of Tribology-Transactions of the ASME,2017,139:031403.

[11] LAI X, HE H, LAI Q, et al. Computational prediction and experimental validation of revolute joint clearance wear in the low-velocity planar mechanism [J]. Mechanical Systems and Signal Processing,2017,85:963-976.

[12] XU L X,HAN Y C,DONG Q B,et al. An approach for modelling a clearance revolute joint with a constantly updating wear profile in a multibody system: simulation and experiment [J]. Multibody System. Dynamics,2019,45:457-478.

[13] FLORES P. Modeling and simulation of wear in revolute clearance joints in multibody systems[J]. Mechanism and Machine Theory,2009,44:1211-1222.

[14] LI P,CHEN W,LI D,et al. Wear Analysis of Two Revolute Joints With Clearance in Multibody Systems[J]. Journal of Computational and Nonlinear Dynamics,2016,11:9-7.

[15] ZHAO B,ZHANG Z N,DAI X D. Modeling and prediction of wear at revolute clearance joints in flexible multibody systems[J]. Journal of Mechanical Engnieering Science,2014, 228:317-329.

[16] WANG G,LIU H. Dynamic Analysis and Wear Prediction of Planar Five-Bar Mechanism Considering Multiflexible Links and Multiclearance Joints[J]. Journal of Tribology-Transactions of the ASME,2017,139:051606.

[17] ABDEL-HAMEED M. A Gamma Wear Process[J]. IEEE Transaction on Reliability,1975 (R-24):152-153.

[18] MUVENGEI O,KIHIU J,IKUA B. Dynamic analysis of planar rigid-body mechanical sys-

tems with two-clearance revolute joints[J]. Nonlinear Dynamics,2013,73:259-273.

[19] BEDFORD T,COOKE R M. Probability Density Decomposition for Conditionally Dependent Random Variables Modeled by Vines[J]. Ann. Math. Artif. Intell,2001(32):245-268.

[20] JOE H. Families of m-Variate Distributions with Given Margins and $m(m-1)/2$ Bivariate Dependence Parameters[J]. Lect. Notes-Monogr. Ser,1996,28:120-141.

[21] VALLE L D. Official Statistics Data Integration Using Copulas[J]. Quality Technology and Quantitative Management,2014,11:111-131.

[22] PENG W,LI Y F,MI J,et al. Reliability of complex systems under dynamic conditions: A Bayesian multivariate degradation perspective[J]. Reliability Engineering and System Safety,2016,153:75-87.

[23] FLORES P,AMBRÓSIO J,CLARO J C P,et al. Kinematics and Dynamics of Multibody Systems with Imperfect Joints:Models and Case Studies[M]. New York:Springer Science & Business Media,2008.

[24] ZHU J,TING K L. Uncertainty analysis of planar and spatial robots with joint clearances [J]. Mechanism and Machine Theory,2000,35:1239-1256.

[25] PENG W,LI Y,YANG Y,et al. Bivariate Analysis of Incomplete Degradation Observations Based on Inverse Gaussian Processes and Copulas[J]. IEEE Transaction on Reliability,2016,65:624-639.

[26] JIANG C,ZHANG W,HAN X,et al. A Vine-Copula-Based Reliability Analysis Method for Structures With Multidimensional Correlation[J]. Journal of Mechanical Design,2015,137:5-13.

第8章

考虑竞争失效的多功能机构可靠性分析方法

机构通过既定运动规律、承受载荷、传递运动等方式实现其设定功能。机构的失效的原因概括为如下几点：

(1) 部件级的强度破坏导致机构功能的丧失。机构的组件是实现机构功能的基本单元，其因载荷过大而产生的强度破坏势必导致机构的失效，这种情况可称为第Ⅰ类失效。

(2) 机构运动副的破坏导致机构的承载、运动传递无法完成。运动副是连接、约束、传递机构部件结构和运动规律的单元，运动副的损伤和破坏也会导致机构承载和传递运动能力的丧失，进而引发机构功能的失效，这种情况可称为第Ⅱ类失效。

(3) 机构部件和运动副未发生破坏。但由于影响机构运动特性的因素发生退化而导致机构功能的无法完成，这种情况可称为第Ⅲ类失效。

机构功能失效的研究可从上述3个方面展开，涉及机构运动分析、应力强度干涉理论、退化损伤建模和机构功能表征量表达等方面的内容，当考虑失效模式之间存在竞争现象时，还需引入竞争失效的相关理论和建模方法。对机构系统功能失效的研究，涉及其因意外载荷导致的失效、随使用时间增加导致的损伤累积和无明显破坏和损伤但功能无法完成3种方式，需要对这3种方式的研究现状、方法进行更深层的总结和归纳。

针对多个部件构成的产品，如果各部件的失效形式不同，既有发生突发失效的部件，又有发生退化失效的部件，则这类产品出现的失效可认为是多种失效模式共同作用的结果，一般表现为多失效模式竞争失效的作用[1]。因此，针对多种退化失效在独立和相关条件下的竞争失效问题，以及考虑退化失效过程中的退化失效和突发失效之间的相关性问题，需要利用性能退化模型或是退化数据分析等进行研究[2-3]。本章主要介绍几种常用的竞争失效模型及其改进的竞争失效模型，并给出两个案例来说明在竞争失效问题中的应用。

8.1 常用竞争失效模型

8.1.1 基本的竞争失效建模

未发生冲击失效又未发生退化失效时,系统可靠,因此不同时刻下系统的可靠度可表示为

$$R_{\text{system}}(x,t) = P(W_1<D, W_2<D, \cdots, W_i<D, X_S(t)<x) \quad (8-1)$$

式中:W_i 为第 i 次冲击的大小;D 为系统许用冲击失效的阈值;$X_S(t)$ 为系统的总退化量;x 为系统退化失效的许用阈值。

系统不发生冲击失效要求每次冲击量都小于阈值,对第 i 次冲击,系统可以保持正常(不发生失效)的概率为

$$P(W_i<D) = F_W(D) \quad (i=1,2,3,\cdots) \quad (8-2)$$

如果系统在已经发生 n 次冲击的情况下都没有发生冲击失效,就要求每次冲击都小于阈值,即系统不发生冲击失效的概率为

$$\prod_{i=1}^{n} P(W_i<D) = F_W^n(D) \quad (8-3)$$

系统的总退化量 $X_S(t)$ 由两部分组成:一部分为系统正常工作导致的退化,用 $X(t)$ 表示;另一部分为由于外界冲击导致的退化量的阶跃式增加,用 $S(t)$ 表示,即有

$$X_S(t) = X(t) + S(t) \quad (8-4)$$

对于正常工作导致的退化 $X(t)$ 可以使用退化轨迹进行建模,以线性退化轨迹为例,即 $X(t) = \varphi + \beta t$,其中 φ 为正常退化量的初值,β 为线性退化轨迹中退化量增加的速率,两个参数可以为定值,也可以为符合特定分布的随机参数。系统所承受的外界冲击会对系统的退化量造成阶跃增加,以 Y_i 表示承受每次冲击后的退化增加量,假定在 t 时刻有 $N(t)$ 次冲击,则系统阶跃的总增加量可以表示为

$$S(t) = \begin{cases} \sum_{i=1}^{N(t)} Y_i & (N(t)>0) \\ 0 & (N(t)=0) \end{cases} \quad (8-5)$$

系统不发生退化失效,要求总退化量需小于许用量,因此系统不发生退化失效的概率表示为

$$F_X(x,t) = P(X_S(t)<x) = \sum_{i=0}^{\infty} P(X(t)+S(t)<x|N(t)=i)P(N(t)=i)$$

$$= G(x,t)\exp(-\lambda t) + \sum_{i=1}^{\infty}\left(\int_0^x G(x-u,t)f_Y^{<i>}(u)\mathrm{d}u\right)\frac{\exp(-\lambda t)(\lambda t)^i}{i!}$$
(8-6)

式中：$G(x,t)$ 为 $X(t)$ 的累积分布函数，每次冲击量为 Y_i；$f_Y^{<i>}$ 为 i 个 Y_i 和的概率密度函数，如果每次冲击量的大小符合同类型的正态分布 $Y_i \sim N(\mu_Y,\sigma_Y^2)$ 且退化轨迹表达式中 φ 为固定常量，则退化速率符合正态分布 $\beta \sim N(\mu_\beta,\sigma_\beta^2)$。在这种特殊情况下上述概率公式变成：

$$F_X(x,t) = \sum_{i=0}^{\infty}\Phi\left(\frac{x-(\mu_\beta t + \varphi + i\mu_Y)}{\sqrt{\sigma_\beta^2 t^2 + i\sigma_Y^2}}\right)\frac{\exp(-\lambda t)(\lambda t)^i}{i!} \quad (8-7)$$

处于竞争失效模式下的系统如果要在任意时刻 t 保持正常工作状态不发生失效，则要求系统既不会因外界冲击导致冲击失效，也要求系统在自然磨损和外界冲击的共同作用下不发生退化失效[4]。假设外界冲击以速率为 λ 的泊松过程到来，系统的可靠度可用以下公式来表示：

$$\begin{aligned}R(t) &= P(X(t)<H,N(t)=0) + \\ &\quad \sum_{i=1}^{\infty}P(W_1<D,\cdots,W_{N(t)}<D,X(t)+\sum_{j=1}^{N(t)}Y_j<H,N(t)=i) \\ &= P(X(t)<H,N(t)=0)+\sum_{i=1}^{\infty}F_W(D)^i P(X(t)+\sum_{j=1}^{N(t)}Y_j<H|N(t)=i)P(N(t)=i) \\ &= G(H,t)\exp(-\lambda t)+\sum_{i=1}^{\infty}F_W(D)^i\times\left(\int_0^H G(H-u,t)f_Y^{(i)}(u)\mathrm{d}u\right)\frac{\exp(-\lambda t)}{i!}\end{aligned}$$
(8-8)

在基本竞争失效系统可靠性建模的方法上，又有很多延伸模型，在延伸后的模型中，所考虑的因素更加综合复杂，外界冲击对系统的影响也不再仅限于一个方面。

8.1.2 冲击失效阈值有限次阶跃改变的竞争失效建模

本节内容将阈值改变这个因素考虑在内对系统竞争失效可靠性重新建模。

阈值改变指的是系统抵抗外界冲击的许用阈值会在工作的过程当中发生改变，改变的原因也是由外界冲击引起的，具体的建模过程描述如下[5-6]：对于退化过程，建模的方法和上节中的方法一致，总的退化量由自然退化和外界冲击导致的退化阶跃增量相加构成，系统不发生退化失效的概率仍然表示为

$$F_X(x,t) = P(X_S(t)<x) = \sum_{i=0}^{\infty}P(X(t)+S(t)<x|N(t)=i)P(N(t)=i)$$

$$= G(x,t)\exp(-\lambda t) + \sum_{i=1}^{\infty}\left(\int_0^x G(x-u,t)f_Y^{<i>}(u)\mathrm{d}u\right)\frac{\exp(-\lambda t)(\lambda t)^i}{i!}$$
(8-9)

对于冲击失效,该模型认为如果某次外界冲击超过了"变阈值"阈值,则系统承受外界冲击的能力会发生改变,如图 8-1 所示,在 t_3 时刻发生的外界冲击超过了 D_0,系统的冲击破坏阈值就从 D_1 减少到 D_2。此时系统不发生冲击失效的概率可以表示为

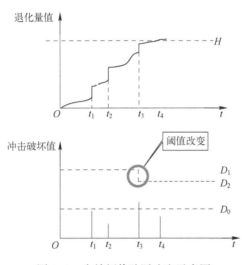

图 8-1 失效阈值阶跃改变示意图

$$R(t) = P(X(t)<H)P(N(t)=0) + $$
$$\sum_{i=1}^{\infty}\left[P\left(\bigcap_{j=1}^{N(t)}\{W_j<D_0\},X_S(t)<H|N(t)=i\right)\right] + $$
$$\sum_{j=1}^{i}\left[P\left(\bigcap_{l=1}^{j-1}\{W_j<D_0\},D_0<W_j<D_1,\bigcap_{l=j+1}^{N(t)}\{W_l<D_2\},X_S(t)<H|N(t)=i\right)\right]P(N(t)=i)$$
$$= P(X(t)<H)(P(N(t)=0)) + $$
$$\sum_{i=1}^{\infty}\left[\begin{array}{l}F_W(D_0)^i P\left(X(t)+\sum_{l=1}^{i}Y_i<H\right) + \\ \sum_{j=1}^{i} F_W(D_0)^{j-1}P(D_0<W_j<D_j)F_W(D_2)^{i-j}P\left(X(t)+\sum_{l=1}^{i}Y_i<H\right)\end{array}\right]P(N(t)=i)$$
(8-10)

相应地,系统可靠度也会随之发生改变,系统可靠度的表达式改变为
$$R(t) = P(X(t)<H,N(t)=0) + $$

$$\sum_{i=1}^{\infty} P(W_1 < D, \cdots, W_{N(t)} < D, X(t) + \sum_{i=1}^{N(t)} Y_j < H, N(t) = i)$$

$$= G(H,t)\exp(-\lambda t) +$$

$$\sum_{i=1}^{\infty} \left[\begin{array}{l} F_W(D_0)^i P(X(t) + \sum_{l=1}^{i} Y_i < H) + \\ \sum_{j=1}^{i} F_W(D_0)^{j-1} P(D_0 < W_j < D_j) F_W(D_2)^{i-j} P(X(t) + \sum_{l=1}^{i} Y_i < H) \end{array} \right] \times$$

$$\left[\int_0^H G(H-u,t) f_Y^{(i)}(u) \mathrm{d}u \right] \frac{\exp(-\lambda t)}{i!} \tag{8-11}$$

8.1.3 退化速率改变的竞争失效建模

外界冲击不仅会对系统承受冲击的能力造成影响，也会影响系统自然退化过程中的速率。在本节的模型中，退化速率改变这个因素被考虑在内[7-10]，见图 8-2。

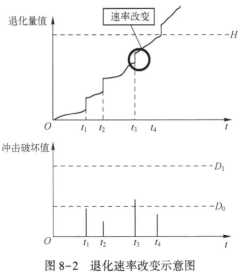

图 8-2 退化速率改变示意图

以线性退化轨迹表示退化过程 $X(t) = \varphi + \beta_1 t$，其中 φ 为正常退化量的初值，β_1 为线性退化轨迹中退化量增加的起始速率。在图 8-2 中 t_3 时刻出现一次超过 D_0 的外界冲击，之后退化速率由起始速率 β_1 变为 β_2。系统阶跃的总增加量仍然表示为

$$S(t) = \begin{cases} \sum_{i=1}^{N(t)} Y_i & (N(t) > 0) \\ 0 & (N(t) = 0) \end{cases} \tag{8-12}$$

总退化量仍然为 $X_s(t) = X(t) + S(t)$。此时,系统不发生退化失效的概率表示为

$$P(X_S(t)<H) = \sum_{i=0}^{\infty}\sum_{j=0}^{\infty} P(X_S(t)<H|(J=j,N(t)=i))P(J=j|N(t)=i)P(N(t)=i)$$

(8-13)

式中:j 为在第 j 次冲击过后系统退化的速率发生了变化。假设冲击次数 $N(t)$ 和速率改变触发序号 J 已知,则系统的不发生退化失效的概率表达式为

$$P(X_S(t)<H|J=j,N(t)=i) = \begin{cases} P(\varphi + \beta_1 T_j + \beta_2(t-T_j) + \varepsilon + \sum_{k=1}^{i} Y_k < H) & (j \leq i) \\ P(\varphi + \beta_1 t + \varepsilon + \sum_{k=1}^{i} Y_k < H) & (j > i) \end{cases}$$

(8-14)

同时考虑突发失效和退化失效的过程,系统的可靠度表达式推导为

$$R(t) = P(X_S(t)<H|N(t)=0)P(N(t)=0) + \\ \sum_{i=1}^{\infty} P(X_S(t)<H|J>N(t)=i) \times P(\bigcap_{k=1}^{i}\{W_k<D_o\})P(N(t)=i) + \\ \sum_{i=1}^{\infty}\sum_{j=1}^{i} P(X_S(t)<H|J=j\leq N(t)=i) \times \\ P(\bigcap_{k=1}^{j-1}\{W_k<D_0\}, D_0<W_j<D_1, \bigcap_{k=j+1}^{i}\{W_k<D_1\})P(N(t)=i) \quad (8-15)$$

8.1.4 退化过程可恢复的竞争失效建模

退化过程不仅与系统本身工作时的自然退化和外界环境的影响有关,还和系统本身某些特殊特性有关。近年来,出现了一种特殊的高分子聚合物复合材料,根据复合材料的力学特性,当其受到外界载荷的冲击作用时,会导致其铺层的断裂进而降低其力学性能。这种特殊的高分子聚合物复合材料则具有一定的自我修复功能,在受到外界载荷的冲击之后,这种材料可以对自己的损伤进行一定的修复。因此,对具有这种特殊性质的材料或结构进行竞争失效可靠性建模分析时,就必须考虑性能受冲击之后的自修复过程因素[11]。

该模型的退化量的自动恢复过程如图 8-3 所示,突发失效过程与基本的竞争失效系统可靠性建模一致。而在对退化过程的建模中,由于特殊性质的存在,每次在冲击导致退化量阶跃增加之后会出现一个退化量恢复的过程,恢复完毕之后退化量会继续沿着之前的路线进行。基于此种背景,对竞争失效过程的失效概率和系统可靠度表达式进行建模和公式推导。

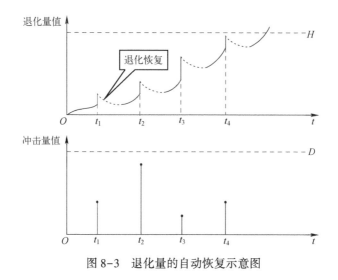

图 8-3 退化量的自动恢复示意图

建模可分为 3 个过程,分别为对突发冲击失效的建模、对恢复行为的建模和对退化过程的建模。下面基于以上 3 个建模过程,对系统给的可靠度做出估计和计算。

对突发失效的建模可使用任意一种建模方法,以极限冲击模型为例,系统在一次冲击出现时,不发生突发失效的概率表示为

$$P(W_i<D) = F_W(D) \tag{8-16}$$

考虑 n 次冲击的情形,n 次冲击下系统仍然保持正常的概率为

$$P(W_1<D, W_2<D, \cdots, W_n<D) = F_W^n(D) \tag{8-17}$$

对恢复行为的建模相对比较复杂,需要考虑两种不同的情况。因为恢复也是一个持续的过程,其持续时间有可能会被下一次的外界冲击的到来所打断。为了方便建模,提前对相关参数进行说明和解释。

外界冲击按照速率为 λ 的泊松过程到来,即 $N(t) \sim \text{Poisson}(\lambda t)$;根据基本竞争失效模型中可以得到,外界冲击会造成退化过程退化量的突增,在这里认为每次突增量值的大小和引起其发生的外界冲击的大小有关,且二者由一个线性系数相互联系,即 $\alpha_i = \gamma \delta_i$。其中,$\delta_i$ 为第 i 次冲击的大小;γ 为线性系数;α_i 为第 i 次冲击造成的退化量的增加。自然退化过程由线性退化路径建模,即 $X(t) = \beta t$。第 i 次冲击 δ_i 后会存在一个理论恢复时间 τ_i,如果在 τ_i 的时间间隔内没有第 $i+1$ 次外界冲击发生,那么这次恢复过程就可以完成。恢复量为 $S\alpha_i$,恢复时间 $\tau_i = k\delta_i$。根据以上说明,综合分为两种情况。

考虑情况一(图 8-4),即恢复过程未被下次外界冲击打断的情况,即 $t_{i+1}-t_i > \tau_i = k\delta_i$,时刻 $t_i+\tau_i$ 的退化量为 $X_S(t_i+\tau_i) = X_S(t_i) - S\alpha_i + \beta\tau_i$,在时间间隔 $[t_i, t_i+\tau_i]$

内,任意时刻 t 的退化量可以表示为

$$X_S(t)=X_S(t_i)-\frac{S\alpha_i-\beta\tau_i}{\tau_i}(t-t_i)=X_S(t_i)-\frac{S\gamma-\beta k}{k}(t-t_i) \quad (8-18)$$

$$X_S(t)=X_S(t_i)-S\alpha_i+\beta(t-t_i)=X_S(t_i)-S\gamma\delta_i+\beta(t-t_i) \quad (8-19)$$

$$X_S(t)=\begin{cases}X_S(t_i)-\dfrac{S\gamma-\beta k}{k}(t-t_i) & (t_i\leqslant t\leqslant t_i+\tau_i)\\ X_S(t_i)-S\gamma\delta_i+\beta(t-t_i) & (t_i+\tau_i\leqslant t\leqslant t_{i+1})\end{cases} \quad (8-20)$$

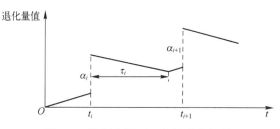

图 8-4 恢复未被下一次的冲击打断

考虑情况二(图 8-5),此种情形下恢复过程被下一次的冲击过程所打断,因此这时的退化量总表达式为

$$X_S(t)=X_S(t_i)-\frac{S\gamma-\beta k}{k}(t-t_i) \quad (8-21)$$

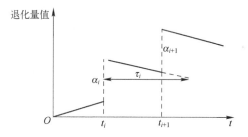

图 8-5 恢复被下一次的冲击打断

系统不发生突发失效和退化失效则认为系统保持正常。系统保持正常的概率表示为

$$R(t)=P\left(\sup_{\tilde{t}\in[0,t]}X_S(\tilde{t})\leqslant H,\max(\delta_1,\delta_2,\cdots,\delta_{N(t)})\leqslant D\right) \quad (8-22)$$

8.1.5 退化过程反影响冲击过程的竞争失效建模

以往的分析中,外界冲击会造成潜在的突发失效,同时会影响退化过程,例如增加瞬时退化量、改变退化速率等。而实际上很多工程案例,退化过程往往

也会对冲击过程产生影响。以某液压作动筒的控制器为例,引起该控制器失效的原因有两种:一种是滑动轴和套筒之间的磨损;另一种是滑动轴或孔的阻塞。对于磨损,可以用常见的退化演化模型建模,而对于这种阻塞则比较复杂。通常阻塞由于液压油中突然出现污染物,而轴和套筒之间磨损产生的碎片是污染物的来源之一,在建模时就必须考虑磨损过程对阻塞过程的影响[11-13]。

因此,对于控制器的两种失效模式:一种是由于磨损导致的,可以用退化建模方式建模;另一种则是由于污染物的产生导致的阻塞,污染物通常由于外来物质引发,可以用冲击模型建模。而两种失效模式的关联之处在于,磨损本身可以产生磨损碎片,也就会造成阻塞累积的污染物,意味着退化过程会影响冲击过程。具体的建模过程如下。

退化过程的建模,使用典型的线性退化轨迹模型:

$$X(t) = \varphi + \beta t \tag{8-23}$$

式中:$X(t)$为退化量;φ、β分别为退化初值和退化速率。

冲击过程的建模(图8-6)。外界污染物的累积导致了阻塞的产生,可使用累积冲击模型对此过程进行建模。同时,退化量会影响到外界冲击,其发生速率与退化程度的关系有

$$\lambda(t) = \lambda_0 + \gamma_a \cdot X(t) \tag{8-24}$$

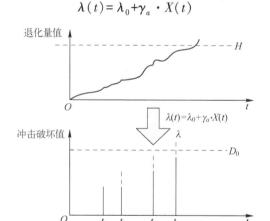

图8-6 退化影响冲击的过程

因此,相关的可靠度表达式可作如下推导:退化过程使用线性退化路径表示,不发生退化失效的概率为

$$P(X(t) = \varphi + \beta t < H) \tag{8-25}$$

突发失效利用累积冲击模型进行建模,即外界冲击载荷造成的累积损伤超过许用阈值时,系统发生突发失效。系统不发生突发失效的概率为

$$\sum_{n=1}^{\infty} P(\sum_{i=1}^{n} W_i < D_0 | N(t) = n) \times P(N(t) = n) \tag{8-26}$$

综合两种失效模式，系统保持正常的概率为

$$R(t) = \sum_{n=1}^{\infty} P((X(t) = \varphi + \beta t < H, \sum_{i=1}^{n} W_i < D_0) | N(t) = n) \times P(N(t) = n) \tag{8-27}$$

若参数符合正态分布，则上述公式可以进一步推导为

$$\begin{aligned}
R(t) &= \sum_{n=1}^{\infty} \Phi\left[\frac{H - (\mu_\varphi + \mu_\beta t)}{\sqrt{\sigma_\beta^2 t^2 + \sigma_\varphi^2}}\right] \times \Phi\left(\frac{D_0 - n\mu_W}{\sqrt{n\sigma_W^2}}\right) \times \frac{\exp[-\lambda(t)t][\lambda(t)t]^n}{n!} \\
&= \sum_{n=1}^{\infty} \Phi\left[\frac{H - (\mu_\varphi + \mu_\beta t)}{\sqrt{\sigma_\beta^2 t^2 + \sigma_\varphi^2}}\right] \times \Phi\left(\frac{D_0 - n\mu_W}{\sqrt{n\sigma_W^2}}\right) \times \frac{\exp\{[-\lambda_0 + \gamma_a \cdot X(t)]t\}\{[-\lambda_0 + \gamma_a \cdot X(t)]t\}^n}{n!}
\end{aligned} \tag{8-28}$$

8.1.6 基于 Copula 函数的竞争失效建模

上述几种竞争建模中，不同失效模式之间是有相关和竞争的关系，其相关性可以在物理机理上表示清楚。例如，外界冲击载荷既有可能造成突发失效，也会对退化过程造成阶跃式的增加，引起突发失效模式与退化失效模式相关。而对于有些情况下的失效模式的相关无法直接在物理机理上表示清楚，从而推导出其显式的概率表达式，此时可采用 Copula 函数的方式表示其相关性并进行计算[14]，见图 8-7。

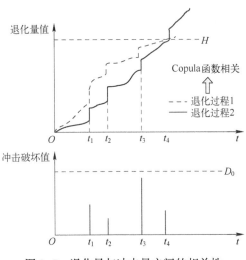

图 8-7 退化量与冲击量之间的相关性

系统处于多个退化失效和一个突发失效模式综合作用影响下,退化失效与突发失效之间的相关性可以利用物理机理表示清楚,而多个退化失效模式之间的相关性却无法直接表示,因此采用Copula函数的方法描述其相关性。

系统保持正常的概率表达式为

$$R(t) = \sum_{n=1}^{\infty} P((X_1(t)<H_1, X_2(t)<H_2, \cdots, X_M(t)<H_M, F_W^n(D_0)) | N(t)=n) P(N(t)=n)$$

$$= \sum_{n=1}^{\infty} \hat{C}(R_{X_1}(t), R_{X_2}(t), \cdots, R_{X_M}(t)) F_W^n(D_0) \times \frac{\exp[-\lambda(t)t][\lambda(t)t]^n}{n!}$$

(8-29)

8.1.7 冲击分类时的竞争失效建模

外界冲击载荷会引起退化过程的阶跃增加,这是通常模型中所认为突发失效和退化失效相关的原因。但系统的退化因素也具有抵抗外界冲击的能力,这意味着某些量值较小的冲击载荷,不但不会造成突发失效的发生,也不会引起退化过程中退化量的阶跃增加。因此,可以根据冲击量值的大小把其分为不同的类别[4,15-17]。

如图8-8所示,冲击根据大小的不同被D_0和D_1分为3个区域,量值小于D_1称为安全区域,处于这个区域内的冲击对系统没有任何影响;量值处于D_0和D_1之间称为损伤区域,处于这个区域内的冲击会引起系统退化量的阶跃增加;量值大于D_0的区域称为破坏区域,处于这个区域的冲击会立刻造成系统的突发失效。

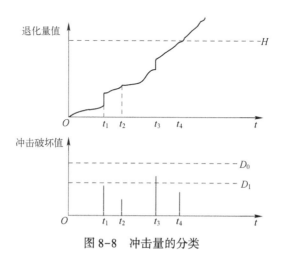

图8-8 冲击量的分类

若要求系统处于安全状态,则总的退化量需要小于许用阈值,发生的所有冲击载荷需要不处于破坏区域。系统的可靠度表达式为

$$\begin{aligned}R_{\text{System}}(H,t) &= \sum_{n_2=0}^{n}\sum_{n=0}^{\infty} P\Big(\bigcap_{i=1}^{n_3}\{W_i<D_0\},X_s(t)<H\Big|(N(t)=n,N_2(t)=n_2,N_3(t)=n_3)\Big)\times \\ &\quad P(N(t)=n,N_2(t)=n_2) \\ &= \sum_{n_2=0}^{n}\sum_{n=0}^{\infty} P\Big(\bigcap_{i=1}^{n_3}\{W_i<D_0\},X(t)+\sum_{j=1}^{n_2}B_j<H\Big|(N(t)=n,N_2(t)=n_2)\Big)\times \\ &\quad P(N(t)=n)P(N_2(t)=n_2) \\ &= \sum_{n_2=0}^{n}\sum_{n=0}^{\infty} F_W(D_0)^n\Big(\int_0^H\int_0^u G(x-u,t)f_B^{<m>}(u-u_1)f_C^{<n>}(u_1)\mathrm{d}u_1\mathrm{d}u\Big)\times \\ &\quad \frac{\exp(-\lambda t)(\lambda t)^n}{n!}\frac{\exp(-\lambda_2 t)(\lambda_2 t)^{n_2}}{n_2!}\end{aligned} \tag{8-30}$$

8.2 改进的竞争失效模型

8.2.1 硬失效阈值即时退化时的竞争失效模型

突发失效的阈值代表一种抵御外界冲击载荷的能力,通常情况下这种阈值会被认为是常值,但考虑实际应用情况,这种抵御能力本身也会随时间下降,若考虑这种因素,竞争失效的建模过程则需要发生相应的转变[18]。

(1) 外界载荷冲击建模。外界冲击在时间上按照泊松过程的规律发生,每次冲击量是一个随机值,冲击量的大小在概率上符合其特定分布,具体的分布参数需根据实际工程对象具体确定。以 W_i 表示第 i 次外界冲击的冲击量大小,冲击量 W_i 服从参数为 $N(\mu_W,\sigma_W^2)$ 的正态分布,μ_W、σ_W 分别为 W_i 的均值与标准差。外界载荷冲击服从速率为 λ 的泊松过程。

(2) 突发失效建模。利用线性轨迹 $\varphi+\beta t$ 描述突发失效阈值连续变化的部分,其中 φ 为变化初值,一般为零;β 为突发失效阈值连续变化的速率。每次外界载荷冲击所导致的阈值阶跃降低,与冲击发生的时刻有关,以 t_i 表示第 i 次冲击的发生时刻,T_i 表示时刻的具体值,以 Y_i 表示第 i 次冲击所造成突发失效阈值的阶跃变化量,t 表示截止时间。若没有发生过冲击,则系统发生突发失效的概率为 0;若发生过 1 次冲击,系统保持正常的概率为

$$P(W_1<D_0-\beta T_1)\times P(t_1=T_1)\times P(N(t)=1) \tag{8-31}$$

式中:D_0 为突发失效阈值的初始值;βT_1 为 T_1 时刻突发失效阈值的减少值;$P(W_1<D_0-\beta T_1)$ 表示第一次载荷冲击量 W_1 小于突发失效阈值的概率;$t_1=T_1$ 在物理意

义上为第一次载荷冲击发生时刻和初始时间的时间间隔,根据概率论理论可知,该时间间隔服从参数为 λ 的指数分布,即 $P(t_1=T_1)=\lambda e^{-T_1\lambda}$。且由于冲击在时间上符合泊松过程,$T_1$ 可取 $[0,t]$ 中的任意值,因此,综合考虑 T_1 所有可能的取值情况,当阈值连续变化速率 β 符合参数为 $N(\mu_\beta,\sigma_\beta^2)$ 正态分布时,上述公式进一步推导为

$$R(t)=\int_0^t P(W_1<D_0-\beta T_1)\times P(t_1=T_1)P(N(t)=1)\mathrm{d}T_1$$

$$=\int_0^t P(W_1+\beta T_1<D_0)\times P(t_1=T_1)P(N(t)=1)\mathrm{d}T_1$$

$$=\int_0^t \Phi\left(\frac{D_0-(\mu_W+\mu_\beta T_1)}{\sqrt{\sigma_W^2+\sigma_\beta^2 T_1^2}}\right)\lambda e^{-T_1\lambda}\frac{(-\lambda t)^n}{n!}e^{-\lambda t}\mathrm{d}T_1 \qquad (8-32)$$

同理,若截止时间 t 有两次载荷冲击发生,则系统不发生突发失效的概率为

$$P(W_1<D_0-\beta T_1)P(W_2<D_0-Y_1-\beta(T_1+T_2))\times P(t_1=T_1,t_2=T_2)\times P(N(t)=2)$$

$$=R(t)=\int_0^t\int_{T_1}^t P(W_1<D_0-\beta T_1)P(W_2<D_0-Y_1-\beta(T_1+T_2))\times P(t_1=T_1,t_2=T_2)\times P(N(t)=2)\mathrm{d}T_2\mathrm{d}T_1$$

$$=\int_0^t\int_{T_1}^t P(W_1+\beta T_1<D_0)P(W_2+Y_1+\beta(T_1+T_2)<D_0)\times P(t_1=T_1,t_2=T_2)\times P(N(t)=2)\mathrm{d}T_2\mathrm{d}T_1$$

$$=\int_0^t\int_{T_1}^t \Phi\left(\frac{D_0-(\mu_W+\mu_\beta T_1)}{\sqrt{\sigma_W^2+\sigma_\beta^2 T_1^2}}\right)\Phi\left(\frac{D_0-[\mu_W+\mu_\beta(T_1+T_2)+\mu_Y]}{\sqrt{\sigma_W^2+\sigma_\beta^2(T_1+T_2)^2+\sigma_Y^2}}\right)\lambda e^{-T_1\lambda}\lambda e^{-T_2\lambda}\frac{(-\lambda t)^2}{2!}e^{-\lambda t}\mathrm{d}T_2\mathrm{d}T_1$$

$$(8-33)$$

式中:Y_i 为由于第 i 次冲击造成的突发失效阈值的阶跃退化量,符合正态分布 $N(\mu_Y,\sigma_Y^2)$,μ_Y、σ_Y 分别为 Y_i 的均值与标准差。

推而广之,根据泊松过程事件发生次数的随机性质,截止时刻 t 有可能发生任意次数的载荷冲击,因此综合载荷冲击次数所有可能的情况,系统不发生突发失效的概率表示为

$$R(t)=\frac{(-\lambda t)^0}{0!}e^{-\lambda t}+\sum_{n=1}^\infty\int_0^t\int_{T_1}^t\cdots\int_{T_{n-1}}^t \Phi\left(\frac{D_0-(\mu_W+\mu_\beta T_1)}{\sqrt{\sigma_W^2+\sigma_\beta^2 T_1^2}}\right)\Phi\left(\frac{D_0-[\mu_W+\mu_\beta(T_1+T_2)+\mu_Y]}{\sqrt{\sigma_W^2+\sigma_\beta^2(T_1+T_2)^2+\sigma_Y^2}}\right)\times\cdots\times$$

$$\Phi\left(\frac{D_0-[\mu_W+\mu_\beta(T_1+T_2+\cdots+T_n)+(n-1)\mu_Y]}{\sqrt{\sigma_W^2+\sigma_\beta^2(T_1+T_2+\cdots+T_n)^2+(n-1)\sigma_Y^2}}\right)\times$$

$$\lambda e^{-T_1\lambda}\lambda e^{-T_2\lambda}\cdots\lambda e^{-T_n\lambda}\frac{(-\lambda t)^n}{n!}e^{-\lambda t}\mathrm{d}T_n\cdots\mathrm{d}T_2\mathrm{d}T_1 \qquad (8-34)$$

式中:$\frac{(-\lambda t)^0}{0!}e^{-\lambda t}$ 为截止时刻 t 外界载荷冲击次数为零时的概率。

(3)退化失效建模。退化失效由连续退化部分和阶跃退化部分组成。退

化部分为机械系统正常工作中发生的自然退化,用 $X(t)$ 表示;另一部分为由于外界冲击导致的退化量的阶跃式增加,用 $S(t)$ 表示,用 $X_S(t)$ 表示系统总的退化量,则

$$X_S(t) = X(t) + S(t) \tag{8-35}$$

$X(t)$ 可以使用退化轨迹进行建模,以线性退化轨迹为例,即 $X(t) = \varphi + \gamma t$。其中,$\varphi$ 为正常退化量的初值,γ 为线性退化轨迹中退化量增加的速率,两个参数可以为定值,也可以为服从特定分布的随机参数,具体取值需根据实际工程案例确定。系统所承受的外界载荷冲击会对系统的退化量造成阶跃增加,以 Z_i 表示承受每次冲击后的退化增加量,假定在 t 时刻有 $N(t)$ 次冲击,则系统阶跃的总增加量可以表示为

$$S(t) = \begin{cases} \sum_{i=1}^{N(t)} Z_i & (N(t) > 0) \\ 0 & (N(t) = 0) \end{cases} \tag{8-36}$$

若要求机械系统不发生退化失效,则总退化量需小于机械系统本身所接受的许用退化量,因此系统不发生退化失效的概率表示为

$$\begin{aligned} F_X(x,t) &= P(X_S(t) < x) = \sum_{i=0}^{\infty} P(X(t) + S(t) < x | N(t) = i) P(N(t) = i) \\ &= G(x,t) \exp(-\lambda t) + \sum_{i=1}^{\infty} \left(\int_0^x G(x-u,t) f_Y^{<i>}(u) \mathrm{d}u \right) \frac{\exp(-\lambda t)(\lambda t)^i}{i!} \end{aligned} \tag{8-37}$$

(4) 机械系统可靠性建模。基于步骤(2)和步骤(3)分析过程所得到的结论和相应概率表达公式,对机械系统进行可靠性建模。机械系统的可靠度表达式为

$$\begin{aligned} R(t) &= P(X_S(t) < x) \times \int_0^t \int_{T_1}^t \cdots \int_{T_{n-1}}^t P(W_1 < D_0 - \beta T_1) \times P(W_2 < D_0 - Y_1 - \beta(T_1 + T_2)) \times \cdots \times \\ &\quad P(W_n < D_0 - (Y_1 + Y_2 + \cdots + Y_{n-1}) - \beta(T_1 + T_2 + \cdots + T_n)) \times \\ &\quad P(t_1 = T_1, t_2 = T_2, \cdots t_n = T_n) P(N(t) = n) \mathrm{d}T_n \cdots \mathrm{d}T_2 \mathrm{d}T_1 \\ &= \frac{(-\lambda t)^0}{0!} \mathrm{e}^{-\lambda t} \times \Phi\left(\frac{H - (\mu_\gamma t + \varphi)}{\sqrt{\sigma_\gamma^2 t^2}}\right) + \sum_{n=1}^{\infty} \left[\int_0^t \int_{T_1}^t \cdots \int_{T_{n-1}}^t \Phi\left(\frac{D_0 - (\mu_W + \mu_\beta T_1)}{\sqrt{\sigma_W^2 + \sigma_\beta^2 T_1^2}}\right) \times \right. \\ &\quad \Phi\left(\frac{D_0 - (\mu_W + \mu_\beta(T_1 + T_2) + \mu_Y)}{\sqrt{\sigma_W^2 + \sigma_\beta^2 (T_1 + T_2)^2 + \sigma_Y^2}}\right) \times \cdots \times \Phi\left(\frac{D_0 - [\mu_W + \mu_\beta(T_1 + T_2 + \cdots + T_n) + (n-1)\mu_Y]}{\sqrt{\sigma_W^2 + \sigma_\beta^2 (T_1 + T_2 + \cdots + T_n)^2 + (n-1)\sigma_Y^2}}\right) \times \\ &\quad \left. \lambda \mathrm{e}^{-T_1 \lambda} \lambda \mathrm{e}^{-T_2 \lambda} \cdots \lambda \mathrm{e}^{-T_n \lambda} \frac{(-\lambda t)^n}{n!} \mathrm{e}^{-\lambda t} \mathrm{d}T_n \cdots \mathrm{d}T_2 \mathrm{d}T_1 \times \Phi\left(\frac{H - (\mu_\gamma t + \varphi + n\mu_Z)}{\sqrt{\sigma_\gamma^2 t^2 + n\sigma_Z^2}}\right) \right] \end{aligned}$$

$$\tag{8-38}$$

8.2.2 考虑间歇期的竞争失效模型

当前竞争失效模型的研究中,所有的失效过程(包括退化失效和突发失效)都是持续进行的,并没有停歇期,这种假设同样是不符合实际的。工程中实际使用的机构和机械存在明显的"工作期"和"间歇期"并存的特点。例如,一台机床存在开启状态和怠速状态,处于不同状态的机床其所受振动载荷、刀具磨损速率也不一样,因而在对其进行可靠性分析时,需要考虑不同的工作状态研究其退化;又如,一架飞机的飞行状态、地面滑跑状态和地面停止状态的磨损老化等退化速率和因外界冲击而致使突发失效的概率也不相同。因此在对这些系统或产品进行竞争失效建模和分析时,应对退化过程、突发失效按照系统所处的不同状态进行区别分析,从而进一步地研究其竞争失效特点。针对上述所提及工程实际中所存在问题,本章引入了间歇期的概念。间歇期是与工作期相对而言的一个概念,意指系统(尤其是一些退化参数)处于与工作状态并不一样的一种状态,上一段所提及的汽车的停放状态、计算机关闭时的硬盘状态、机床的怠速状态等统称为间歇期。本章针对当前竞争失效模型所存在的未引入系统间歇期的不足之处,利用间歇期的概念对系统的工作状态进行区分,把系统分为工作状态和间歇状态两种,工作状态是指系统的退化状况、所受外界冲击都处于工作时条件的影响下,并呈现出相应的特点;间歇状态是指系统停工,比如工作状态、系统退化状况和所受到的外界冲击状况都会减弱甚至停止。考虑工作状态和间歇状态对处于竞争失效作用下的系统进行区分,是为了使建模的过程更贴近实际,从而实现更准确的竞争失效和可靠性分析。

因考虑了系统的间歇期和工作期,突发失效和退化失效的发生概率、演化速度等并不相同。考虑间歇期的系统竞争失效过程见图 8-9。

图 8-9 中时间轴中实线部分表示机构的工作期。从图 8-9 中可知,当系统处于工作期时,它的退化量在较为快速地增加,同时工作期期间会有一定的概率出现外界冲击(如图中 T_1 时间段内的 W_1 和 W_2),也就是说在工作期期间,系统会有一定的概率发生失效。每次工作期的时长定义为 T_1,它的取值可取一个恒定值或随机量值。图中时间轴的虚线部分表示机构的间歇期,间歇期的意义为在此期间系统停止工作。处于间歇状态系统的退化量因系统的"间歇"而增速减缓,同时"间歇"状态的系统不会受到外界冲击(如图中 T_2 时间段并没有任何外界冲击出现)。每次间歇期的时长定义为 T_2,其可取一个恒定值或随机量值。相邻的一个工作期和一个间歇期定义为一次工作循环(图中 T_1 时间段和 T_2 时间段即可组合成一次工作循环),系统的寿命就是由若干个连续不断的工

作循环组成的。

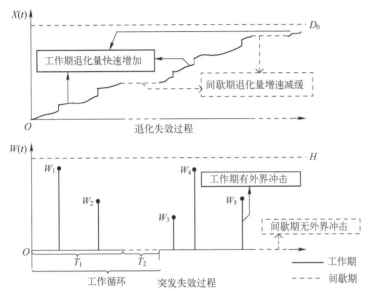

图 8-9 考虑间歇期的系统竞争失效过程

1. 突发失效建模

引入间歇期因素,使用极限冲击模型对突发失效进行描述,考虑一系列的工作循环和间歇期,系统不发生突发失效的概率可表示为

$R_H(t) = P(W_1 < H, \cdots, W_i < H)$

$$= \begin{cases} \sum_{i=0}^{\infty} P\{(W_1 < H, \cdots, W_i < H) | N(t-(n-1)T_2) = i\} \times P(N(t-(n-1)T_2) = i) \\ [\text{工作期,即当}(n-1)(T_1+T_2) < t \leq nT_1+(n-1)T_2, (n=1,2,\cdots)] \quad (\text{I}) \\ \sum_{i=0}^{\infty} P\{(W_1 < H, \cdots, W_i < H) | N((n-1)T_1) = i\} \times P(N((n-1)T_1) = i) \\ [\text{间歇期,即当} nT_1+(n-1)T_2 < t \leq n(T_1+T_2), (n=1,2,\cdots)] \quad (\text{II}) \end{cases}$$

(8-39)

式中:n 为工作循环的次数;T_1 和 T_2 分别为一次工作期和间歇期的持续时长。当 n 取固定值时,式(8-39)中的表达式(I)的取值会随 t 发生变化,这是因为工作期期间系统会受到外界随机冲击的影响,有可能发生突发失效,具体的概率值会随时间发生变化;而表达式(II)则会保持定值,这是因为间歇期并未有外界冲击发生,系统的生存概率等于上一个工作期最后时刻的生存概率。

2. 退化失效建模

退化量会在工作期期间随着时间而累积,因系统在间歇期未处于使用状态,故而退化量也保持定值。总的退化量 $X_S(t)$ 包括因系统使用而产生的无法避免的量 $X(t)$,称为"纯退化";因外界冲击导致的退化量的增加 $S(t)$,称为"额外退化"。在退化轨迹模型中,纯退化可以表示为 $X(t) = \varphi + \gamma t$,类似地,当考虑间歇期时纯退化进一步表示为

$$X(t) = \begin{cases} \varphi + \gamma_1(t - (n-1)T_2) + \gamma_2(n-1)T_2 & [n=1,2,\cdots,\quad (n-1)(T_1+T_2) < t \leq nT_1 + (n-1)T_2] \\ \varphi + \gamma_1(nT_1) + \gamma_2(t - nT_1) & [n=1,2,\cdots,\quad nT_1 + (n-1)T_2 < t \leq n(T_1+T_2)] \end{cases}$$

(8-40)

式中:φ 为退化量的初值;γ_1 和 γ_2 分别为工作期和间歇期退化量的增加速率,三者一般是符合特定分布的随机变量。因外界冲击所导致的额外退化可表示为

$$S(t) = \begin{cases} \sum_{i=1}^{N(t-(n-1)T_2)} Y_i & [n=1,2,\cdots,\quad (n-1)(T_1+T_2) < t \leq nT_1 + (n-1)T_2] \\ \sum_{i=1}^{N((n-1)T_1)} Y_i & [n=1,2,\cdots,\quad nT_1 + (n-1)T_2 < t \leq n(T_1+T_2)] \end{cases}$$

(8-41)

式中:$N(t)$ 是一计数过程,表示截止时刻 t 所发生的冲击的次数,使用速率为 λ 泊松过程来描述。综合上述两个表达式,系统总的退化量表示为

$$X_S(t) = \begin{cases} \varphi + \gamma_1(t - (n-1)T_2) + \gamma_2(n-1)T_2 + \sum_{i=1}^{N(t-(n-1)T_2)} Y_i & [(n-1)(T_1+T_2) < t \leq nT_1 + (n-1)T_2] \\ \varphi + \gamma_1(nT_1) + \gamma_2(t - nT_1) + \sum_{i=1}^{N((n-1)T_1)} Y_i & [nT_1 + (n-1)T_2 < t \leq n(T_1+T_2)] \end{cases}$$

(8-42)

如果系统不发生退化失效,则要求总的退化量不超过系统的许用阈值,系统在退化失效影响下的生存概率表示为

$$R_X(x,t) = P(X_S(t) < x)$$
$$= \sum_{i=0}^{\infty} P(X(t) + S(t) < x \mid N(t) = i) P(N(t) = i) \quad (8\text{-}43)$$

3. 系统可靠性及其演化

根据对受多相关竞争失效模式影响下系统的定义,系统有可能发生突发失效也有可能发生退化失效,任一种失效模式的发生都会导致系统的失效,因而只有当所有的冲击都在系统的承受范围之内且退化量值尚未超过许用阈值时,系统才能保持正常。综合公式,系统的可靠度表示为

$$\begin{aligned}R_{\text{sys}}(t) &= P(W_1 < H, W_2 < H, \cdots, X_S(t) < D_0) \\
&= \sum_{i=0}^{\infty} P\{W_1 < H, \cdots, W_i < H, X(t) + S(t) < D_0\} \mid N(t) = i\} P(N(t) = i) \\
&= \begin{cases} \sum_{i=0}^{\infty} \left[P\left(\{W_1 < H, \cdots, W_i < H\}, \left\{ \varphi + \gamma_1(t - (n-1)T_2) + \gamma_2(n-1)T_2 + \sum_{i=1}^{N(t-(n-1)T_2)} Y_i < D_0 \right\} \right) \mid N(t - (n-1)T_2) = i \right) \times \\ P(N(t - (n-1)T_2) = i) \Big] \\ (\text{工作期，即当}(n-1)(T_1 + T_2) < t \le nT_1 + (n-1), T_2, (n = 1, 2, \cdots)) \\ \sum_{i=0}^{\infty} \left[P\left(\{W_1 < H, \cdots, W_i < H\}, \left\{ \varphi + \gamma_1(nT_1) + \gamma_2(t - nT_1) + \sum_{i=1}^{N(nT_1)} Y_i < D_0 \right\} \mid N(nT_1) = i \right) \times \right. \\ \left. P(N(nT_1) = i) \right] \\ (\text{间歇期，即当} nT_1 + (n-1)T_2 < t \le n(T_1 + T_2), (n = 1, 2, \cdots)) \end{cases}\end{aligned}$$

(8-44)

类似地，当每次外界冲击所导致的额外退化量 Y_i 和退化速率 γ_i 服从正态分布时 $[Y_i \sim N(\mu_Y, \sigma_Y^2), \gamma_1 \sim N(\mu_{\gamma_1}, \sigma_{\gamma_1}^2), \gamma_2 \sim N(\mu_{\gamma_2}, \sigma_{\gamma_2}^2)]$，上述表达式进一步推导为

$$\begin{aligned}R_{\text{sys}}(t) &= P(W_1 < H, W_2 < H, \cdots, X_S(t) < D_0) \\
&= \sum_{i=0}^{\infty} P\{W_1 < H, \cdots, W_i < H, X(t) + S(t) < D_0\} \mid N(t) = i\} P(N(t) = i) \\
&= \begin{cases} \sum_{i=0}^{\infty} \left\{ F_W^i(H) \Phi\left(\frac{x - [\mu_{\gamma_1}(t - (n-1)T_2) + \mu_{\gamma_2}(n-1)T_2 + \varphi + i\mu_{Y_i}]}{\sqrt{\sigma_{\gamma_1}^2 (t - (n-1)T_2)^2 + \sigma_{\gamma_2}^2 ((n-1)T_2)^2 + i\sigma_{Y_i}^2}} \right) \times \right. \\ \left. \frac{\exp\{-\lambda[t - (n-1)T_2]\} \{\lambda[t - (n-1)T_2]\}^i}{i!} \right\} \\ (\text{工作期，即当}(n-1)(T_1 + T_2) < t \le nT_1 + (n-1)T_2) \\ \sum_{i=0}^{\infty} \left\{ F_W^i(H) \Phi\left(\frac{x - [\mu_{\gamma_1}(nT_1) + \mu_{\gamma_2}(t - nT_1) + \varphi + i\mu_{Y_i}]}{\sqrt{\sigma_{\gamma_1}^2 (nT_1)^2 + \sigma_{\gamma_2}^2 (t - nT_1)^2 + i\sigma_{Y_i}^2}} \right) \frac{\exp[-\lambda(nT_1)][\lambda(nT_1)]^i}{i!} \right\} \\ (\text{间歇期，即当} nT_1 + (n-1)T_2 < t \le n(T_1 + T_2)) \end{cases}\end{aligned}$$

(8-45)

8.3 案例分析

8.3.1 曲柄滑块机构

曲柄滑块机构竞争失效分析，主要考虑的是第Ⅰ类和第Ⅱ类失效之间的竞

1. 机构描述

曲柄滑块机构广泛应用于内燃机、空气压缩机以及冲床等各种工程机械中[19-21],关于该机构的运动精度问题的研究已有不少。在曲柄滑块机构的可靠性分析中,由于铰链式运动副存在磨损,当磨损量增加到一定值时会明显影响运动的稳定性和运动精度的精确性,磨损量超过一定程度视为机构发生了磨损失效。这种失效模式是由运动副发生破坏导致,因此可以归结为第Ⅱ类失效模式。与此同时,由于机构的工作环境,机构偶尔会承受一些无法预料的载荷(诸如飞机飞行中的突风导致的载荷、汽车行驶中路面平整度的突变导致的载荷),突发载荷施加给机构部件的应力超过其许用强度的时候,机构也会发生失效。这种失效模式是由于外界载荷导致构件的破坏,可以确定为第Ⅰ类失效。而由于磨损过程的随机性和突发载荷的不确定性,这两种失效模式究竟谁先发生也是无法肯定的,但只要一种失效模式出现,机构就将停止运行,另一种失效模式在本次工作循环中也将无法出现。也就是说,整个机构运行中的可靠性由上述两种失效模式共同决定,且两种失效模式处于相互竞争的关系。

图 8-10 所示为曲柄滑块机构简要示意图,其中铰链式运动副 B 存在磨损,磨损量随着时间的增加会逐渐增大,当磨损量增加到一定程度时运动副 B 会明显影响整个机构的传动特性,此时即可判定曲柄滑块机构发生了磨损失效。一般情况下,滑块为曲柄滑块机构的输出构件,无论是运动的传递和载荷的传递都是由滑块和连接滑块的杆件 l_2 共同完成的,相比 l_1,构件 l_2 会直接承受突发载荷,因此当外界突发载荷超过杆件 l_2 的承受强度后,机构发生失效。

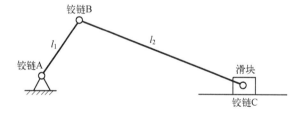

图 8-10 曲柄滑块机构简要示意图

2. 失效建模

曲柄滑块系统所承受的突发载荷可看作一系列的偶发事件,使用泊松过程 $N(t)$ 来标定这些偶发事件的到来时间,泊松过程的速率 λ 衡量了单位时间内突发载荷的次数,速率越大,突发载荷越密集。突发载荷的大小受曲柄滑块运行环境、本身运行状态等多方面因素共同影响,因此载荷的大小也是随机变量,以 W_i 表示某次工作过程中第 i 次突发载荷的大小。系统杆件 l_2 承受突发载荷的能力

用 D_0 表示,则系统在第 i 次突发载荷下不发生冲击突发失效的概率表示为

$$P(W_i<D_0)=F_{W_i}(D_0) \tag{8-46}$$

由于泊松过程本身的随机性,在 t 时刻外界突发载荷的次数也是不能确定的,因此在 t 时刻系统不发生冲击失效的概率需要将所有次数考虑在内,在 t 时刻系统不发生冲击失效的概率为

$$P_1(t)=\sum_{i=1}^{\infty}F_{W_i}^i(D_0)\times P(N(t)=i) \tag{8-47}$$

使用磨损量来对磨损程度进行描述,当磨损量过大时,导致运动副间隙超过一定量的时候影响机构无法平稳传动运行,此时判定为磨损失效。磨损导致的间隙变化过程使用线性退化轨迹进行建模,即 $x=\omega t+\lambda$,为了统一符号变量,改为下式:

$$X_1(t)=\beta t+\varphi \tag{8-48}$$

式中:$X_1(t)$ 为在 t 时刻运动副 B 的纯磨损量;φ 为间隙的初值,初值可以根据运动副轴孔配合获取,根据不同的配合可以获取其分布以及分布参数;β 为磨损导致的单位时间间隙增加量,即增加速率,同样具有其特定的分布类型和参数。以 H 表示磨损退化失效阈值。同时,退化的过程会受到外界突发载荷的影响,突发载荷的到来会引起退化量的增加,使用 Y_i 表示由于第 i 次突发载荷 W_i 导致的退化量的增加,可以推得时刻 t 位置由于突发载荷导致的退化增加总量为

$$X_2(t)=\sum_{i=1}^{N(t)}Y_i \tag{8-49}$$

式中:$N(t)$ 为时刻 t 位置发生外界冲击的总次数。在纯磨损和突发载荷导致的磨损共同作用下,t 时刻曲柄滑块机构系统中的运动副 B 间隙总量可以表示为

$$X(t)=X_1(t)+X_2(t) \tag{8-50}$$

四连杆系统不发生磨损退化失效的概率为

$$P_2(t)=P(X(t)<H)=P\left(\beta t+\varphi+\sum_{i=1}^{N(t)}Y_i<H\right) \tag{8-51}$$

系统的总可靠性由突发冲击失效和磨损退化失效共同决定,只有当两种失效模式都没有发生的时候,系统才会处于可靠状态。系统的可靠度可以表示为

$$\begin{aligned}P_{\text{sys}}&=P\left(X(t)<H,\prod_{i=1}^{N(t)}W_i<D_0\right)\\&=P\left(\beta t+\varphi+\sum_{i=1}^{N(t)}Y_i<H,\prod_{i=1}^{N(t)}W_i<D_0\right)\\&=\sum_{i=1}^{\infty}F_{W_i}^i(D_0)P\left\{\left(\beta t+\varphi+\sum_{i=1}^{N(t)}Y_i<H\right)\Big|(N(t)=i)\right\}\times P(N(t)=i)\end{aligned}$$

$$\tag{8-52}$$

利用随机过程理论和泊松分布的特性对上式进行展开推导,可以进一步得到表达式:

$$P_{sys} = P\left(X(t) < H, \prod_{i=1}^{N(t)} W_i < D_0\right)$$

$$= \sum_{i=1}^{\infty} F_{W_i}^i(D_0) \times \int_0^H G(H-u,t) f_Y^{<i>}(u) \mathrm{d}u \frac{\exp(-\lambda t)(\lambda t)^i}{i!} \quad (8-53)$$

3. 可靠度计算

相关参数的分布和取值如表 8-1 所列。

表 8-1 曲柄滑块的相关参数

参 数 名 称	参 数 表 示	分 布 类 型	分布参数/取值(单位)
突发失效阈值	D_0	常值	1.5(GPa)
泊松过程速率	λ	常值	5×10^{-5}
突发载荷量	W_i	正态分布	$N(1.2, 0.2)$(GPa)
退化失效阈值	H	常值	0.00125(m)
突发载荷引起退化增量	Y_i	正态分布	$N(1 \times 10^{-4}, 2 \times 10^{-5})$(m)
纯退化速率	β	正态分布	$N(8.5 \times 10^{-9}, 6 \times 10^{-10})$(m)
间隙初值	φ	正态分布	$N(2.5 \times 10^{-5}, 5 \times 10^{-6})$(m)

在相关参数取正态分布和常值的情况下,系统可靠度的表达式可以得到进一步简化,具体表示为

$$P_{sys} = P\left(X(t) < H, \prod_{i=0}^{N(t)} W_i < D_0\right)$$

$$= \sum_{i=0}^{\infty} F_{W_i}^i(D_0) \times \int_0^H G(H-u,t) f_Y^{<i>}(u) \mathrm{d}u \frac{\exp(-\lambda t)(\lambda t)^i}{i!}$$

$$= \sum_{i=0}^{\infty} F_{W_i}^i(D_0) \times \Phi\left(\frac{H - (\mu_\beta t + \varphi + i\mu_Y)}{\sqrt{\sigma_\beta^2 t^2 + i\sigma_Y^2}}\right) \frac{\exp(-\lambda t)(\lambda t)^i}{i!} \quad (8-54)$$

式中:$\Phi(\cdot)$ 为标准正态分布函数,将上述参数和取值代入公式,可以计算得到竞争失效模式下曲柄滑块机构可靠度随时间的变化规律,结果如表 8-2 和图 8-11 所示,表中时间 t 通过工作循环次数表示。

表 8-2 曲柄滑块机构不同时间 t 下的可靠度列表

时间 t/次	可靠度	时间 t/次	可靠度	时间 t/次	可靠度	时间 t/次	可靠度
0	1	55000	0.8156	110000	0.0802	165000	0
5000	0.9834	60000	0.7790	115000	0.0489	170000	0
10000	0.9671	65000	0.7366	120000	0.0280	175000	0
15000	0.9511	70000	0.6806	125000	0.0151	180000	0
20000	0.9353	75000	0.6038	130000	0.0077	185000	0
25000	0.9198	80000	0.5221	135000	0.0037	190000	0
30000	0.9046	85000	0.4328	140000	0.0017	195000	0
35000	0.8894	90000	0.3419	145000	0.0007	200000	0
40000	0.8742	95000	0.2568	150000	0.0006	205000	0
45000	0.8574	100000	0.1843	155000	0.0001	210000	0
50000	0.8382	105000	0.1247	160000	0	215000	0

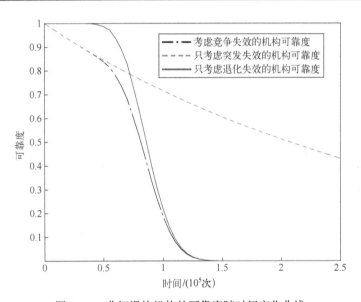

图 8-11 曲柄滑块机构的可靠度随时间变化曲线

8.3.2 作动筒液压阀

1. 机构描述

液压阀控制着作动筒液压的供给,图 8-12(a)为液压阀的关闭状态,此时由于液压阀内活塞的阻碍,液压油无法在管内流动,液压阀保持关闭;当活塞位于图 8-12(b) 状态时，阀内活塞处于可以使液压油流动的位置，液压油可以通过控制阀流向别处，即液压阀保持打开状态。

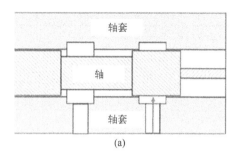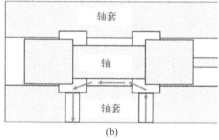

图 8-12　作动筒液压阀的工作原理

总体而言，液压阀处于两种失效模式的作用下。第一种失效模式，是由于阀内活塞和套筒之间存在着摩擦，当摩擦造成的磨损量过大时，活塞和套筒之间的密封会出现问题，导致即便处于关闭状态的液压阀，也会有液压油的流动，从而使外界的作动筒无法定位工作。第二种失效模式，是由于液压油中偶然混入了污染物，这种污染物会阻塞液压阀内的管路，从而造成即便活塞处于打开状态，由于污染物造成了管路的堵塞，液压油仍然无法正常通过，使外界的作动筒驱动力不足。

2. 失效建模

对于第一种失效模式，显然属于典型的退化失效，通常阀内活塞和套筒的磨损量使液压油存在明显的流出损失时，就会发生失效。这种失效模式可以用 8.1.1 节提到的退化轨迹模型建模；对于第二种失效模式，由于液压油内的污染物是偶然出现的，污染物在其外观大小和出现时间上都具有很强的随机性，这种失效模式可以用 8.1.4 节的极限冲击模型进行建模。若只考虑本段所描述的现象，忽略两种失效模式之间的相关性，则整个系统的可靠性可用基本的竞争失效系统建模方法进行建模以及进行可靠度的计算。但对于此液压阀控制系统，阀内活塞和套筒之间的摩擦会产生微小的磨损碎片，这种碎片产生之时就会进入液压油中，而液压油中的磨损碎片也是一种污染物，也会造成堵塞现象的产生(图 8-13)。也就是说，磨损的存在会影响污染物出现的频率，因此在建模的过程中需要把这种因素考虑在内。使用退化过程反影响冲击过程的可靠性分析方法进行建模。

磨损的建模，使用典型的线性退化轨迹模型：$X(t)=\varphi+\beta t$。其中，$X(t)$ 为退化量，φ、β 分别为退化初值和退化速率。

根据对液压阀失效的分析，磨损的存在会影响液压油内污染物出现的频率，即退化量会影响到外界冲击，用如下表达式来描述这种关系：

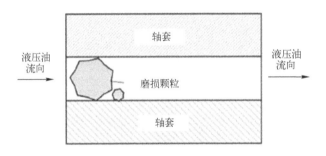

图 8-13 堵塞现象

$$\lambda(t) = \lambda_0 + \gamma_a \cdot X(t) \tag{8-55}$$

相关的可靠度表达式可作如下推导。

退化过程使用线性退化路径表示,不发生退化失效的概率为

$$P(X(t) = \varphi + \beta t < H) \tag{8-56}$$

突发失效利用极限冲击模型进行建模,即某次外界冲击载荷造成的损伤超过许用阈值时,系统就会发生突发失效,也就是说,在作动筒液压阀控制器中,如果液压油中突然出现了一个尺寸较大的污染物,则液压阀管会直接被堵塞,从而直接造成失效。系统不发生突发失效的概率为

$$\sum_{n=1}^{\infty} P(W_i < D_0 \mid N(t) = n) \times P(N(t) = n) + P(N(t) = 0) \tag{8-57}$$

综合两种失效模式,系统保持正常的概率为

$$R(t) = \sum_{n=1}^{\infty} P\{(X(t) = \varphi + \beta t < H, W_i < D_0) \mid N(t) = n\} \times P(N(t) = n) + P(X(t) = \varphi + \beta t < H, N(t) = 0)$$

若参数符合正态分布,则上述公式可以进一步推导为

$$\begin{aligned} R(t) &= \sum_{n=1}^{\infty} \Phi\left(\frac{H - (\mu_\varphi + \mu_\beta t)}{\sqrt{\sigma_\beta^2 t^2 + \sigma_\varphi^2}}\right) \times \Phi\left(\frac{D_0 - \mu_W}{\sqrt{\sigma_W^2}}\right) \times \frac{\exp[-\lambda(t)t][\lambda(t)t]^n}{n!} \\ &= \sum_{n=1}^{\infty} \Phi\left(\frac{H - (\mu_\varphi + \mu_\beta t)}{\sqrt{\sigma_\beta^2 t^2 + \sigma_\varphi^2}}\right) \times \Phi\left(\frac{D_0 - \mu_W}{\sqrt{\sigma_W^2}}\right) \times \frac{\exp\{[-\lambda_0 + \gamma_a \cdot X(t)]t\}\{[-\lambda_0 + \gamma_a \cdot X(t)]t\}^n}{n!} + \\ &\quad \Phi\left(\frac{H - (\mu_\varphi + \mu_\beta t)}{\sqrt{\sigma_\beta^2 t^2 + \sigma_\varphi^2}}\right) \exp\{[-\lambda_0 + \gamma_a \cdot X(t)]t\} \end{aligned}$$

$$(8-58)$$

3. 可靠度计算结果

将表 8-3 中相关参数代入公式,可以得到可靠度及其演化规律(图 8-14)。

表 8-3 作动筒液压阀的相关参数

参数名称	参数表示	分布类型	分布参数/取值(单位)
突发失效阈值	D_0	常值	7.5(mm)
泊松过程速率初值	λ_0	常值	$2.5\times10^{-5}(s^{-1})$
污染物尺寸	W_i	正态分布	$N(7,0.2)$(mm)
退化失效阈值	H	常值	5(mm)
纯退化速率	β	正态分布	$N(1\times10^{-4},1\times10^{-5})$(mm)
间隙初值	φ	常值	0
速率变化参数	γ_a	常值	$10^{-4},2\times10^{-4},3\times10^{-4}$

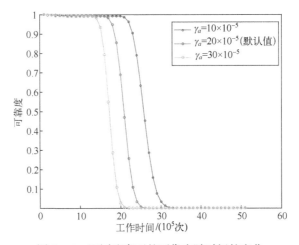

图 8-14 不同速率下的可靠度随时间的变化

8.4 小 结

竞争失效的理论涉及突发失效和退化失效两类失效模式的独立建模过程以及模型本身的问题,如阈值退化、速率改变等。本章介绍了常见的几种竞争失效模型,涉及突发失效和退化失效两个过程,除此之外,在系统层面进行竞争失效建模时,现有模型还考虑冲击分类、阈值阶跃和退化速率改变等因素。使用曲柄滑块机构和作动筒液压阀作为案例,详细展示了基于竞争失效的多功能机构可靠性分析流程的使用方法,包括功能表征量及其影响因素函数关系的表述、竞争失效模型的建立和可靠性计算等内容。

参考文献

[1] AN Z, SUN D. Reliability modeling for systems subject to multiple dependent competing failure processes with shock loads above a certain level[J]. Reliability Engineering and System Safety, 2017, 157: 129-138.

[2] HUYNH K, BARROS A, BÉRENGUER C. A periodic inspection and replacement policy for systems subject to competing failure modes due to degradation and traumatic events[J]. Reliability Engineering and System Safety, 2011, 96: 497-508.

[3] HUYNH K, CASTRO I, BARROS A. Modeling age-based maintenance strategies with minimal repairs for systems[J]. European Journal of operational Research, 2012, 218: 140-151.

[4] HAO S, ZHAO Y, MA X. Reliability modeling for mutually dependent competing failure processes due to degradation and random shocks[J]. Applied Mathematical Modelling, 2017, 51: 232-249.

[5] FAN M, ZENG Z, ZIO E. Modeling dependent competing failure processes with degradation-shock dependence[J]. Reliability Engineering and System Safety, 2017, 165: 422-430.

[6] FAN M, ZENG Z, ZIO E, et al. A Sequential Beyesian Approach for Remaining Useful Life Prediction of Dependent Competing Failure process[J]. IEEE Transactions on Reliability, 2019, 68(1): 317-318.

[7] HAO S, YANG J. Reliability analysis for dependent competing failure processes with changing degradation rate and hard failure threshold levels[J]. Reliability Engineering and System Safety, 2018, 118: 340-329.

[8] GAO H, CUI L. Reliability analysis for a Wiener degradation process model under changing failure thresholds[J]. Reliability Engineering and System Safety, 2018, 171: 1-8.

[9] SHEN J, ELWAY A, CUI L. Reliability analysis for multi-component systems with degradation interaction and categorized shocks[J]. Reliability Engineering and System Safety, 2018, 56: 487-500.

[10] CUI L, WU B. Extended Phase-type models for multistate competing risk systems[J]. Reliability Engineering and System Safety, 2019, 181: 1-16.

[11] FINKELSTEIN M, ZARUDNIJ V. A shock process with a non-cumulative damage[J]. Reliability Engineering and System Safety, 2001, 71: 103-107.

[12] 苏春, 张恒. 基于性能退化数据和竞争失效分析的可靠性评估[J]. 机械强度, 2011, 33(2): 196-200.

[13] 罗湘勇, 黄小凯. 基于多机理竞争退化的导弹贮存可靠性分析[J]. 北京航空航天大学学报, 2013, 39(5): 701-705.

[14] 郝会兵. 基于贝叶斯更新与Copula理论的性能退化可靠性建模与评估方法研究[D]. 南京: 东南大学, 2016.

[15] PENG H, FENG Q, COIT D. Reliability and maintenance modeling for systems subject to multiple dependent competing failure processes[J]. IIE Transactions, 2010, 43(1):

12-22.

[16] XING L,LEVITIN G. Combinatorial analysis of systems with competing failures subject to failure isolation and propagation effects[J]. Reliability Engineering and System Safety, 2010,95:1210-1215.

[17] ZHAO X,XU J,LIU B. Accelerated Degradation Tests Planning With Competing Failure Modes[J]. IEEE Transactions on Reliability,2018,67(1):142-155.

[18] RITWIK B,MICHAEL D. Crystal plasticity assessment of inclusion- and matrix-driven competing failure modes in a nickel-base superalloy[J]. Acta Materialia,2019,177: 20-34.

[19] 李伟. 基于竞争失效的航空发动机可靠性评估研究[D]. 南京:南京航空航天大学,2013.

[20] 王华伟,高军,吴海桥. 基于竞争失效的航空发动机剩余寿命预测[J]. 机械工程学报,2014,50(6):197-205.

[21] 郭庆,徐甘生,赵洪利. 基于蒙特卡罗发动机竞争失效的下发仿真模型[J]. 航空动力学报,2019,34(3):616-626.

第9章

考虑相关性失效的机械系统功能可靠性方法

复杂机械系统中变量之间的相关性普遍存在,并且这种相关性对系统的可靠度指标及失效概率均有显著的影响[1]。一般来说,机械零件的不同类型强度之间存在着相关性,如零件的静强度、疲劳强度和刚度。三种指标之间,使用某种工艺处理方式增加其中一种指标时,另外两种指标也可能增大。另外,表示零件单失效模式的性能函数中的广义应力及广义强度之间也存在相关性,如在机械系统可靠性分析中,机械系统及各零件的强度和应力必然与其自身的尺寸参数有关,作为一个随机变量存在的尺寸参数必然使各零件的应力和强度之间产生相关性。因此,在进行单模式可靠度计算时需要着重考虑变量之间因相互依赖而产生的相关性。

一般情况下,机械系统中的零件都受到两种以上失效形式的耦合作用[2](屈服、断裂、累积疲劳、腐蚀、蠕变、磨耗、变形超限等)。对于单个零件来说,多种失效模式是串联存在的;对于整个机械系统来说,所有零件所有失效形式也是串联在一起的,只要其中任一失效模式发生,零件、系统就会发生失效。各种失效模式之间是相互关联的,且由于机械系统大多具有耗损性特性,随着运行寿命的增长,各种功能都将退化,一种功能的退化会直接影响其他功能的降低,直到属于最薄弱环节的功能失效,即系统失效。因此,基于机构失效模式的内在机制,定量分析失效相关性,对机械系统的可靠性研究尤为重要。

9.1 考虑相关性失效的机械系统可靠性建模方法

9.1.1 相关关系分析方法

在工程实际中,合理的零件可靠度分析计算必须考虑到变量的相关形态(如正相关性、负相关性、同调性、函数关系等)和相关的程度。相关性分析是相关性建模的基础。目前,有两种相关性分析的方法:一种是物理法,即通过分析物理信息,如工作原理和退化机理,找到失效模式之间的相关关系;另一种是统计分析法,即通过计算相关系数进行相关性分析。

(1) 物理法。物理法是基于机构的工作原理进行相关关系分析,这样得到的相关关系具有明确的物理意义。详细分析流程如图9-1所示。当表征量是系统直接输出量时,对系统进行模块分解,比较不同表征量的传递函数,在传递函数中具有相同输入的表征量之间是相关的。当表征量来源于产品的参数时,可以通过分析不同特征量的变化机理来确认相关性,具有相同变化机理的零部件或受相同的敏感应力的表征量被认为是相关的。

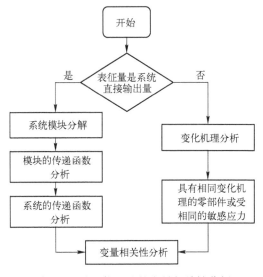

图9-1 基于物理法的变量相关性分析

(2) 统计分析法。统计分析法是在样本数据的基础上对变量进行相关性分析的。工程中常用的相关性度量系数有Pearson相关系数、Kendall相关系数和Spearman相关系数。Pearson相关系数主要用于刻画变量之间的线性相关关系。后两个相关系数主要是秩相关系数,Kendall相关系数用于刻画随机变量之间的非线性相依关系;Spearman相关系数是在Pearson相关系数的基础上的扩展矩阵。变量间的联合分布通常是未知的,结合不同相关系数的适用条件,对相关系数种类进行选择。统计分析法可以确定随机变量之间的相关程度,但无法用于分析变量之间是否独立。而由于物理方法包含变量之间的物理信息(如影响因素、相互作用特性),因此能够用于确定变量之间是否独立。

考虑相关性的机构可靠性建模的主要问题之一是如何表达变量间的相关关系。正交变换和Rosenblatt变换[3]、Nataf变换[4-5]是目前常用的处理变量相关性的 3 种方法。正交变换方法仅适用于相关随机变量为正态分布的情况；Rosenblatt 变换法是一种常用的简单方法，使用时需要已知随机变量联合概率密度函数；Nataf 变换适用于线性相关的变量。

针对以上 3 种方法的不足，本书使用基于 Copula 函数处理变量间的相关性，其优势主要表现为[6]：

（1）通过 Copula 函数产生的相关性测度指标可以对相关结构属性进行初判，这些指标可以准确刻画变量的相关形态；

（2）对分析对象的边缘分布形式没有限制，这使在建立应力、强度模型时可以选择任意的分布形式，并克服了二元分布选择的困难；

（3）数学处理上非常方便，将变量的边缘分布和相关性分开考虑，简化了建模。

9.1.2 失效相关的机械系统可靠性建模方法

Copula 函数是描述多维随机变量的联合分布函数与边缘分布函数的链接函数[7]：

$$F(x_1,x_2,\cdots,x_n)=C(F_1(x_1),F_2(x_2),\cdots,F_n(x_n)) \quad (9-1)$$

式中：$F_1(x_1),F_2(x_2),\cdots,F_n(x_n)$ 为边缘分布函数；$F(x_1,x_2,\cdots,x_n)$ 为联合分布函数，若 $F_1(x_1),F_2(x_2),\cdots,F_n(x_n)$ 连续，则 Copula 函数 $C(u_1,u_2,\cdots,u_n)$ 唯一确定。

对于二元变量，有

$$H(x,y)=C(u,v;\theta) \quad (9-2)$$

式中：$u=F(x)$、$v=G(y)$ 分别为变量 X 和 Y 的边缘分布函数，u、v 服从 $[0,1]$ 均匀分布；θ 为 Copula 函数的参数。此时，变量 X 和 Y 的联合概率密度函数 $f(x,y)$ 可表示为

$$f(x,y)=f_X(x)g_Y(y)c(u,v;\theta) \quad (9-3)$$

式中：$f_X(x)$ 和 $g_Y(y)$ 分别为 X 和 Y 的边缘概率密度函数；$c(u,v)$ 为对应 Copula 函数 $C(u,v)$ 的密度函数，且有

$$c(u,v;\theta)=\frac{\partial^2 C(u,v;\theta)}{\partial u\partial v} \quad (9-4)$$

在进行变量之间的相关关系分析时，可以分开研究变量的边缘分布和 Copula 函数。其中将边缘分布函数作为 Copula 函数的输入。

秩相关系数 Kendall 系数 τ 与 Copula 函数之间的关系为

$$\tau = 4\iint_{I^2} C(u,v)\mathrm{d}C(u,v) - 1 \quad (9-5)$$

其中 $-1\leqslant\tau\leqslant 1$，当 X、Y 相互独立时，$\tau=0$。

椭圆分布族和阿基米德分布族是常见的两个分布族,其中椭圆分布族中包括正态分布族和 t 分布族,阿基米德分布族中主要包括 Gumbel Copula 分布族、Clayton Copula 分布族和 Frank Copula 分布族。各类 Copula 函数具体的性质在表 9-1 中进行了罗列。

表 9-1 各类 Copula 函数的性质

类 型	分 布 函 数	定 义 域
正态分布族	$C(u,v;\theta) = \Phi(\Phi^{-1}(u), \Phi^{-1}(v) \mid \theta)$	$\theta \in [-1,1]$
t 分布族	$C(u,v;\theta) = t_{\theta,v}(t_v^{-1}(u), t_v^{-1}(v) \mid \theta)$	$\theta \in [-1,1]$
Gumbel Copula 分布族	$C(u,v;\theta) = \exp\{-[(-\ln u)^\theta + (-\ln v)^\theta]^{1/\theta}\}$	$\theta \in [1, \infty)$
Clayton Copula 分布族	$C(u,v;\theta) = \max\{(u^{-\theta} + v^{-\theta} - 1)^{-1/\theta}, 0\}$	$\theta \in [-1, +\infty)/\{0\}$
Frank Copula 分布族	$C(u,v;\theta) = -\dfrac{1}{\theta} \ln\left(1 + \dfrac{(e^{-\theta u} - 1)(e^{-\theta v} - 1)}{e^{-\theta} - 1}\right)$	$\theta \in (-\infty, +\infty)/\{0\}$

表 9-2 给出了 Copula 函数与 Kendall 系数之间的转换关系以及各 Copula 函数的尾部相依性。分析表 9-2 可得,正态 Copula 函数具有对称结构,其上下尾系数均为零。t Copula 函数具有对称的尾部,且尾部较厚,适于描述对称尾部的相关关系。Gumbel Copula 函数适合于描述上尾相关特性;Clayton Copula 函数适合于描述下尾相关特性。Frank Copula 函数是一种具有对称结构的阿基米德分布族,可以描述变量间的正、负相关关系。

表 9-2 各类 Copula 函数的参数

Copula 函数	Kendall 系数 τ	尾部相依性
正态 Copula 函数	$\tau = \dfrac{2}{\pi} \arcsin \rho$	$\lambda_L = \lambda_U = 0$
t Copula 函数	—	$\lambda_L = \lambda_U = 2t_{v+1}\left(-\sqrt{v+1}\sqrt{\dfrac{1-\theta}{1+\theta}}\right)$
Gumbel Copula 函数	$\tau = \dfrac{\theta - 1}{\theta}$	$\lambda_L = 0, \lambda_U = 2 - 2^{1/\theta}$
Clayton Copula 函数	$\tau = \dfrac{\theta}{\theta + 2}$	$\lambda_L = 2^{-1/\theta}, \lambda_U = 0$
Frank Copula 函数	$\tau = 1 - \dfrac{4}{\theta}[1 - D(\theta)]$	$\lambda_L = \lambda_U = 0$

注:$D(\theta) = \dfrac{1}{\theta} \int_0^\theta \dfrac{1}{e^t - 1} dt, D_k(\theta) = \dfrac{k}{\theta} \int_0^\theta \dfrac{t^k}{e^t - 1} dt$。

图 9-2 是阿基米德 Copula 函数的概率密度,可以清楚地反映出各 Copula 函数的尾部相依性。

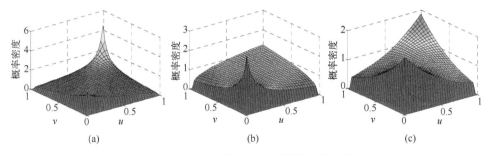

图 9-2 阿基米德 Copula 函数的概率密度

(a) Gumbel Copula 函数；(b) Clayton Copula 函数；(c) Frank Copula 函数。

使用 Copula 函数模拟变量之间的相关特性时，仅用一种 Copula 函数难以灵活完整地刻画变量的相关特征性，此时可使用混合 Copula 函数。Hu[8]最早将 Gumbel Copula 函数、Clayton Copula 函数、Frank Copula 函数等阿基米德 Copula 函数类组合成混合 Copula 函数——M-Copula 函数，其表达式为

$$C^M(u_1,u_2,\cdots,u_n;a_1,a_2,a_3,\theta_1,\theta_2,\theta_3)$$
$$= a_1 C^{\text{Gum}}(.\,;\theta_1) + a_2 C^{\text{Cla}}(.\,;\theta_2) + a_3 C^{\text{Fra}}(.\,;\theta_3) \tag{9-6}$$

式中：a_1、a_2、a_3 为权重系数，$0 \leqslant a_1,a_2,a_3 \leqslant 1$，$a_1+a_2+a_3=1$。通过对权重系数 a_i 和相关程度参数 θ_i 的调整，适应变量的相关特征的变化，改善了单一 Copula 函数的缺陷，因此其应用范围更广、使用更灵活、实用性更强。

在实际应用中，机械系统中通常包含多个失效模式，评估机械系统可靠性时首先需要计算多个失效模式的联合概率。按照失效模式之间的逻辑关系、常见的系统有串联系统、并联系统和混联系统。串联系统中有一个模式失效，即认为系统失效；并联系统中所有的模式都失效，则系统失效；混联系统是由串联系统和并联系统组合而成。图 9-3 是一个混联系统可靠性框图。

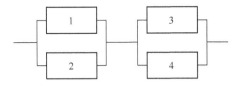

图 9-3 混联系统可靠性框图

对于含有两个失效模式的机械系统，用 P_{f1} 和 P_{f2} 分别表示两种失效模式的失效概率，$X_1,X_2,\cdots,X_n$ 表示随机变量，$g_i(X_1,X_2,\cdots,X_n)(i=1,2)$ 表示功能函数，则边缘失效概率可表示为 $P_{f1}=P(g_1(X_1,X_2,\cdots,X_n)\leqslant 0)$，$P_{f2}=P(g_2(X_1,X_2,\cdots,X_n)\leqslant 0)$。

对于串联系统，失效概率为

$$P_{fs}=P(g_1(X_1,X_2,\cdots,X_n)\leqslant 0 \cup g_2(X_1,X_2,\cdots,X_n)\leqslant 0)$$

$$= P(g_1(X_1,X_2,\cdots,X_n)\leq 0) + P(g_2(X_1,X_2,\cdots,X_n)\leq 0) -$$
$$P(g_1(X_1,X_2,\cdots,X_n)\leq 0 \cap g_1(X_1,X_2,\cdots,X_n)\leq 0) \qquad (9\text{-}7)$$

则基于 Copula 函数的串联系统的失效概率为

$$P_{fs} = P_{f1} + P_{f2} - C(P_{f1}, P_{f2}) \qquad (9\text{-}8)$$

基于 Copula 函数的并联系统的失效概率可表示为

$$P_{fs} = P\left(\bigcup_{i=1}^{2} g_i(X_1,X_2,\cdots,X_n)\leq 0\right) = C(P_{f1}, P_{f2}) \qquad (9\text{-}9)$$

对于混联系统，以图 9-3 所示混联系统为例，基于 Copula 函数的失效概率可表示为

$$P_{fs} = P\left(\bigcup_{j=1}^{k}\bigcap_{i=1}^{m} g_{i,j}(X_1,X_2,\cdots,X_n)\leq 0\right)$$
$$= C_1(P_{f1},P_{f2}) + C_2(P_{f3},P_{f4}) - C[C_1(P_{f1},P_{f2}), C_2(P_{f3},P_{f4})] \qquad (9\text{-}10)$$

9.2 考虑性能退化的机械系统可靠性建模方法

9.2.1 性能退化建模方法

机械产品的失效通常可以划分为突发型失效和退化型失效两大类[9-11]。突发型失效是指产品在服役期间的某个时刻突然发生某项功能的丧失；退化型失效是指产品的某项性能随着服役时间而逐渐下降，直到超过一定的阈值发生的失效。系统的性能退化会导致系统的失效，如金属材料的蠕变、机械零件的磨损和疲劳断裂、隔热材料和绝缘体的老化等都会导致对应系统的失效。而这些性能退化过程中包含着大量的与系统寿命和可靠度有关的关键信息，因此从系统性能退化过程着手研究系统的可靠性是可行的。

基于退化的可靠性建模方法是建立在对产品退化量演化规律描述的基础之上的。基于退化的可靠性建模与分析，主要包括产品退化过程的建模与分析以及基于退化过程和失效阈值的寿命分布建模与分析两个部分，如图 9-4 所示。

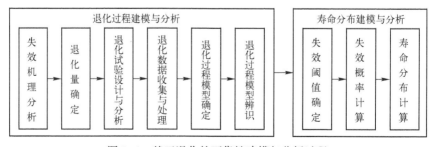

图 9-4 基于退化的可靠性建模与分析过程

然而,目前关于退化过程建模和分析所取得的绝大部分研究成果,都是针对系统的状态只能用单个性能退化指标表征的情况。随着科学和工程技术的发展,现代工程系统通常具有多个功能和性能要求,并往往具有多个性能退化指标,这些指标都会随时间而逐渐退化。针对这类情况,系统在服役阶段内的退化过程往往可以通过多个性能退化指标共同反映,例如,一个照明系统可能由多个不同类型的灯泡组成,由于各类灯泡的设计和特征不同,可能有多个退化机理导致整个照明系统失效。因此,系统的性能退化可产生与其性能退化指标相关的多个退化路径,这些性能退化指标能共同反映系统的性能退化,故具有一定的相关性。在这种情况下,仅考虑单个性能退化指标的一元退化模型不足以表征一个系统的多个性能退化指标之间的相关关系。

目前,虽然有一些研究工作涉及多元退化过程建模问题,然而大多是仅研究二元退化过程这种特殊情形,并且假设两个性能退化指标相互独立;在描述相关性方面,也假设系统的两个性能退化指标之间的相关关系恒定不变,系统的所有样本的两个性能退化指标之间的相关关系既不会表现出个体差异,也不会随时间发生变化。

在利用退化数据进行可靠性分析时,首先需要建立描述系统性能退化过程的退化模型,其次需要确定系统退化失效的标准,即失效阈值,两者缺一不可。其中失效阈值一般由工程实际情况决定。退化模型是用来描述退化量或反映系统功能状态高低的特征指标随时间变化的函数关系,这也是大多数学者研究的主要焦点。退化轨道模型是最早被研究和应用的退化过程模型,它是通过拟合退化数据来描述系统的性能随时间变化的情况的方法。

近年来,基于随机过程的退化失效模型成为研究热点,主要包括基于维纳过程的退化模型[12-13]、基于伽马过程的退化模型[14]和基于逆高斯过程的退化模型[15-16]。

维纳退化过程的首达时间分布具有解析形式,便于对产品寿命和可靠性的分析和计算。记随机过程$\{Y(t),t\geq 0\}$,如果其具备以下3点性质,则该随机过程是维纳过程。

(1) $Y(0)=0$。

(2) 增量服从正态分布:$Y(\tau)-Y(t) \sim N(\mu\Delta\beta(t),\sigma^2\Delta\beta(t))$,$\forall \tau>t\geq 0$,$\Delta\beta(t)=\beta(\tau)-\beta(t)$。

(3) $Y(t)$是独立增量过程。

其中,$\beta(t)$为描述性能退化轨迹非线性特性的单调递增函数或称为时间尺度变换函数(time scale function)。

用维纳过程描述产品的退化过程,可以记为$Y(t)=\mu\tau(t)+\sigma B(\beta(t))$。其中,$\mu$ 为描述性能退化速率的参数,称为漂移参数;σ 为描述性能退化过程时间波动性的参数,称为扩散参数;$B(\cdot)$ 为标准的布朗运动过程。

此时,性能退化增量 $\Delta Y(t)$ 的概率密度函数可表示为

$$f(\Delta y(t)\mid\mu,\sigma)=\frac{1}{\sigma\sqrt{2\pi\Delta\beta(t)}}\exp\left\{-\frac{[\Delta y(t)-\mu\Delta\beta(t)]^2}{2\sigma^2\Delta\beta(t)}\right\}$$

当给定性能退化过程的失效阈值为 D 时,基于性能退化过程 $Y(t)$ 的寿命时间 T 定义为 $T=\inf(t:Y(t)\geqslant D)$。

这意味着当产品的性能退化过程 $Y(t)$ 首次达到给定的失效阈值 D 时即判定为产品失效。失效阈值 D 往往是根据产品的功能特性和工况要求预先给定的固定值。基于性能退化过程 $Y(t)$ 所得到的寿命时间 T 也称性能退化过程 $Y(t)$ 的首次穿越时间。

根据维纳过程模型的性质和寿命 T 的定义可得到 T 在经过时间尺度函数 $\beta(t)$ 变换之后服从逆高斯分布,即 $\beta(t)\sim\mathrm{IG}(D/\mu,D^2/\sigma^2)$。当 $\beta(T)=T$,即当 $Y(t)$ 服从线性退化轨迹的维纳过程模型时,产品寿命 $T\sim\mathrm{IG}(D/\mu,D^2/\sigma^2)$ 且其对应的故障概率密度函数和可靠度函数可分别描述为

$$f(t\mid\mu,\sigma)=\frac{D}{\sqrt{2\pi t}\,\sigma t}\exp\left[-\frac{(\mu t-D)^2}{2\sigma^2 t}\right]$$

$$R(t\mid\mu,\sigma)=\Phi\left(\frac{D-\mu t}{\sigma\sqrt{t}}\right)+\exp\left(\frac{2\mu D}{\sigma^2}\right)\Phi\left(\frac{D+\mu t}{\sigma\sqrt{t}}\right)$$

当 $\beta(T)$ 对 T 可导时,寿命的概率密度函数可描述为

$$f(t\mid\mu,\sigma)=\frac{D}{\sqrt{2\pi\sigma^2\beta(t)^3}}\exp\left\{-\frac{[\mu\beta(t)-D]^2}{2\sigma^2\beta(t)}\right\}\left|\frac{\partial\beta(t)}{\partial t}\right|$$

式中:$|\cdot|$ 为绝对值运算;$\partial\beta(t)/\partial t$ 为 $\beta(t)$ 对 t 的导数。

维纳过程模型主要用来描述退化轨迹非单调递增的性能退化过程。时域转换的维纳过程,将产品的退化过程表示为时间 t 的非线性形式,$\tau=\tau(t,\lambda)$,$\tau=t^\gamma$,γ 为正数,此时,$W(t)=\mu\tau(t,\gamma)+\sigma B(\tau(t,\gamma))$。

9.2.2 考虑退化的时变相关机械系统可靠性建模方法

对于二元退化过程,当两个性能特征量 ΔY_1 和 ΔY_2 相关时,对 $\forall i$,当 $j\neq j'$ 时,$\Delta Y_{i1}(t_j)$ 和 $\Delta Y_{i2}(t_{j'})$ 相互独立,当且仅当 $j=j'$ 时,$\Delta Y_{i1}(t_j)$ 和 $\Delta Y_{i2}(t_{j'})$ 具有相关性。根据 Sklar 定理,$\Delta Y_{i1}(t_j)$ 和 $\Delta Y_{i2}(t_j)$ 的联合分布函数可表示为

$$H(\Delta Y_{i1}(t_j),\Delta Y_{i2}(t_j))=C(\Phi(U_{ij1}),\Phi(U_{ij2})) \tag{9-11}$$

式中:$U_{ijk}=\dfrac{\Delta Y_{ik}(t_j)-\mu_k\Delta\tau(t_j,\gamma_k)}{\sigma_k\sqrt{\Delta\tau(t_j,\gamma_k)}}$ $(k=1,2)$。

现有的以 Copula 函数为基础的二元退化过程的模型中,刻画两个特征量之间的相关性的参数 θ 是常数,其物理含义是这两个特征量的相关特性不会随时间的变化而改变。然而在实际的工程中,机械系统的特征量会随着时间的改变而发生变化,特征量间的相关关系也有可能会随着时间的改变而发生改变。结合时变相关模型,二元时变退化模型可描述为

$$\begin{cases} \Delta Y_{ik}(t_j) \sim N(\mu_k \Delta\tau(t_j,\gamma_k), \sigma_k^2 \Delta\tau(t_j,\gamma_k)) \quad (k=1,2) \\ Y_{ik}(t_j) = \sum_{s=0}^{j} \Delta Y_{ik}(t_j) \quad (j=1,2,\cdots,M) \\ H(\Delta Y_{i1}(t_j), \Delta Y_{i2}(t_j)) = C(\Phi(U_{ij1}), \Phi(U_{ij2}); \theta(t)) \end{cases} \quad (9\text{-}12)$$

式中:$\theta(t)$ 为相关系数的时变模型。

ω_1 和 ω_2 分别为两个特征量的失效阈值,此时系统的可靠度函数为

$$R(t) = P(Y_1(t) \leq \omega_1, Y_2(t) \leq \omega_2) \quad (9\text{-}13)$$

特别地,当两个特征量相互独立时,有

$$R(t) = R_1(t) \cdot R_2(t) \quad (9\text{-}14)$$

变量的似然函数为

$$L = \prod_{i=1}^{N} \prod_{j=1}^{M} f_1(\Delta Y_{i1}(t_j)) \cdot f_2(\Delta Y_{i2}(t_j)) \cdot c(\Phi(U_{ij1}), \Phi(U_{ij2}); \theta(t_j))$$

$$(9\text{-}15)$$

其对数似然函数的表达式为

$$\ln L = \sum_{k=1}^{2}\sum_{i=1}^{N}\sum_{j=1}^{M} \ln f_k(\Delta Y_{ik}(t_j)) + \sum_{i=1}^{N}\sum_{j=1}^{M} \ln c(\Phi(U_{ij1}), \Phi(U_{ij2}); \theta(t_j))$$
$$= \ln L_f + \ln L_c \quad (9\text{-}16)$$

该似然函数的未知参数由两部分组成:第一部分是基于维纳过程的退化模型 $\ln L_f$ 中的参数 $\alpha = (\mu_k, \sigma_k, \gamma_k)(k=1,2)$;第二部分是时变 Copula 函数模型 $\ln L_c$ 中的参数 $\theta(t)$。

从式(9-16)可以看出,模型的未知参数较多,直接进行所有参数的估计较为困难。采用分步极大似然估计进行参数估计,将变量的边缘分布参数和相关结构参数分开估计,具体流程如图 9-5 所示。首先估计退化模型的参数,采用贝叶斯马尔科夫链蒙特卡罗(MCMC)方法进行估计;然后将退化模型参数代入时变相关模型,进行时变相关参数的估计。

目前最常用的 MCMC 算法是 Gibbs 抽样和 Metropolis-Hastings 算法。Gibbs 抽样是一种蒙特卡罗积分,将建议分布用完全条件分布代替,并以概率 1 接受建议值。WinBUGS(Bayesian inference using Gibbs sampling)是用 MCMC 方法[17]进行贝叶斯推断的专用软件,用于模型参数的评估。本书借助 WinBUGS

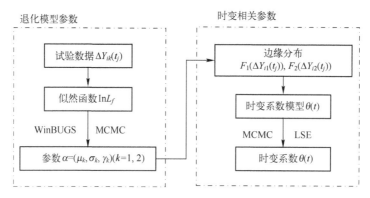

图 9-5 分步极大似然估计参数方法流程

软件进行退化模型的未知参数的估计。在参数模型的求解中,均设参数的先验分布为无信息验前分布,根据试验或仿真所得的数据进行模型参数的估计。

9.3 案例分析

9.3.1 飞机舱门锁机构的可靠性分析

以某飞机舱门上位锁机构为例。舱门上位锁机构包含了 6 个构件,分别为作动筒、活塞杆、锁钩、摇臂 ABD、连杆 BC 和连杆 DE,如图 9-6 所示,机构中铰均为旋转副(共 6 个,即 A、B、C、D、E 和 F),摇臂与锁钩之间通过弹簧连接。本节主要研究舱门锁的开锁过程,在开锁过程中,锁钩上承受来自锁环的向下的载荷,作动筒中的活塞杆向右运动,从而驱动连杆机构运动,最终锁钩逆时针转动,使锁钩与锁环脱离。

1. 舱门锁机构失效模式分析

1)运动精度不足失效

在锁系统开锁过程中,活塞杆向右运动,锁钩逆时针转动,当活塞杆达到最大行程后,如果锁钩前端不能运动到目标位置,导致锁钩与锁环无法分离,则认为锁系统运动精度不足而导致开锁失效,图 9-6 中,L 为活塞杆运动到最右端时,锁钩前缘距离 y 轴的水平距离。

锁系统运动精度的主要因素有:①各个连杆的杆长;②各运动副的间隙。

考虑到加工误差和结构变形,将各连杆的长度看作随机变量。同时,由于各旋转副存在配合误差和磨损,所以旋转副的间隙也是随机变量。

锁系统的运动精度不足的失效判据为

$$L - L_0 < 0 \tag{9-17}$$

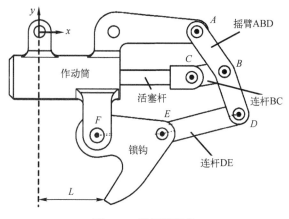

图 9-6 舱门锁机构

式中:L_0 为锁钩与锁环分离时,锁钩前缘距离 y 轴的最小距离。

因此锁系统运动精度不足的功能函数可表示为

$$g_1(X_1,X_2,\cdots,X_n)=L-L_0 \tag{9-18}$$

式中:$X_1,X_2,\cdots,X_n$ 为影响因素。

2) 卡滞失效

锁系统开锁过程中,即活塞杆向右运动过程中,若作动筒提供的驱动力不足以克服机构的阻力,则锁系统不能打开,认为机构发生卡滞失效。

锁系统的工作阻力主要包括:

(1) 各个运动副处的摩擦力(矩)。主要包括作动筒活塞杆与活塞腔的摩擦力和各旋转副处的摩擦力矩。上述各摩擦力(矩)的大小由运动副处的正压力和摩擦系数决定,正压力的大小由机构的整体动力学性能决定,即受各杆的长度、旋转铰的间隙等影响。

(2) 锁钩上承受的工作载荷。因此,影响锁机构卡滞失效的主要影响因素有以下 5 个:①作动筒活塞摩擦系数;②各运动副处的摩擦系数;③锁钩上的载荷;④杆的长度;⑤运动副间隙。

锁系统的卡滞失效判据可以表示为

$$F_0-F<0$$

式中:F_0 为作动筒所能提供的最大驱动力;F 为机构的阻力。

锁系统卡滞失效的功能函数可表示为

$$g_2(Y_1,Y_2,\cdots,Y_n)=F_0-F$$

式中:$Y_1,Y_2,\cdots,Y_n$ 分别为作动筒活塞摩擦系数、各运动副处的摩擦系数、锁钩上的载荷、杆的长度、运动副间隙等。

从物理法分析两种失效模式,杆长和运动副间隙同时影响运动精度不足失效与卡滞失效,因此这两种失效模式是相关的。

2. 舱门锁机构仿真模型

考虑到锁机构的复杂性,以及影响因素的多样性,各功能表征量很难显式地表示出来,因此根据锁机构的运动规律,建立锁机构运动学和动力学仿真模型。将锁机构中对各个随机变量进行参数化处理,在 LMS Virtual.Lab 中建立锁机构的参数化仿真模型。其中,同时考虑杆的变形和加工误差后,杆长的随机分布如表 9-3 所列。

表 9-3 各杆长的随机分布

名 称	分布类型	均 值	标准差	下 限	上 限
摇臂 AD	截尾正态	63	0.226	62.81	63.19
连杆 BC	截尾正态	24.5	0.19	24.4	24.69
连杆 DE	截尾正态	56	0.24	55.68	56.48
锁钩	截尾正态	46.7	0.203	46.34	46.98
活塞杆长	截尾正态	60	0.18	59.82	60.18

各运动副的间隙分布如表 9-4 所列。

表 9-4 各运动副的间隙分布

名 称	分布类型	均 值	标准差	下 限	上 限
A	截尾正态	0.048	0.016	0.026	0.07
B	截尾正态	0.048	0.016	0.026	0.07
C	截尾正态	0.048	0.016	0.026	0.07
D	截尾正态	0.048	0.016	0.026	0.07
E	截尾正态	0.048	0.016	0.026	0.07
F	截尾正态	0.059	0.0191	0.032	0.086

载荷与摩擦系数的分布如表 9-5 所列。

表 9-5 载荷与摩擦系数的分布

名 称	分布类型	均 值	标准差	下 限	上 限
旋转副摩擦系数	对数正态	0.17	0.1667	0.14	0.2
作动筒活塞摩擦系数	对数正态	0.1	0.0033	0.09	0.11
载荷/N	正态	1800	120	1650	1900

3. 基于混合 Copula 函数的可靠性建模

1) Copula 函数的选择

根据舱门锁机构的相关设计参数和实际的工况数据,在确定了单个失效模式的失效判据后,确定模型相关变量的参数,利用蒙特卡罗模拟法,对结构系统中所有随机变量按照其分布进行抽样,把随机变量抽样值代入各功能函数,产生对应的随机序列值 $\{G_j\}_i$ ($i=1,2,\cdots,n;j=1,2$),进而得到相应的经验分布函数序列值 $(F_j)_i$,其中 $(F_j)_i = F(\{G_j\}_i)$。然后根据这些随机数的经验分布函数值,绘制出锁系统两种失效模式的经验分布函数的二元频数直方图和频率直方图。根据该频率直方图的形状选取适当的 Copula 函数,作为两种失效模式的联合密度函数的估计。其中运动精度不足失效 g_1 和卡滞失效 g_2 的二元直方图如图 9-7 所示。

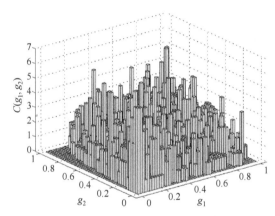

图 9-7 两种失效模式的频率分布直方图

从图 9-7 可以看出,g_1 和 g_2 频率直方图在上尾和下尾具有很强的相关性,且对称性不是很明显。选用 Gumbel Copula 函数和 Clayton Copula 函数拟合 g_1 和 g_2 的联合分布。

2) 参数的确定

利用单个 Copula 可靠性模型中的蒙特卡罗抽样的数据,采用欧式距离法进行参数求解。代入数据,得到 Gumbel Copula 函数和 Clayton Copula 函数的参数分别为 $\theta_{Gum}=1.713$,$\theta_{Cla}=4.731$。

为形象化说明两种失效模式 g_1 和 g_2 之间的相关关系,图 9-8 对比了 g_1、g_2 的经验值与 Copula 函数拟合值。

机械零部件各失效模式间具有非对称相关模式,采用单一 Copula 函数不能完整地描述失效模式之间的相关性,因此用两个 Copula 函数的线性组合构建混

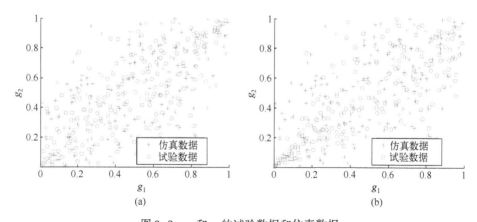

图 9-8　g_1 和 g_2 的试验数据和仿真数据

(a) Gumbel Copula 函数;(b) Clayton Copula 函数。

合 Copula 函数。

混合 Copula 函数的基本形式为

$$C(g_1,g_2)=\varepsilon C_1(g_1,g_2,\alpha)+(1-\varepsilon)C_2(g_1,g_2,\theta) \quad (9-19)$$

式中:C_1、C_2 分别为 Gumbel Copula 函数和 Clayton Copula 函数;ε 为加权系数。

采用同样的参数求解方法,得到混合 Copula 函数的各待定参数:$\varepsilon=0.899$,$\alpha=1.712$,$\theta=2.629$。

利用随机抽样数据,将由蒙特卡罗方法得到的经验联合分布值与混合 Copula 函数得到的累积分布值绘制二维散点关系图,由图 9-9(a)可知,二维散点图上的数据点都落在 45°对角线附近,说明采用混合 Copula 函数的拟合度较好。图 9-9(b)所示为混合 Copula 函数的概率密度图。

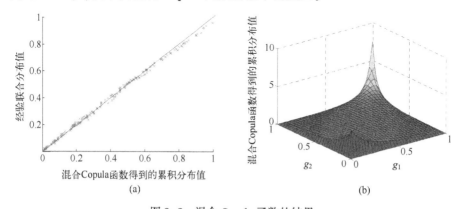

图 9-9　混合 Copula 函数的结果

(a) 混合 Copula 函数和经验联合分布函数散点图;(b) 混合 Copula 函数的概率密度图。

4. 可靠度求解

对于有 k 个失效模式的串联系统,系统失效概率的边界为[18]

$$\max(p_{fi}) \leq p_f \leq 1 - \prod_{i=1}^{k}(1 - p_{fi}) \qquad (9-20)$$

式中:p_{fi} 为第 i 个失效模式的失效概率。

使用动力学仿真模型计算舱门锁机构的失效概率,使用蒙特卡罗方法进行 10^6 次抽样,得到系统的失效概率是 $p_f = 0.0535$,采用 $\mathrm{Cov}(p_f) = \sqrt{\dfrac{1-p_f}{(N-1)p_f}}$ 计算失效概率的变异系数为 4.2×10^{-3},说明使用蒙特卡罗方法得到的结果是收敛的,可将这个结果作为标准解[19]。

使用仿真模型得到运动精度不足的失效概率 $p_{f1} = 0.0288$,卡滞的失效概率为 $p_{f2} = 0.0297$,系统失效概率边界为 $[0.0297, 0.0576]$。

此时结合串联系统计算系统失效率公式,分别选择 Clayton Copula 函数、Gumbel Copula 函数和混合 Copula 函数拟合两种失效模式的相关关系,计算结果和其他方法所得结果列于表 9-6 中,由表可知,混合 Copula 函数计算的系统失效概率具有较高精度。

表 9-6 中的失效独立方法是指不考虑失效模式之间的相关关系时,此时系统失效概率的计算公式为

$$p_f = 1 - \prod_{i=1}^{k} R_i$$

式中:R_i 为第 i 个失效模式的可靠度。

表 9-6 不同可靠性分析方法的失效概率

方 法	失效概率 p_f	相对误差/%	样本数量
蒙特卡罗方法	0.0535	—	10^6
失效独立方法	0.0576	7.664	—
Gumbel Copula 函数	0.0548	2.430	200
Clayton Copula 函数	0.0570	6.542	200
混合 Copula 函数	0.0528	1.308	200

9.3.2 飞机载荷机构可靠性分析

以某型飞机的航向载荷机构作为研究对象,它是飞机方向舵操纵系统的重要组成部分之一。载荷机构能否顺利完成其预期的模拟操纵载荷的功能,直接关乎操纵系统传递给飞行员操纵指令的效率,也就是说,载荷机构的性能是飞

机正常发挥飞行性能的重要保证。

1. 载荷机构工作原理和失效模式分析

1) 载荷机构工作原理

某飞机载荷机构用于方向舵操纵系统,其功能是模拟飞机操纵面气动铰链力矩形成的操纵载荷,提供给飞行员合适的杆力-杆位移特性,并使脚蹬自动返回到中立位置。

载荷机构实际运动过程比较复杂,为了便于研究通常将其简化为平面机构,其运动简图如图9-10所示,分为3个主要部分:曲柄摇杆机构(由摇臂、连杆1和连杆2组成)、摆动推杆盘形凸轮机构以及组合弹簧(由一个大弹簧和一个小弹簧并联组成)。飞行员操纵脚蹬时,脚蹬通过连杆机构带动摇臂转动,凸轮固定在转轴上,在连杆1和连杆2的作用下,凸轮发生旋转,滚轮在弹簧拉力的作用下紧压在凸轮表面。

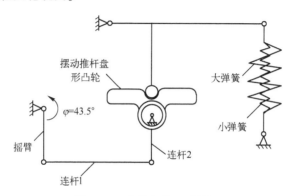

图 9-10 载荷机构运动简图

在此过程中,组合弹簧会被拉长,并给转轴传递一个阻力矩,此阻力矩最终通过连杆机构传递到脚蹬上,并反馈给飞行员,使飞行员在操纵过程中能感受到载荷机构阻力的作用,飞行员根据感受到的阻力对操纵指令进行调整。飞行员松开脚蹬,在弹簧阻力的作用下,脚蹬会自动回复到平衡位置。

2) 失效模式分析

载荷机构中的组合弹簧共同承受相同的交变载荷作用,由于受到交变载荷的作用导致其材料内部的损伤不断累积,发生应力松弛,使弹簧的刚度系数下降,组合弹簧提供的力矩减小,导致载荷机构功能失效。

大弹簧和小弹簧并联作用,总的刚度系数为

$$k = k_1 + k_2 \tag{9-21}$$

式中:k_1为大弹簧的刚度系数;k_2为小弹簧的刚度系数。

随着载荷作用次数的增加,组合弹簧的刚度系数逐渐减小,当k值小于一定范围时,弹簧提供的阻力矩的误差值超过规定值,进而影响到指令的操控。

弹簧提供的阻力 $F=k\cdot\Delta l$,其中 Δl 为弹簧变形量,弹簧的阻力与刚度系数呈线性关系,当 Δl 达到最大行程 $\Delta l_{\max}$ 时,弹簧阻力最大。

载荷机构作用次数超过一定值时,弹簧发生应力松弛,以弹簧在最大行程提供的阻力作对比,当刚度系数减小到一定范围时,对机构的性能产生明显的影响,即

$$\frac{F_t}{F_0}=\frac{k_t\cdot\Delta l_{\max}}{k_0\cdot\Delta l_{\max}}<\alpha \qquad (9-22)$$

式中:k_0 为弹簧初始时刻的刚度系数;k_t 为弹簧在不同时刻的刚度系数,当刚度系数减小为初始系数的 α 倍时,弹簧开始对机构的工作性能产生影响。其中,α 的具体大小根据不同的工况确定。

2. 载荷机构仿真模型

根据载荷机构的工作原理,在多体动力学软件 LMS Virtual.Lab 中建立多刚体动力学模型。载荷机构中包含多个构件,按照它们之间的运动关系进行装配,各个构件之间的连接通过运动副来实现,对建立的模型施加驱动以及边界条件,并进行求解。

3. 基于 Copula 函数的载荷机构退化模型

1)退化模型

对组合弹簧进行交变载荷下的应力松弛试验,取 20 组弹簧样本进行试验,弹簧变形量取最大行程为 87mm,对每组弹簧进行 3×10^4 次交变载荷作用,每作用 10^3 次测量一次弹簧拉力,对每组弹簧进行 30 次数据测量。测量时间忽略不计。图 9-11 所示为组合弹簧的刚度系数累积退化量。

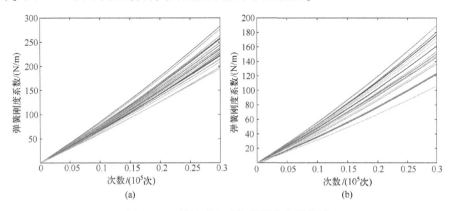

图 9-11 弹簧刚度系数累积退化量曲线

(a)大弹簧刚度系数累积退化量曲线;(b)小弹簧刚度系数累积退化量曲线。

结合时变系数建模方法和二元退化过程的建模方法,对组合弹簧进行时变随机相关建模。时变相关系数采用基于 Kendall 系数的稳定模型进行拟合,弹簧的刚度系数退化增量为 $\Delta Y_{i1}(t_j)$、$\Delta Y_{i2}(t_j)$,累积退化量为 $\Delta k_{i1}(t_j)$、$\Delta k_{i2}(t_j)$,根据 Sklar 定理,$\Delta Y_{i1}(t_j)$ 和 $\Delta Y_{i2}(t_j)$ 的联合分布函数可表示为

$$H(\Delta Y_{i1}(t_j),\Delta Y_{i2}(t_j)) = C(\Phi(U_{ij1}),\Phi(U_{ij2})) \tag{9-23}$$

式中:$U_{ijm} = \dfrac{\Delta Y_{im}(t_j) - \mu_k \Delta\tau(t_j,\gamma_k)}{\sigma_k \sqrt{\Delta\tau(t_j,\gamma_k)}} (m=1,2)$。

组合弹簧的退化模型如下:

$$\begin{cases} \Delta Y_{im}(t_j) \sim N(\mu_m \Delta\tau(t,\gamma_m),\sigma_m^2 \Delta\tau(t,\gamma_m)), \\ \Delta k_{im}(t_j) = \sum_{s=0}^{j} \Delta Y_{im}(t_j) \quad (i=1,2,\cdots,20, \quad j=1,2,\cdots,30, \quad m=1,2) \\ \tau(t_j) = L \cdot [\sin(2\pi \cdot (1+\gamma_\tau \cdot e^{-\xi t}))]^{k_\tau} + \psi \\ H(\Delta k_{i1}(t_j),\Delta k_{i2}(t_j)) = C(\Phi(U_{ij1}),\Phi(U_{ij2});\theta(t)) \end{cases}$$

$$(9-24)$$

似然函数为

$$L = \prod_{i=1}^{N}\prod_{j=1}^{M} f_1(\Delta Y_{i1}(t_j)) \cdot f_2(\Delta Y_{i2}(t_j)) \cdot C(\Phi(U_{ij1}),\Phi(U_{ij2});\theta(t_j)) \tag{9-25}$$

对数似然函数为

$$\ln L = \sum_{m=1}^{2}\sum_{i=1}^{20}\sum_{j=1}^{30} \ln f_m(\Delta Y_{im}(t_j)) + \sum_{i=1}^{20}\sum_{j=1}^{30} \ln C(\Phi(U_{ij1}),\Phi(U_{ij2});\theta(t_j))$$
$$= \ln L_f + \ln L_c \tag{9-26}$$

采用分步似然估计法进行参数估计。首先用 MCMC 法求解退化模型参数大弹簧参数(μ_1,σ_1,γ_1)和小弹簧参数(μ_2,σ_2,γ_2),结果如表 9-7 所列。

表 9-7 退化模型参数估计值

劲度系数	参 数	均 值	标准差	蒙特卡罗误差	2.50%分位	中值	97.50%分位
k_1	μ_1	0.127	4.478×10^{-4}	8.883×10^{-6}	0.1261	0.127	0.1279
	γ_1	1.011	0.003202	9.974×10^{-5}	1.004	1.011	1.017
	$1/\sigma_1^2$	124200	2539.0	32.93	119300	124100	129200
k_2	μ_2	0.3565	0.001684	3.04×10^{-5}	0.3532	0.3565	0.3598
	γ_2	1.011	0.004263	1.13×10^{-4}	1.002	1.011	1.019
	$1/\sigma_2^2$	9575	195.5	2.202	9193	9572	9958

2) 基于 Kendall 系数的时变相关模型

试验样本在每个时刻都有 20 组数据,根据 Kendall 系数计算公式,在每个时刻 t_j 可以得到一个相关系数 $\tau(t_j)$,由此有 30 个相关系数 $\tau(t)$,组成时变相关系数。根据表 9-2 中 Copula 函数的参数 θ 与 Kendall 系数 τ 的转换公式,可以将 $\tau(t)$ 转换为 $\theta(t)$。分别采用稳定模型和不稳定模型进行参数拟合。

将 $\theta(t)$ 求均值为常相关系数,即

$$\bar{\theta} = \int_0^T \theta(t)\,\mathrm{d}t / T$$

采用 LSE 分别估计两种时变模型参数值,结果如表 9-8 所列,图 9-12 所示为时变相关系数的拟合结果(圆点是时变相关系数的计算值,曲线表示模型拟合结果)。

表 9-8 时变相关模型参数值

稳定模型 $\tau(t) = L \cdot [\sin(2\pi \cdot (1+\gamma_\tau \cdot \mathrm{e}^{-\xi t}))]^{k_\tau} + \psi$					
参数值	L	γ_τ	ξ	k_τ	ψ
	-0.271	0.2267	9.141	0.602	0.699
不稳定模型 $\tau(t) = a_0 + a_1\cos(wt) + b_1\sin(wt) + a_2\cos(2wt) + b_2\sin(2wt)$					
参数值	a_0	a_1	b_1	a_2	b_2	w
	0.5372	-0.08745	-0.02324	-0.01531	0.01332	13.45

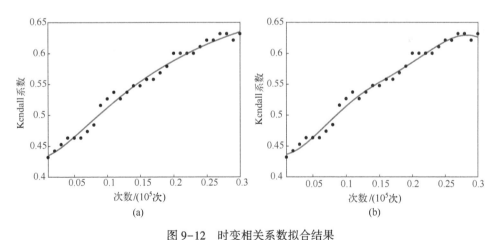

图 9-12 时变相关系数拟合结果

(a) 稳定模型拟合结果;(b) 不稳定模型拟合结果。

从图 9-12 可以看出,两种时变相关模型的时变 Kendall 系数拟合结果较为接近。

随着作用次数增多,稳定模型的系数值趋于定值,不稳定模型的系数值一直在变化,不会趋于稳定,如图 9-13 所示,故本章选取稳定模型进行时变相关性的拟合。

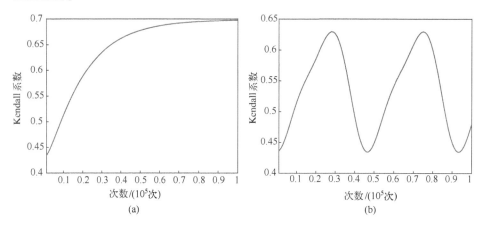

图 9-13　时变相关模型对比

(a) 稳定模型趋势图;(b) 不稳定模型趋势图。

采用 AIC 准则选择 Copula 函数。表 9-9 是两种时变相关模型的参数结果。

表 9-9　相关模型 AIC 值

Copula 函数	时变稳定模型	常相关模型
正态 Copula 函数	-3916	-5811.1
Frank Copula 函数	-2172	-2329.5
Clayton Copula 函数	-59428	-5581.2
Gumbel Copula 函数	-61288	-5860.9

两种结果表明,当时变相关和常相关时,Gumbel Copula 函数的 AIC 值都为最小,说明其对数据的相关性拟合较好。

4. 可靠度求解

机械系统中各零件受共同的载荷作用,各零件之间的失效相关性多为正相关,即系统的失效趋势要比相互独立的情况下大,所以有

$$P(F_1<0, F_2<0) \geqslant P(F_1<0) \cdot P(F_2<0) \tag{9-27}$$

当弹簧刚度系数 $k_t < \alpha k_0$,即 $\Delta k_t > (1-\alpha) k_0$ 时,机构功能发生失效,根据本案例的工况,设定 $\alpha = 0.9$。其中 $\Delta k_t = \Delta k_{1t} + \Delta k_{2t}$,则组合弹簧可靠度为

$$R_{\text{dep}} = \Pr[\Delta k_t < (1-\alpha) k_0] = \iint\limits_{\Delta k_t > (1-\alpha) k_0} h(\Delta k_{1t}, \Delta k_{2t}) \mathrm{d} k_1 \mathrm{d} k_2$$

$$= \iint_{\Delta k_t > (1-\alpha)k_0} c(u,v) f(\Delta k_{1t}) g(\Delta k_{2t}) \mathrm{d}k_1 \mathrm{d}k_2 \qquad (9-28)$$

式中：$h(\Delta k_{1t}, \Delta k_{2t})$ 为刚度系数退化量的联合概率密度函数；u、v 分别为两个弹簧刚度系数退化量的分布函数，其参数如表 9-8 所示。这里选用 Gumbel Copula 函数描述相关性，采用时变稳定模型拟合组合弹簧的相关系数。

特别地，当两个弹簧相互独立时，可靠度为 $R_{\mathrm{ind}} = R(k_1) \cdot R(k_2)$。

组合弹簧的相关模型与独立模型结果如图 9-14 所示。对比不同建模的结果可得，弹簧刚开始失效时，考虑相关性的失效趋势比独立时要大，此时一个弹簧刚度系数的减小会使另一个弹簧受力变大，加速另一个弹簧刚度系数的减小。

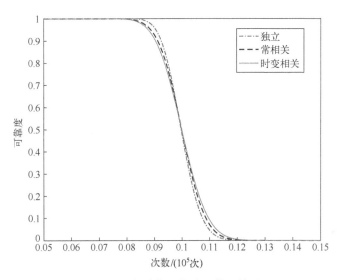

图 9-14　相关模型与独立模型结果

从图 9-14 中可以看出，试验机构的使用寿命在 8000～12000 次之间。在 9000 次之后失效件数量急剧增加，试验机构的可靠性也开始急剧下降。同时，对比 3 条可靠度曲线，考虑相关时的可靠性下降比独立时要快，其中时变相关时的可靠性下降最快。

9.4　小　　结

本章将机械系统随机变量的边缘分布以及变量的相关特性分开进行研究，从物理法和统计分析角度对机械系统进行了相关性分析，将 Copula 函数应用在了机构功能可靠性研究中。使用混合 Copula 函数描述了机械系统的失效模式之间的相关性,建立了机械系统的可靠性模型。案例分析结果表明,考虑失效相关下的系统可靠度比传统失效独立下的系统可靠度更准确。

在可靠性工程领域,使用随机过程用于描述产品或者系统的退化过程,同时考虑到机械系统中性能指标的动态特性,使用维纳过程模拟性能指标的退化,采用时变 Copula 函数描述了系统两个性能指标之间的时变相关关系,建立了基于 Copula 函数的机械系统的时变可靠性模型。同时针对模型中未知参数较多、计算难度较大的问题,提出了分步的参数估计方法。案例分析结果表明,考虑失效相关时的系统可靠度下降速度比独立时要快,且失效时变相关时的可靠度下降速度最快,说明失效模式之间的相关性会加速机械系统发生失效,更符合工程实际。

参考文献

[1] 周金宇,谢里阳,王学敏. 失效相关结构系统可靠性分析及近似求解[J]. 东北大学学报,2004,25(01):74-77.

[2] 刘华汉. 考虑失效相关性的机械可靠性建模及应用[D]. 大连:大连理工大学,2018.

[3] ROSENBLATT M. Remarks on a Multivariate Transformation[J]. Ann Math Statist,1952, 23:470-472.

[4] LEBRUN R,DUTFOY A. A generalization of the Nataf transformation to distributions with elliptical copula[J]. Probabilistic Engineering Mechanics,2009,24:172-178.

[5] LEBRUN R,DUTFOY A. An innovating analysis of the Nataf transformation from the copula viewpoint[J]. Probabilistic Engineering Mechanics,2009,24:312-320.

[6] 唐家银,何平,陈崇双. 相关性失效机械系统的可靠性分析方法[M]. 北京:国防工业出版社,2014.

[7] NELSEN R B. An Introduction to Copulas[M]. New York:Springer Series in Statistics,2006.

[8] HU L. Essays in Econometrics with Applications in Macroeconomic and Financial Modeling [D]. New Haven:Yale University,2002.

[9] 金光. 基于退化的可靠性技术:模型、方法及应用[M]. 北京:国防工业出版社,2014.

[10] 杨圆鉴. 基于退化模型的机械产品可靠性评估方法研究[D]. 成都:电子科技大学,2016.

[11] 黄金波. 系统退化建模与可靠性评估方法研究[D]. 北京:北京理工大学,2016.

[12] PAN Z Q,BALAKRISHNAN N,SUN Q,et al. Bivariate degradation analysis of products based on Wiener processes and copulas[J]. Journal of Statistical Computation and Simulation,2013,83(7):1316-1329.

[13] SHEN L J,ZHANG Y G,SONG B F,et al. Failure analysis of a lock mechanism with multiple dependent components based on two-phase degradation model[J]. Engineering Failure Analysis,2019,104:1076-1093.

[14] WANG X,JIANG P,GUO B,et al. Real-time Reliability Evaluation for an Individual

Product Based on Change-point Gamma and Wiener Process:Real-time Reliability Evaluation[J]. Qual. Reliab. Eng. Int. ,2014,30,513-525.

[15] PENG W,LI Y F,YANG Y J,et al. Bivariate Analysis of Incomplete Degradation Observations Based on Inverse Gaussian Processes and Copulas[J]. IEEE Transactions on Reliability,2016,65:624-639.

[16] LIU Z,MA X,YANG J,et al. Reliability Modeling for Systems with Multiple Degradation Processes Using Inverse Gaussian Process and Copulas[J]. Math. Probl. Eng. ,2014,2: 1-10.

[17] NTZOUFRAS I. Bayesian Modeling Using WinBUGS[M]. New York:John Wiley & Sons, Inc. ,2009.

[18] COMELL C A. Bounds on the reliability of structural systems[J]. Cadernos De Saude Publica,1967,8(3):254-261.

[19] LIU J S. Monte Carlo Strategies in Scientific Computing [M]. New York: Springer-Verlag,2001.

第10章

基于扩展故障树的机械可靠性量化分析理论与应用

故障树分析(fault tree analysis,FTA)是机械系统可靠性分析与评估的常用方法。故障树分析包括建模、定性分析和定量分析。传统的故障树分析从一个可能的事故开始,自上而下、逐层寻找顶事件的直接原因和间接原因事件,直到基本原因事件,并利用逻辑图把该事件之间的逻辑关系进行表达。在产品设计阶段,故障树分析可帮助判明潜在的系统故障模式和灾难性危险因素,可发现可靠性和安全性薄弱环节,以便改进设计。在生产、使用阶段,故障树分析可帮助故障诊断,改进使用维修方案。由于这些优点,常采用故障树分析方法对机械系统进行可靠性评估。

然而,传统故障树只能解决底事件和顶事件的逻辑关系,在实际机械结构可靠性分析过程中,更需要关注顶事件(产品故障)状态与底层设计参数之间的函数关系,这种量化关系的建立对产品可靠性量化设计具有重要意义。同时,由于机械系统的失效模式多种多样,传统的故障树分析方法对机械系统可靠性分析的精度和有效性存在不足。首先,由于存在制造误差和装配公差,且大多数设计变量含有随机性,导致故障的发生具有随机性。这在传统的故障树分析中是不可接受的,因为在传统的故障树分析中,每个故障模式的概率值必须是确定的。其次,机构系统存在耦合,包括部件耦合、失效模式耦合和设计变量耦合。这些耦合使机械系统变得复杂,在可靠性分析过程中会产生严重的关联问题。传统的故障树只能用简单的逻辑门来连接故障模式,这显然不足以描述机械系统中的复杂耦合。此外,由于机械系统复杂的物理机制,特定失效模式的性能函数可能是隐函数。

综上所述,传统的故障树分析方法不适合复杂机械系统的可靠性分析,需要一种有效的方法。本章提出的方法能够将物理机理模型与系统可靠性理论相结合,最重要的是能够系统地将机械产品的失效与其基本变量联系起来。通过对传统的故障树分析方法进行改进,提出一种新的故障树分析方法,用于描述机构系统故障模式间的相关性。此外,该方法还可以建立系统基本变量与失效模式之间的关系,为机构产品的设计和改进提供必要的信息。

10.1 扩展故障树的支撑理论及发展现状

基于扩展故障树可靠性分析方法涉及两部分理论内容:故障树可靠性分析方法和基于故障物理的可靠性理论。两者都已有长足的发展,但在解决机械产品的可靠性定量分析问题时,也都存在一定程度的不足。

1. 故障树可靠性分析方法

故障树可靠性分析方法在机械产品可靠性分析中应用广泛,该方法是基于机械产品中系统与各单元之间的逻辑关系建立树状图,从而可以清晰地明确各单元之间的关系以及对产品可靠度影响的重要程度。它于1961年由贝尔实验室的沃森[1]首次提出,并被用于开发民兵导弹。1977年,Lapp和Powers开发了一种利用计算机自动生成故障树的方法[2-3]。之后提出了模糊故障树[4]、动态故障树[5-6]和时变故障树[7]的概念,并广泛应用于机械产品可靠性分析过程中。

故障树可靠性分析方法的不足在于,这种方法以系统失效为顶事件、以具体失效模式为底事件,只能建立产品失效和具体失效模式之间的逻辑关系,无法分析基础随机变量对产品失效的影响。

2. 基于故障物理的可靠性理论

基于故障物理的可靠性理论是以1946年Freuenthal发表的《结构安全度》论文以及1954年拉尼岑的应力-强度干涉模型为基础的,该理论的发展沿着两个层次不断深入:其一是机械零部件失效机理模型研究;其二是定量化可靠性模型及计算方法。

在机械零部件失效机理模型相关基础理论的研究方面,已经形成了大量基础损伤理论模型和方法。零部件疲劳失效分析研究领域主要集中在两个方面:疲劳累积损伤准则和裂纹扩展模型。在零部件磨损研究方面,经过多年的研究,现有的磨损计算模型超过300余种;在腐蚀方面,结合金属材料腐蚀损伤,形成了腐蚀磨损、腐蚀疲劳裂纹等多类计算模型;在机械产品中的高分子材料老化研究方面,形成了多种老化性能预测方法,如Dakin寿命方程、动力学曲线直线化法、变量折合法(或称时温叠加法)、三元数学模型法(或称P-t-T数学模型法)、统计推算方法和基于修正的Arrhenius方程预测模型等。

在定量化可靠性模型及计算方法方面,目前已有大量的研究成果。以评估结构可靠度为目标、以概率统计理论为基础的可靠性计算方法相对成熟,形成了RF法、JC法等解析计算方法、基于近似技术的可靠性分析方法(如响应面、Kriging模型、神经网络和支持向量机等)和基于抽样技术的可靠性分析方法(如蒙特卡罗抽样、重要抽样、描述性抽样、方向抽样、线抽样和子集模拟等),这些方法在解决零部件级失效上得到了广泛的应用。同时形成处理多失效模式相关的简单边界法、一阶边界法、二阶窄边界法、三阶高精度法、考虑主次失效相关性的高精度计算方法等、考虑随机变量非概率性特征的模糊可靠性方法、区间可靠性分析方法等。这些方法的应用扩展了现有可靠性计算方法的适用范围,完善了机械零部件失效分析的可靠性建模过程。但基于故障物理的可靠性理论的不足在于故障物理模型只能描述某个具体失效模式和基本随机变量之间的关系,无法建立复杂机械产品和基本随机变量之间的关系。

10.2　扩展故障树的组成

基于扩展故障树的可靠性分析方法可以建立起产品失效与基础随机变量之间的关系,从而明确基础随机变量对机械产品可靠性的影响,进一步为产品的设计、维修、寿命计算、故障检测提供帮助。此方法可用于有多种失效模式的复杂机械产品,在已知各失效模式的失效机理和它们之间的逻辑关系的条件下,通过试验、软件仿真以及有关的数理统计和数值分析方法,在产品失效和基本随机变量之间建立联系。

该方法的关键在于建立从产品失效到基本随机变量的树状图,如图 10-1 所示。其中扩展故障树包括两部分[8]:系统故障树和概率故障树。

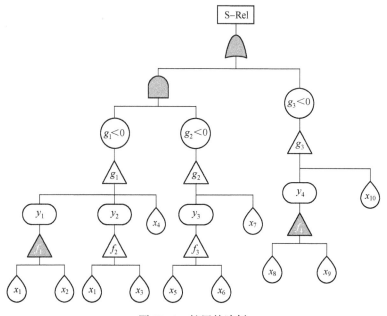

图 10-1　扩展故障树

10.2.1 系统故障树

系统故障树类似于传统的故障树,如图 10-2 所示。故障树指用来表明产品哪些组成部分的故障或外界事件或他们的组合将导致产品发生一种给定故障的逻辑图。从故障树的定义可知,故障树是一种逻辑因果关系图,它以产品失效为顶事件、以具体失效模式为底事件,顶事件与底事件之间用中间事件和逻辑门相连。

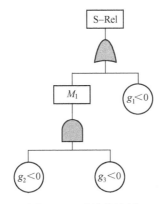

图 10-2　系统故障树

1)结果事件节点

结果事件是系统故障树分析中由其他事件或事件组合所导致的事件,它位于某个门节点的输出端,既可以作为顶事件也可以作为中间事件。例如,图 10-1 中的"S-Rel"是顶事件;"M_1"为中间事件。

2)底事件节点

底事件是系统故障树分析中仅导致其他事件的原因事件,它位于系统故障树底端,总是某个逻辑门的输入事件而不是输出事件。例如,图 10-1 中的"$g_1<0$"和"$g_3<0$"均为底事件。

3)与门

与门表示仅当所有输入事件发生时,输出事件才会发生。

4)或门

或门表示至少一个输入事件发生时,输出事件就会发生。

采用故障树分析方法对产品故障进行分析时,通过分析造成产品故障的硬件、软件、环境、人为因素等,画出故障树,估计出每个事件的重要程度,在每个故障模式值一定的前提下,从而确定产品故障原因的各种可能组合和(或)其发生概率。系统故障树与传统故障树不同的地方在于,系统故障树的底事件与概率故障树相连。

10.2.2 概率故障树

概率故障树参考系统故障树的形式,通过树形结构来表达功能函数与可靠性算法的关系,主要解决已知变量随机特性以及功能函数的条件下,求解分析对象的可靠度。对于图 10-2 所示的系统,故障模式 $g_1<0$ 对应的概率故障树如图 10-3 所示。概率故障树以一种具体的失效模式为根节点、以基本随机变量为叶节点,根节点和叶节点之间使用函数门和中间变量相连。

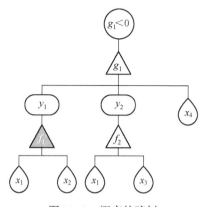

图 10-3 概率故障树

概率故障树包括扩展底事件、随机变量、中间变量和自定义门 4 种节点,具体描述如下:

1) 扩展底事件节点

扩展底事件的名称来源于系统故障树的底事件,相当于底事件的扩展,用于概率故障树的根节点,通过概率统计相关理论计算分析对象的可靠度,是概率可靠性分析的算法承载节点,驱动扩展故障树的迭代以及可靠性分析等。例如,在图 10-4 中的 $g_1<0$ 是一个扩展底事件。

图 10-4 扩展底事件节点

2) 随机变量节点

随机变量分布类型及其分布参数是进行概率可靠性分析的基础。概率故障树中的随机变量可以是机械零件的几何尺寸或材料属性等变量。在图 10-5 所示的概率故障树中,我们使用"叶子"形状的节点表示随机变量,即 $x_1 \sim x_4$ 均为随机变量。

图 10-5　随机变量节点

3) 中间变量节点

中间变量是概率可靠性分析中两个门节点之间传递数据的中间变量,既代表了某个门节点的输出变量,也代表了某个门节点的输入变量。同时可以包含一个或多个变量,仅包含变量本身及其对应的数据,不包括任何其他算法。使用图 10-6 中的形状来表示中间变量节点。

图 10-6　中间变量节点

4) 自定义门节点

开发概率故障树是为了能够在特定失效模式和基本设计变量之间建立联系。为此,参考传统故障树中逻辑门的功能,提出了一种自定义模型节点。自定义模型包括输入数据、输出数据和一个内置函数。内置函数取决于故障模式的物理机理。如图 10-7 所示,自定义模型节点用三角形表示。

图 10-7　自定义模型节点
(a) 显示函数门;(b) 隐示函数门。

根据基本随机变量和中间变量之间的关系,设置了两种自定义门节点:显式函数门和隐式函数门。它们都以基本变量作为输入数据、中间变量作为输出数据。这两种模型具有相同的输入和输出,但用于不同的情况。

(1) 显式函数门:当失效模式或中间变量和基本随机变量之间的关系可以用明确的数学模型描述时,两者可通过显式函数门来连接。如图 10-7(a)所示,显式函数门包含一个具体数学模型的解析式,这个数学模型可以是失效模式的功能函数,也可以是求解中间变量的数学模型。使用该门时,向其中的数学模型输入基本随机变量的统计参数,输出失效模式的发生概率或中间变量的统计参数。

(2)隐式函数门:当失效模式或中间变量和基本随机变量之间的关系无法用明确的数学模型表示时,两者之间的关系可以用隐式函数门连接。隐式函数门使用图10-7(b)所示的图形表示。隐式函数门与具体的试验方案或相关软件相关联。使用该门时,向其中输入基本随机变量的统计参数,通过试验或软件仿真后,输出失效模式的发生概率或中间变量的统计参数,进一步将系统故障树和概率故障树首尾相连,就可得到从产品失效到基本随机变量的树状图。

综上可知,在应用上述所提出的扩展故障树时,首先利用概率故障树得到各故障模式的概率,然后利用系统故障树得到系统的可靠性。可以看出,与传统的故障树相比,扩展故障树含有两个优点:①新方法可以清晰、系统地描述基本变量与系统失效之间的关系;②对于具有大量复杂失效模式的机械系统,该方法采用隐式函数门和显式函数门相结合的方法,可以更准确地获得失效模式的概率。

使用扩展故障树可靠性分析方法对机械产品进行可靠性分析的具体步骤如下:

步骤1:建立系统树状图;

步骤2:求系统故障树的最小割集;

步骤3:确定系统可靠度故障树的底事件,即具体失效模式的功能函数;

步骤4:对基本随机变量进行抽样;

步骤5:利用步骤4的抽样结果,通过显式函数门和隐式函数门求取中间变量;

步骤6:利用中间变量,通过功能函数求取失效模式发生概率;

步骤7:利用失效模式发生概率,通过系统故障树的最小割集求取机械产品可靠度。

10.3 扩展故障树的软件实现

为打通传统顶层系统可靠性设计与底层结构细节可靠性设计之间的壁垒,形成涵盖结构机构系统故障物理建模、可靠性建模、代理模型训练、可靠度计算以及演化分析等产品高效设计分析解决方案,基于提出的扩展故障树理念,开发了结构机构可靠性分析软件——Reliana(图10-8)。下面对软件的基础模块和关键技术进行介绍。

第 10 章 基于扩展故障树的机械可靠性量化分析理论与应用

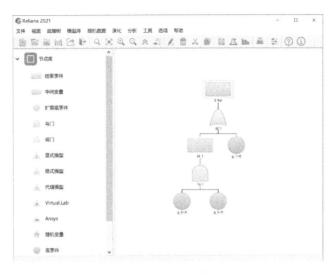

图 10-8　Reliana 软件界面

10.3.1　软件架构

Reliana 软件的核心应用场景是在已知模型以及输入变量随机特性的基础上,求解输出响应满足要求的概率,比如基于蒙特卡罗直接抽样方法,根据随机变量的分布特性抽出多个样本,然后通过模型计算多个对应的输出,最后判断超过要求阈值的样本数量,即可统计得出其可靠度。Reliana 软件提供了大量工具用于完善以上过程,比如如何基于数据来确定随机变量的分布特性、如何设计抽样算法来使其尽量符合分布特性、如何在保证计算精度的情况下用尽量少的样本来进行可靠性评估,更进一步地,如何对随机变量的分布特性随时间退化时的可靠性变化进行评估等。

从架构上来说,Reliana 软件的核心是一个通过算法驱动函数迭代的过程。算法主要是指各种可靠性算法,函数代表了一个确定性模型,可能是一个公式,可能是一个有限元模型,也可能是两者的复杂组合,在可靠性分析中,称为功能函数。可靠性算法作为一个总体的调度器,结合随机变量的分布特性以及上次迭代的结果来计算下次迭代的输入样本,进而驱动函数(确定性模型)计算输出。Reliana 软件通过故障树的方式来表达以上逻辑关系。

10.3.2　软件基础模块

1. 系统可靠性分析模块

GJB/Z 768A—98 规定了产品(系统)故障树分析的一般程序和方法,

Reliana 软件基于该标准,提供了建立及分析标准的系统故障树的工具与方法。并将该类分析定义为"系统可靠性分析",主要用于已知底事件可靠度的情况下,搭建系统故障树,通过各零部件之间的串联关系或并联关系分析系统的可靠度。

1) 系统故障树

系统故障树基础节点为结果事件、底事件、与门和或门,为了增强与门和或门,以及节点之间关系的描述能力,Reliana 软件支持通过显式模型、隐式模型以及代理模型等节点建立系统故障树,如图 10-9 所示。

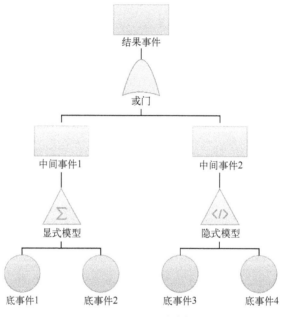

图 10-9　系统故障树

2) 结果事件

Reliana 软件中结果事件节点仅用于分析系统可靠性,采用图 10-10(a)所示的图形表示。该节点可以作为整个模型的根节点,且可作为系统故障树中门节点的子节点,同时也可以是任意门节点的父节点。该节点有且仅有一个子节点。Reliana 软件中结果事件节点仅支持自底向上的推导方法,对结果事件节点的编辑如图 10-10(b)所示。

3) 与门和或门

Reliana 软件使用图 10-11 和图 10-12 所示的图形表示与门和或门。这两种节点可以同时用于概率可靠性分析与系统可靠性分析,所有门节点的父子关系完全一致:①该节点可以作为某个应用节点的子节点;②该节点可以作为变量节点与应用节点的父节点;③该节点支持多个子节点;④当其他门节点拖拽

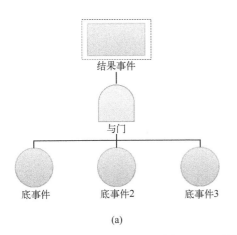 

图 10-10　结果事件

(a) 结果事件的典型应用；(b) 结果事件节点编辑。

到该节点时,该节点会被替换,继承之前的输入输出变量等信息;⑤该节点无兄弟节点。这两种门节点通过固定的显式函数门进行计算,支持多个输入变量和一个输出变量。与门和或门的特定的数学模型分别如式(10-1)和式(10-2)所示：

$$\text{output} = x_1 x_2 \cdots x_n \tag{10-1}$$

$$\text{output} = 1 - (1-x_1)(1-x_2)\cdots(1-x_n) \tag{10-2}$$

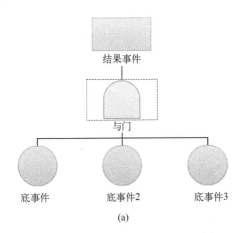 

图 10-11　与门

(a) 与门的典型应用；(b) 与门节点编辑。

2. 概率可靠性分析模块

Reliana 软件中的概率可靠性分析模块基于概率论方法通过功能函数来描述

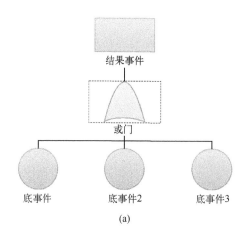

(a)   (b)

图 10-12 或门
(a) 或门的典型应用；(b) 或门节点编辑。

响应量与基本变量之间的关系，并利用统计学方法收集基本变量的样本数据得到基本变量的统计规律，然后采用演绎推理的方法，将基本变量的统计规律传递到响应量，最终通过响应量的统计规律全面揭示分析对象的统计规律，对其可靠性进行评估。下面对 Reliana 软件中概率故障树内包含的几个关键节点进行介绍。

1）扩展底事件节点

Reliana 软件中的扩展底事件作为底事件替代节点的同时，也可作为概率故障树的根节点，通过概率可靠性分析方法计算失效概率，进而计算系统可靠性。为便于分析不同变量之间的相关性，Reliana 软件同时支持使用相关性矩阵定义随机变量之间的相关系数，打开"相关性矩阵"编辑窗口后可弹出图 10-13(b) 所示的对话框。该相关性矩阵为一个方阵，矩阵尺度等于以该节点为根节点的随机变量数量。同时，扩展底事件编辑节点也内嵌了常用的可靠性分析算法，包括均值一次二阶矩（MVFOSM）、改进一次二阶矩（AFOSM）、二次四阶矩（SOFM）、蒙特卡罗直接抽样（MCSDS）、重要抽样（MCSIS）以及线抽样（MCSLS），如图 10-13 所示。

2）随机变量节点

Reliana 软件几乎支持了所有常用随机变量的定义与应用。在实际应用中，对于同一分布类型的描述虽然大体相同，但并不完全统一，Reliana 软件以 Python 软件中的科学计算库 SciPy 为基础，同时给出了分布类型对应的概率密度函数。同时，为方便分析数据，Reliana 软件在随机变量节点集成了数据拟合与优化、统计参数、数据结尾、数据库可靠性评估和自定义随机数据库等功能，如图 10-14 所示。

第 10 章 基于扩展故障树的机械可靠性量化分析理论与应用

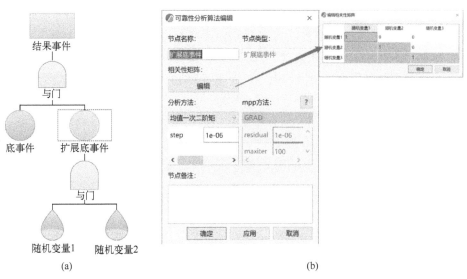

图 10-13 扩展底事件

(a) 扩展底事件的典型应用；(b) 扩展底事件编辑。

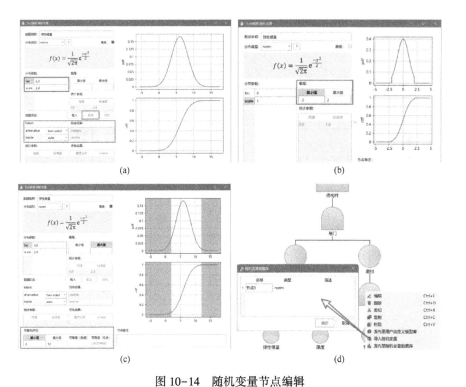

图 10-14 随机变量节点编辑

(a) 数据拟合；(b) 截尾；(c) 可靠性评估；(d) 导入随机数据库。

197

3) 显式函数门

Reliana 软件中显式函数门可以同时用于概率可靠性分析与系统可靠性分析,所有门节点的父子关系完全一致:①该节点可以作为某个应用节点的子节点;②该节点可以作为变量节点与应用节点的父节点;③该节点支持多个子节点;④当其他门节点拖拽到该节点时,该节点会被替换,继承之前的输入输出变量等信息;⑤该节点无兄弟节点。在显式函数门中,Reliana 软件支持了大部分的常用函数。包括三角函数、双曲线函数、四舍五入、和、积、差异、指数、对数函数、算术运算等,如图 10-15 所示。

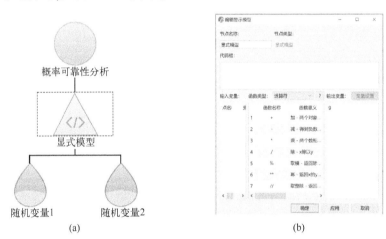

图 10-15　Reliana 软件中的显式函数门
(a) 显式函数门的典型应用;(b) 显式函数门编辑图形。

4) 隐式函数门

隐式模型可以被当作一个"黑盒"函数来使用,通过指定的输入计算得到输出。由于"黑盒"函数通常是通过其他程序构建的,该函数包含固定的输入参数与输出参数,与故障树模型并不能完全一致,节点编辑窗口的主要功能在于建立输入输出变量与"黑盒"函数自身输入输出之间的关系,如图 10-16 所示。Reliana 软件中的隐式函数门的工作主要被分为 3 个部分:①通过修改输入文件中的变量修改输入变量;②驱动求解器执行修改后的输入文件,并得到输出文件;③通过读取输出文件中的变量读取输出变量,如图 10-17 所示。

5) 代理模型函数门

除显式函数门和隐式函数门外,Reliana 软件还集成了代理模型函数门,可用于直接基于试验数据的训练和替代集成的隐式模型。Reliana 软件中训练完成的代理模型被当作一个函数使用,通过指定的输入计算得到输出。该节点的主要功能包括输入样本抽样、输出样本计算以及模型的训练等,如图 10-18 所示。

第 10 章 基于扩展故障树的机械可靠性量化分析理论与应用

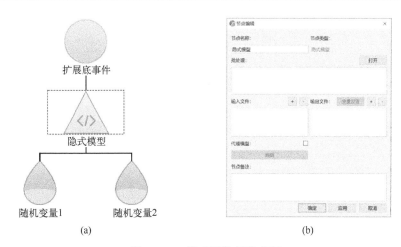

图 10-16 隐式函数门的应用

(a) 隐式函数门的典型应用；(b) 隐式函数门编辑图形。

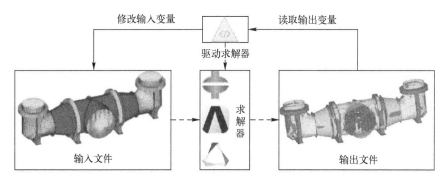

图 10-17 Reliana 软件中的隐式函数门

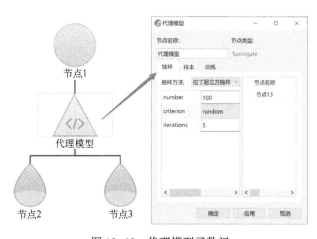

图 10-18 代理模型函数门

10.3.3 软件关键技术

1. 扩展故障树设计

故障树分析可以直接建立底事件和顶事件之间的逻辑关系。在实际机械结构可靠性分析过程中,除了建立顶事件和底事件之间的逻辑关系外,更需要关注顶事件(产品故障)状态与底层设计参数之间的函数关系。Reliana 软件通过引入函数门和基本随机变量,在传统故障树分析的基础上,通过函数门将故障树向下扩展,基于底事件的故障物理模型,生成极限状态方程。通过极限状态函数门,建立底事件功能特征量(表征底事件状态的参数如力、变形和性能参数等)与底层基本设计变量(尺寸参数、材料参数及载荷等)的量化模型,如图 10-19 所示。

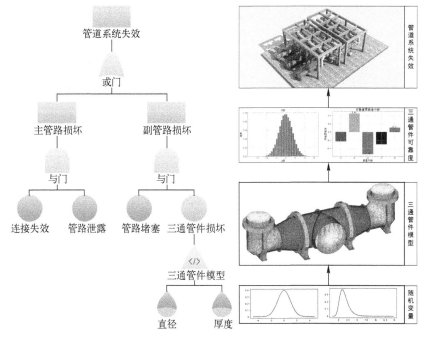

图 10-19 使用 Reliana 软件创建的扩展故障树模型

2. 随机变量

Reliana 软件"叶子"节点代表概率故障树中的随机变量,随机变量的分布特性是可靠性分析的基础,Reliana 软件几乎支持了所有常用随机变量的定义与应用。针对特定的随机变量,支持功能包括:①基于数据的分布参数拟合;②基于数据的 KS 检验;③基于优化算法自动拟合;④基于数据的可靠性评估;⑤分布参数向统计参数的自动转换;⑥截尾分布的转换与应用;⑦概率密度与累积概率分布曲线;⑧内置随机变量数据库。此外,Reliana 几乎支持了所有常用随机变量的定义与应用,如图 10-20 所示。

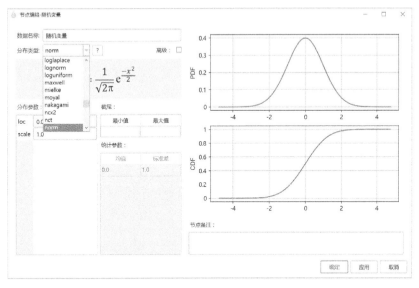

图 10-20　随机变量节点设计

3. 显式函数门

Reliana 软件中的显式函数门编辑器内置 3 类模型/函数:①典型零件模型:典型零件的计算模型(需定制);②逻辑门:与门与或门;③数学函数:sin( )、log( )等,如图 10-21 所示。

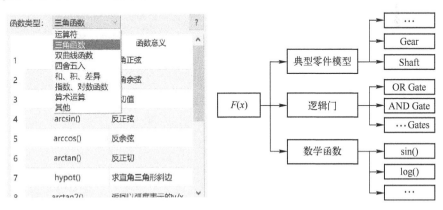

图 10-21　显示函数门内嵌的函数

4. 隐式函数门

当待分析的对象没有显式公式时,需要利用其他有限元分析软件、动力学分析软件等成熟的商业分析软件进行隐式功能函数的建立。Reliana 软件支持大部分商用分析软件的集成,如图 10-22 所示。

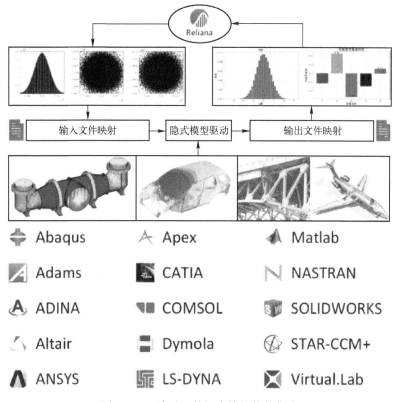

图 10-22 隐示函数门支持的软件集成

5. 代理模型

代理模型是通过某种数学模型逼近一组输入变量与输出变量的方法。代理模型不仅可以大幅度提高分析任务的效率,还可以对响应函数进行平滑处理,大大地降低计算中产生的"计算噪声",从而改善优化过程的收敛。为了准确适用各种特性的数据样本,Reliana 软件支持的训练方法包括响应面方法(RSM)与支持向量机(SVM)方法,如图 10-23 所示。

6. 实验设计

样本是训练代理模型的原料,Reliana 软件支持直接导入实验样本或通过隐式模型进行抽样计算,如何通过尽量少的样本来准确反映整体空间特性,Reliana 软件可以同时考虑实验和仿真数据形成样本,并引入了多种抽样方法,其中包括均匀抽样、随机抽样以及拉丁超立方抽样,如图 10-24 所示。

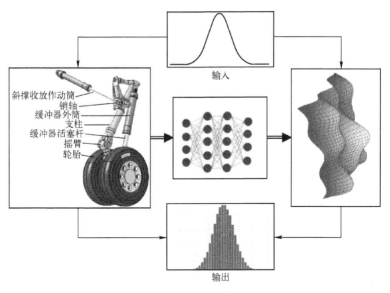

图 10-23　代理模型

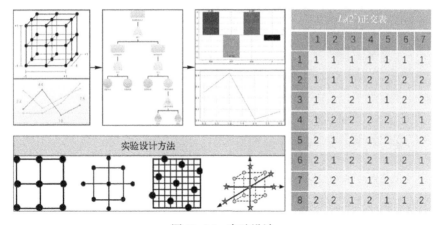

图 10-24　实验设计

7. 可靠性分析与演化

可靠性分析与演化基于概率论方法通过扩展故障树得到响应量与影响响应量的基本变量之间的关系,并利用统计学方法收集基本变量的样本数据得到基本变量的统计规律,然后采用演绎推理的方法,将基本变量的统计规律传递到响应量,最终通过响应量的统计规律全面揭示系统行为的统计规律。Reliana 软件支持多种结构机构的可靠性计算方法,适用于不同工程问题的效率要求与精度要求,用于求解各种可靠度相关结果,包括结构、机构、组件或者系统特征量的分布参数、可靠度指标、可靠度以及灵敏度等。

可靠性演化分析是在可靠性分析的基础上,针对结构机构系统同时存在着疲劳、磨损、老化、应力松弛等多类型、多部位的渐变损伤问题,将与工作时间(或工作次数)有关的随机变量转换为时间的函数,通过可靠性计算,获得响应量不同工作时间下的统计规律。Reliana 软件通过给定工作时间序列及相应的随机变量分布参数变化,采用数值方法计算可靠性演化规律,如图 10-25 所示。

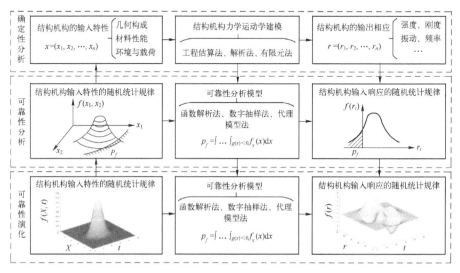

图 10-25　可靠性分析与演化过程

8. 结果管理

Reliana 软件基于不同分析类型以及作业名称对计算结果进行分类管理,不同分析类型提供了不同的结果后处理方法,主要包含结果后处理形式:总结报告、历程数据以及图形曲线,如图 10-26 所示。

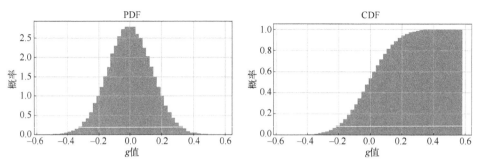

图 10-26　结果管理

10.4 案例分析

以一种飞机舱门锁机构为例,使用扩展故障树分析软件——Reliana 软件计算其可靠性。该锁机构由单锁主体、油腔密封组件、活塞拉杆组件、连杆组件、摇臂组件、锁钩组件 6 个组件组成,每个组件含若干个零件,产品共包含 50 个零件,如图 10-27 所示。此锁主要有上锁锁定和开锁释放两大功能,影响该功能的因素主要有摇臂长度、连杆拉杆长度、摇臂拉杆的长度、锁钩的长度、连杆作用的位移以及配合间隙等。

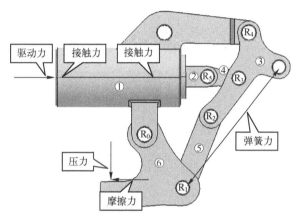

①—锁体;②—活塞;③—摇臂;④—连杆1;⑤—连杆2;⑥—锁钩。

图 10-27 锁机构示意图

该锁机构的失效模式主要有三种:①由于启动力不足引起的失效,即启动失效;②由于开锁时间太长引起的失效,即运动失效;③由于锁机构过死点卡滞引起的失效,即定位失效。只要有一种失效发生,该机械系统即失效。则可建立该系统的故障树模型,如图 10-28 所示。其中,$g_1<0$ 表示启动失效;$g_2<0$ 表示运动失效;$g_3<0$ 表示定位失效。因此,该机械产品有 3 个最小割集,每个最小割集含有一个元素。3 个最小割集即启动失效、运动失效、定位失效。

记启动力为 F,最小极限启动力为 $[F]$,启动失效的功能函数如式(10-3)所示:

$$g_1 = F - [F] \tag{10-3}$$

记开锁时间为 t,最大开锁时间为 $[t]$,运动失效的功能函数如式(10-4)所示:

$$g_2 = t - [t] \tag{10-4}$$

使用均值一次二阶矩法计算扩展底事件的失效概率,如图 10-29 所示。同时,对于启动失效和运动失效,存在 5 个不确定性因素的影响,分别为弹簧弹性系数(X_1)、弹簧的阻尼系数(X_2)、锁钩与锁环的脱钩角(X_3)、锁钩与锁环的最大接触力(X_4)、附着在活塞上的驱动力的变化率(X_5)。这些变量的统计

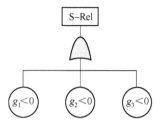

图 10-28　锁机构的系统故障树

特征见表 10-1。使用 Reliana 对随机变量节点分布特性的设置如图 10-30 所示。

图 10-29　扩展底事件设置

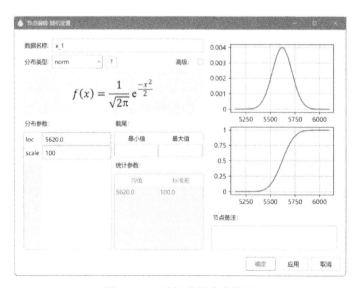

图 10-30　随机变量节点设置

表 10-1　基本随机变量统计参数表(1)

变量名/单位	分布类型	期望	标准差
X_1/(N/m)	正态分布	5620	100
X_2/(kg/s)	正态分布	478	10
X_3/(°)	正态分布	46.5	0.5
X_4/N	正态分布	4000	400
X_5	正态分布	14	0.02

由于这两种失效模式的故障及其影响因素之间没有明确的数学模型。因此需要通过隐式函数门得到这两个故障的隐函数。使用 Reliana 软件通过调用 LMS Virtual. Lab 进行隐式功能函数的表达。载入模型后，Reliana 软件会直接读取 Virtual. Lab 模型中的输入变量和输出变量，且会根据映射关系修改模型中对应的变量值。

启动力和解锁时间可表示为

$$F = F(X_1, X_2, X_3, X_4, X_5) \tag{10-5}$$

$$t = t(X_1, X_2, X_3, X_4, X_5) \tag{10-6}$$

则启动失效和运动失效的故障树如图 10-31 所示。

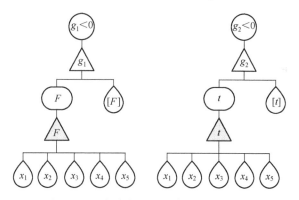

图 10-31　启动失效和运动失效的故障树

对于定位失效，机构定位精度的表征量为挠度 h，见图 10-32。设挠度的极限状态值为 $[h]$，则定位失效的功能函数可用下式表示：

$$g_3 = h - [h] \tag{10-7}$$

根据图 10-32 的几何关系，挠度可以表示如下：

$$h(a, b, f) = a \cdot \sin\left(\frac{\arccos(a^2 + f^2 - b^2)}{2a \cdot f}\right) \tag{10-8}$$

由于制造及装配误差不可避免，锁钩长度、连杆长度及活塞杆行程均存在

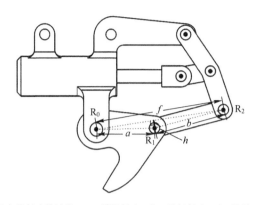

R_0、R_1、R_2—锁钩与连杆上的铰链；a—锁钩长度；b—连杆长度；f—铰链R_0与R_2之间的距离。

图 10-32　锁机构几何模型

不确定性，其尺寸的分布特性如表 10-2 所列。定位失效的概率故障树如图 10-33 所示。对于定位失效的概率故障树，可使用显式函数门将随机变量与失效模式进行关联，显式模型的设置如图 10-34 所示。

因此，结合本章提出的方法，该锁机构的扩展故障树可表示为如图 10-35 所示。基于图 10-35 中的扩展故障树，利用失效模式发生概率，以及通过系统故障树的最小割集，可求得该锁系统的失效率为 0.0141。

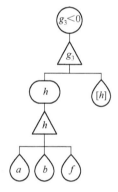

图 10-33　定位失效的概率故障树

图 10-34　显式模型的设置

表 10-2 基本随机变量统计参数表(2)

参　数	原　长	误　差			
		下　限	上　限	期　望	标准差
a/mm	47.566	-0.226	0.011	-0.1075	0.0395
b/mm	56	-0.240	0.048	-0.0960	0.0480
f/mm	0	-0.250	0.250	0	0.0833

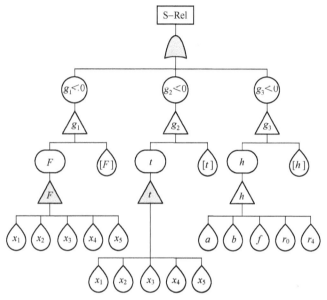

图 10-35 锁机构的扩展故障树

10.5 小　结

　　故障树分析可以直接建立底事件和顶事件之间的逻辑关系。在实际机械结构可靠性分析过程中,除了建立顶事件和底事件之间的逻辑关系外,更需要关注顶事件(产品故障)状态与底层设计参数之间的函数关系。本章针对具有复杂故障模式的机械产品,结合系统可靠性分析方法和机械产品失效物理模型,对传统的故障树分析方法进行扩展,建立了由系统故障树和概率故障树两部分组成的类故障树可靠性分析方法,研究了如何使用该新方法对机械系统进行可靠性建模和分析,并依照该方法原理编写了软件。最后通过一个工程实例对方法的可行性和效果进行了验证。结果显示,提出的扩展故障树可靠性分析方法能有效地建立机械系统可靠度和机械产品的设计参数之间的关系,避免可靠性分析工作和产品结构设计过程中存在的脱节问题,并通过量化分析的方式,真正实现产品的精细化概率设计。

参考文献

[1] LEE W S, GROSH D L, TILLMAN F A, et al. Fault tree analysis, methods, and applications-a review[J]. IEEE Transactions on Reliability, 1985, 34(3):194-203.

[2] LAPP S A, POWERS G J. Computer-aided synthesis of fault tree[J]. IEEE Transaction on Reliability, 1977, R-26(1):2-13.

[3] LAPP S A, POWERS G J. Update of Lapp-Powers Fault-Tree Synthesis Algorithm[J]. IEEE Transactions on Reliability, 1979, R-28(1):12-15.

[4] TANAKA H, FAN L T, LAI F S, et al. Fault-Tree Analysis by Fuzzy Probability[J]. IEEE Transactions on Reliability, 1983, 32:453-457.

[5] DUGAN J B, BAVUSO S J, BOYD M A. Dynamic fault-tree for fault-tolerant computer systems[J]. IEEE Transactions on Reliability, 1992, 41:363-376.

[6] DUGAN J B, SULLIVAN K J, COPPIT D. Developing a low cost high-quality software tool for dynamic fault-tree analysis[J]. IEEE Transactions on Reliability, 2000, 49(1):49-59.

[7] PALSHIKAR G K. Temporal fault trees[J]. Information and Software Technology, 2002, 44(3):137-150.

[8] YU T X, LIU Y X, ZHUANG X C, et al. Reliability quantitative analysis method for mechanical system by using extended fault tree[C]. 28th Annual International European Safety and Reliability Conference (ESREL), Trondheim, 2018.

第 11 章

典型机构系统可靠性分析案例

本章选取装备中的典型机构系统,针对机构的特定组成形式及工作原理,分析其失效模式和失效机理,给出功能特征表征量及失效判据的表达形式,建立可靠性分析模型,并进行改进设计。

11.1 某锁机构卡滞可靠性分析案例

该案例主要是针对某锁机构卡滞这一主要失效模式的,在功能原理分析的基础上,对其失效机理进行全面分析,找出主要影响因素并给出失效判据。通过考虑多个影响因素的随机性,对其失效模式发生的概率进行评估和计算,并针对各影响因素对失效概率的灵敏度的影响进行分析,进而提出改进措施。

11.1.1 锁机构组成及工作原理

锁机构包含了6个构件(作动筒、活塞、锁钩、摇臂和两个连杆),如图10-27所示,机构中铰链均为旋转副(共6个,即 R_0、R_1、R_2、R_3、R_4 和 R_5),摇臂与锁钩之间通过弹簧连接。

锁的正常打开过程如图11-1所示。锁钩在弹簧拉力的作用下,有向上继

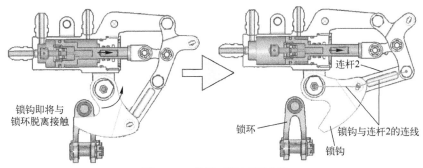

图 11-1 单锁正常打开过程

续转动的趋势。并且在液压力的作用下，活塞有向外继续运动的趋势。但在油腔端盖的限制作用下，活塞不能继续运动，锁钩也不能继续向上转动。故单锁开锁成功后，单锁应停留在锁钩与连杆2的连线向下凸出的状态。

11.1.2 锁机构失效模式及失效机理初步分析

在实际使用中，单锁打开后，锁钩没有停留在如图11-1所示打开状态，而是继续向上转动，使锁钩与连杆2的连线越过死点，停留在向上凸出的状态，如图11-2所示。单锁在关闭时，由于锁钩与连杆2的连线向上凸出，锁钩存在向上转动的趋势，导致单锁不能关闭。

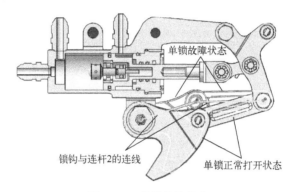

图 11-2　单锁故障状态

根据锁机构的构型及其功能原理，造成锁机构上述故障的主要影响因素可能包括构件的加工误差、配合间隙、作动筒行程、冲击变形等。由上述因素导致的几何关系不配合，是引发机构越过死点发生故障的根本原因。

11.1.3 锁机构可靠性分析模型建立

锁机构可靠性分析模型需要解决两个问题：①失效表征量与影响因素之间的量化关系；②影响因素随机性影响下失效表征量的随机性。

根据锁机构的失效机理分析，用图11-3所示中 h 变量进行失效表征，理想情况下，$h>0$ 则机构可靠，$h \leq 0$ 则锁机构发生失效。考虑到锁机构打开过程中存在的冲击变形，通过试验测定得到 $h>7\text{mm}$ 则机构可靠，$h \leq 7\text{mm}$ 则锁机构发生失效。

其可靠性模型建立方法如图11-3所示，将锁钩简化成铰链 R_0 与铰链 R_1 的连线，将连杆1简化成铰链 R_1 与铰链 R_2 的连线，将摇臂简化成依次连接铰链 R_2、铰链 R_3 和铰链 R_4 的线，将连杆2简化成铰链 R_3 和铰链 R_5 的连线。上述各个简化成的线均为刚体。

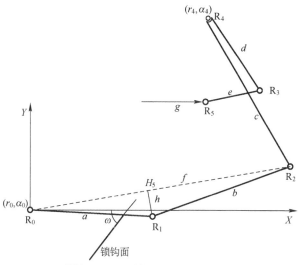

R_0R_1—锁钩；R_1R_2—连杆1；$R_2R_3R_4$—摇臂；R_3R_5—连杆2。

图11-3 锁机构运动关系示意图

铰链 R_0 为锁钩与锁体的连接位置,可以在误差圆范围内运动。假设设计位置为原点,则铰链 R_0 位置可能在半径为 r_0 的圆内。同样,铰链 R_4 为支臂与摇臂的连接位置,可以在误差圆范围内进行运动。假设设计位置为原点,则铰链 R_4 位置可能在半径为 r_4 的圆内。

通过对模型添加传感器,可以直接获得锁钩的角度 ω。求解铰链 R_0 与铰链 R_2 连线到铰链 R_1 的距离(挠度 h),对上面创建的模型进行运动学仿真,得到3个铰链之间的距离,分别为 a、b 和 f。通过下式,可以得到挠度值 h:

$$h = a \cdot \sin\left[\arccos\left(\frac{a^2+f^2-b^2}{2af}\right)\right]$$

根据以上分析,由于各部件外形尺寸不存在相互干涉行为,将所有部件按照图11-3建立刚体仿真模型。

根据锁机构杆件的加工误差和装配等级,得到各运动部件的长度误差如表11-1所列。

表11-1 各运动部件的长度误差

参数	原长	原长下限	原长上限	误差均值	误差方差	误差下限	误差上限
锁钩长度 a/mm	47.566	47.41	47.6125	-0.05475	0.03375	-0.156	0.0465
连杆1长度 b/mm	56	55.825	56.0805	-0.04725	0.042583	-0.175	0.0805
连杆2长度 e/mm	24.5	24.476	24.65	0.063	0.029	-0.024	0.15
摇臂全长 c/mm	63	62.85	63.15	0	0.05	-0.15	0.15

续表

参　数		原长	原长下限	原长上限	误差均值	误差方差	误差下限	误差上限
上半段长度 d/mm		33.284	33.121	33.435	-0.006	0.052	-0.163	0.151
活塞行程 g/mm		0	-0.05	0.05	0	0.017	-0.05	0.05
支臂	r_0/mm				0	0.017	-0.05	0.05
	α_0/(°)						0	180
锁体	r_4/mm				0	0.017	-0.05	0.05
	α_4/(°)						0	180

11.1.4　锁机构可靠性及灵敏度分析

采用试验设计，共仿真试验 1024 次，通过对影响因素分析，得到结果如图 11-4、表 11-2 和表 11-3 所示。

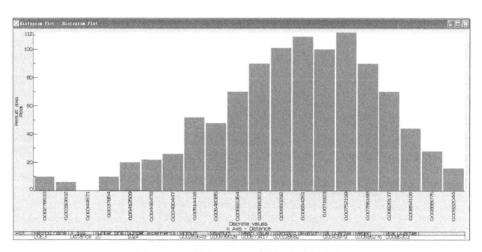

图 11-4　采用 DOE 得到的挠度结果分布

表 11-2　挠度最小值时各部件误差的组合情况

锁钩与锁体连接处		支臂与摇臂连接处		锁钩 Δa /mm	活塞行程 Δg/mm	连杆1 Δe/mm	摇臂上 Δd/mm	摇臂全 Δc/mm	连杆2 Δb/mm	锁钩角度 $\Delta\omega$/(°)	挠度 h /mm
Δr_4 /mm	$\Delta\alpha_4$ /(°)	Δr_0 /mm	$\Delta\alpha_0$ /(°)								
0.05	180	0.05	180	-0.191	0.05	0.19	-0.203	0.19	-0.204	61.77579	2.596
0.05	180	-0.05	0	-0.191	0.05	0.19	-0.203	0.19	-0.204	61.77579	2.596

表 11-3 挠度最大值时各部件误差的组合情况

锁钩与锁体连接处		支臂与摇臂连接处		锁钩 Δa /mm	活塞行程 Δg/mm	连杆 1 Δe/mm	摇臂上 Δd/mm	摇臂全 Δc/mm	连杆 2 Δb/mm	锁钩角度 $\Delta \omega$/(°)	挠度 h /mm
Δr_4 /mm	$\Delta \alpha_4$ /(°)	Δr_0 /mm	$\Delta \alpha_0$ /(°)								
-0.05	0	0.05	0	0.024	-0.05	0.002	0.191	-0.19	0.061	53.85334	9.39
-0.05	0	-0.05	180	0.024	-0.05	0.002	0.191	-0.19	0.061	53.85334	9.39

各误差取截尾正态分布,采用蒙特卡罗方法,共仿真了 1000 次,得到挠度的柱状图如图 11-5 所示。

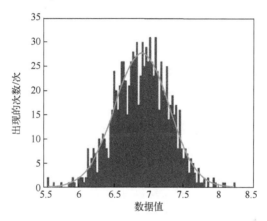

图 11-5 挠度的柱状图(按照正态分布拟合)

通过 Kolmogorov 假设检验,判断服从正态分布,得到挠度的均值为 6.901892mm,标准差为 0.388925。

当挠度最小值为 7mm 时,可靠度为 0.400422382989012;当挠度最小值为 8mm 时,可靠度为 0.002375524919766;当挠度最小值为 10mm 时,可靠度仅为 $7.771561172376096 \times 10^{-16}$。

可见,F8/f8 配合及活塞行程取 25.2 时,锁机构的可靠度较低,不能满足可靠性指标要求。

11.1.5 锁机构改进设计及其可靠性分析

从失效表征量的统计结果看,挠度值 h 均值接近失效阈值,分散性也较大。为了提高锁机构的可靠性,一方面需要提高 h 的均值,另一方面需要降低 h 的随机性。为此提出以下两条设计改进措施:

(1) 将活塞行程由 25.2mm 调整为 24.7mm,在满足功能的前提下提高挠

度 h 的均值。

(2) 将锁机构中的间隙配合由 F8/f8 改为 H8/f7,通过减小构件尺寸分散性而降低挠度值 h 的分散性。为了验证改进方案的可行性,采用试验设计,共仿真试验 1024 次后进行影响因素分析,得到结果如图 11-6、表 11-4 和表 11-5 所列。

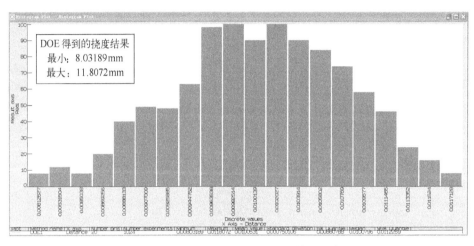

图 11-6 采用 DOE 得到的挠度结果分布

表 11-4 挠度最小值时各部件误差的组合情况

锁钩与锁体连接处		支臂与摇臂连接处		锁钩 Δa /mm	活塞行程 Δg/mm	连杆1 Δe/mm	摇臂上 Δd/mm	摇臂全 Δc/mm	连杆2 Δb/mm	锁钩角度 $\Delta \omega$/(°)	挠度 h /mm
Δr_4 /mm	$\Delta \alpha_4$ /(°)	Δr_0 /mm	$\Delta \alpha_0$ /(°)								
-0.05	180	0.05	180	-0.156	0.05	0.15	-0.163	0.15	-0.175	0.957025	8.032
-0.05	180	-0.05	0	-0.156	0.05	0.15	-0.163	0.15	-0.175	0.957025	8.032

表 11-5 挠度最大值时各部件误差的组合情况

锁钩与锁体连接处		支臂与摇臂连接处		锁钩 Δa /mm	活塞行程 Δg/mm	连杆1 Δe/mm	摇臂上 Δd/mm	摇臂全 Δc/mm	连杆2 Δb/mm	锁钩角度 $\Delta \omega$/(°)	挠度 h /mm
Δr_4 /mm	$\Delta \alpha_4$ /(°)	Δr_0 /mm	$\Delta \alpha_0$ /(°)								
-0.05	0	0.05	0	0.0465	-0.05	-0.024	0.151	-0.15	0.0805	0.884074	11.807
-0.05	0	-0.05	180	0.0465	-0.05	-0.024	0.151	-0.15	0.0805	0.884074	11.807

各误差取截尾正态分布,采用蒙特卡罗方法,共仿真了 1000 次,得到挠度和锁钩角度的柱状图如图 11-7 所示。

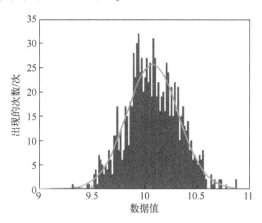

图 11-7 挠度的柱状图(按照正态分布拟合)

通过 Kolmogorov 假设检验,判断服从正态分布,得到挠度的均值为 10.084417mm,标准差为 0.246483。

当挠度最小值为 8mm 时,可靠度为 1;当挠度最小值为 9mm 时,可靠度为 0.999994576620402;当挠度最小值为 10mm 时,可靠度为 0.634008251948271。

可以看出,在同样的挠度要求下,改进后锁机构的挠度 h 均值提高,分散性降低,相较于原锁机构,改进后锁机构的可靠性大幅度提升。

11.2 某锁机构多失效模式可靠性分析案例

该案例以某锁机构为对象,通过对功能原理分析,在已出现的失效故障的基础上,初步分析失效原因,得出主要失效机理,并给出多种失效模式的联合失效判据;通过考虑外载荷、构件加工误差、装配间隙以及摩擦等随机因素,对该锁机构进行可靠性分析,基于可靠性灵敏度分析结果,提出改进意见并进行可靠性验证。

该案例的主要特点是:根据失效现象,结合机构功能原理分析,寻求锁机构的多个失效原因,以多种失效模式联合给出失效判据,并基于仿真模型进行可靠性及其灵敏度分析。

11.2.1 锁机构功能原理及失效机理初步分析

1. 锁机构功能原理

如图 11-8 所示,某锁机构由锁体、连杆、主动摇臂、锁键、从动摇臂、连接杆、锁钩摇臂、锁钩、导向杆、锁键拉簧、锁钩压簧和锁钩钩环组成。开锁过程可以分为两个阶段：

(1) 开锁键阶段。液压系统推动连杆运动，通过连杆带动主动摇臂上的滚轴滚轮挤压锁键，使锁键顺时针转动到打开位置。

(2) 过死点阶段。锁键打开后，锁键转动角度不再变化，此时滚轮与从动摇臂接触，带动锁钩钩环，使锁钩摇臂逆时针转动；当锁机构通过死点后，在压簧的作用下，锁钩自动打开；同时，在拉簧的作用下，锁键也逆时针转动压紧锁钩摇臂，将锁保持在打开状态。锁机构的关闭过程与打开过程相反。

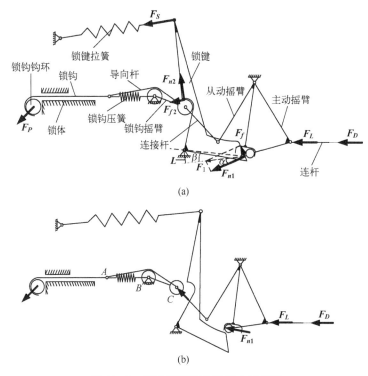

图 11-8　锁机构开锁阶段受力示意图
（a）锁机构开锁第一阶段；(b) 锁机构开锁第二阶段。

2. 锁机构故障现象描述

在舱门系统的开闭性能试验中，该锁机构没有完成打开功能，出现了严重故障。从失效发生的阶段看，该锁机构失效发生在开锁第一阶段；从失效部位看，锁机构中的耳环接头螺纹弯曲断裂，两个滚轮零件脱落，滚轴零件两端被挤压弯曲，同时，锁键表面也出现了明显的塑性变形，其失效形貌如图 11-9 所示。

图 11-9　锁机构失效形貌

3. 锁机构失效原因初步分析

首先,对开锁第一阶段进行受力分析,如图 11-8(a)所示。锁键斜坡处有滚轮对其的正压力 F_{n1} 及摩擦力 F_{f1},卡口处有锁钩摇臂对其的正压力 F_{n2} 及摩擦力 F_{f2},顶部有锁键弹簧对其的拉力 F_s。其中滚轮对锁键的正压力 F_{n1} 为开锁键的主动力,其余各力均对锁键打开起阻碍作用,F_{n1} 由连杆载荷 F_L 决定,F_{f1} 由摩擦系数 f_1 决定,F_{n2} 由锁钩载荷 F_p 决定。

其次,由锁键斜坡处载荷的合力看出,摩擦力的增加会导致合力对锁键的转动力臂减小,当摩擦力增加到一定程度时,会导致合力力臂为零。另外,锁键斜面的坡度会直接影响正压力及摩擦力的方向,进而影响锁键打开。锁键表面摩擦角 α、锁键坡度 θ 与压力角 β 的关系如图 11-10 所示。

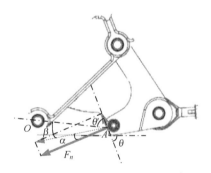

图 11-10　合力-压力/合力与滚轮-锁键轴心连线

从几何关系看出,α、β 和 θ' 有如下关系:

$$\alpha+\beta+\theta'=\frac{\pi}{2}$$

根据 $f=\tan\alpha$,得到摩擦角 $\alpha=\arctan f$,因此合力的压力角

$$\beta = \frac{\pi}{2} - \arctan f - \theta'$$

由图 11-10 看出,滚轮与锁键的接触点 A 越靠上,θ' 越大,β 越小,越容易发生自锁,因此,分析 A 点处于最上端时,β 与 f 和 θ' 的关系,结果如图 11-11 所示。

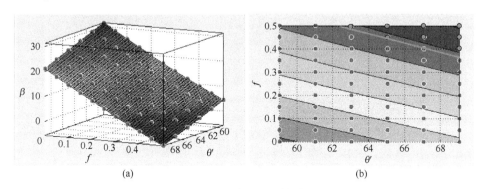

图 11-11 β 与 f 和 θ' 的关系

可见,随着 f 和 θ' 的增大,β 逐渐减小,当摩擦系数和锁键坡度过大时,锁机构会发生自锁卡滞。

从上述分析得到初步结论:开锁第一阶段出现螺纹杆断裂、滚轴弯曲和锁键塑性变形的根本原因是锁机构发生了卡滞,而非构件强度不足。

根据失效机理,锁机构卡滞失效的表现形式有:①作动筒载荷达到最大之前,如果连杆、滚轴等结构载荷先到达强度极限,则表现为结构破坏;②当作动筒载荷到达最大时,如果连杆等结构没有到达其强度极限,则表现为运动卡滞。从该锁机构的故障现象看,其卡滞失效的表现形式为前者。

为了更深入地研究该锁机构的潜在失效模式,对开锁第二阶段受力情况进行分析,如图 11-8(b) 所示。第二阶段为锁机构过死点阶段,即锁钩摇臂要逆时针转动,使 C 点由 A、B 连线的下方转至上方,该过程中锁钩摇臂受到锁钩钩环的载荷 F_2 和锁钩的载荷 F_3,其中 F_2 是锁钩摇臂转动的动力,由液压系统提供;F_3 阻碍锁钩摇臂转动,受锁钩处的载荷影响。在 C 由下方逐渐靠近 AB 连线的过程中,AC 之间的距离逐渐增加,使锁钩不断地克服舱门变形载荷而拉紧锁环,因此锁钩处的载荷不断增加。通过上述分析可知,锁钩载荷增加到一定程度就可能发生锁机构结构破坏或者驱动力不足卡滞。

11.2.2 锁机构可靠性分析模型建立

为了全面分析锁机构两个阶段的失效模式,在 LMS Virtual.Lab 中建立锁机构的刚柔耦合模型(反解模型),对建立的刚柔耦合模型进行求解,得到锁机构打开过程中锁钩的变形云图和主要承力部件的载荷曲线分别如图11-12所示。

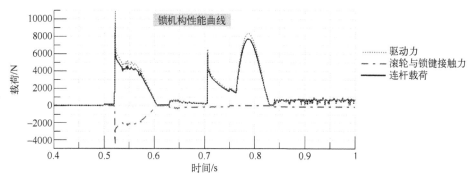

图 11-12 锁机构打开过程中主要承力部件的载荷曲线

11.2.3 锁机构可靠性分析

1. 锁机构可靠性分析

由锁机构失效判据确定方法,得到该锁机构的失效判据为

$$P_f = P\{D\} = P\{F_{QD}>8246 \cap F_{LG}>23293 \cap F_{GL}>2315\}$$

式中:F_{QD}为锁机构运动过程中作动筒上的最大驱动力;F_{LG}为锁机构运动过程中连杆的最大压力载荷;F_{GL}为锁机构运动过程中滚轮与锁键的最大挤压力。

由锁机构失效原因分析看出,影响锁机构打开的主要因素有滚轮与锁键的摩擦系数、锁键坡度、滚轮与锁钩摇臂的摩擦系数、锁环直径、舱门载荷。故在可靠性分析中将这些参数作为随机变量,其分布参数如表11-6所列。

表 11-6 锁机构影响因素分布参数

变量/单位	模型中标识	含 义	分 布	均 值	标准差
X_1	Fc_SJ	滚轮与锁键的摩擦系数	正态	0.15	0.04
X_3	Fc_YB	滚轮与锁钩摇臂的摩擦系数	正态	0.15	0.04
X_4/mm	R	锁环半径	正态	13	0.05
X_2/(°)	Angle	锁键坡度	正态	0	0.1
X_5/N	FCM	侧舱门载荷	正态	2500	200
X_6/N	FZM	中舱门载荷	正态	2500	200

根据表11-6中的参数,运用简单随机抽样法抽取1000组样本,代入关闭位置锁的仿真分析模型进行计算。完成1000组样本的计算后,对计算结果进

行统计分析,获得锁机构失效相关的性能参数分布,如图 11-13 所示。

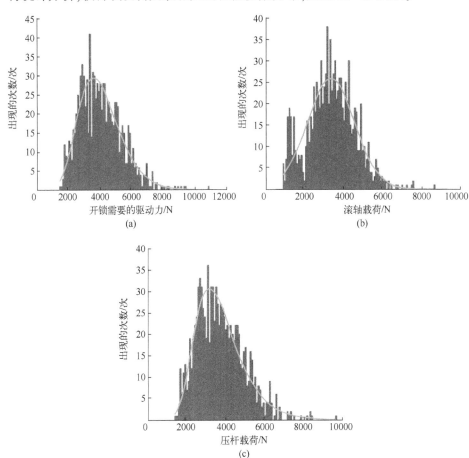

图 11-13 锁机构性能参数分布图
(a) 开锁需要的驱动力分布图;(b) 滚轴载荷分布图;(c) 压杆载荷分布图。

由图 11-13(a)可以看出,开锁所需的驱动力主要分布在 2000~10000N。根据假设检验得到其近似服从对数正态分布或 Γ 分布,且 Γ 分布的拟合度更高。由作动筒提供的最大动力为 8246N,得到驱动力的可靠度为 0.9939967。

由图 11-13(b)可以看出,滚轮与锁键的接触压力近似服从正态分布或威布尔分布,且威布尔分布拟合度更高。通过分析滚轴强度得到其许用载荷为 2315N,当滚轴上的载荷超过许用载荷时认为滚轴发生破坏,因此,滚轴的可靠度仅为 0.19527。

由图 11-13(c)可以看出,连杆中的载荷主要分布在 2000~8000N。根据假设检验得到连杆承受的压力近似服从对数正态分布或 Γ 分布,且对数正态分布拟合度更高。由压杆的稳定性分析得到连杆失稳的临界载荷为23293N,得到连杆的可靠度为1。

由于锁机构为串联系统,当驱动力不足、连杆失稳、滚轴破坏任何一种情况出现时,锁机构失效,计算得到锁机构的可靠度为0.186,其中锁机构的可靠性主要受滚轴的影响。

2. 锁机构改进设计及可靠性验证

因滚轴为锁机构的薄弱环节,在开锁过程中,滚轴载荷很容易超出其材料(0Cr18Ni9)的屈服极限而发生塑性变形。为了提高锁机构的可靠性,采用如下改进措施:

(1) 将锁键坡度由原来的65°减小到60°,以增加开锁过程的压力角,减小开锁过程中构件所受的载荷;

(2) 将滚轴材料替换为屈服极限更高的材料,如30CrMnSiA,屈服极限为835MPa,此时滚轴发生塑性变形的临界载荷由2315N变为9429N。

按照上述措施进行改进后,重新计算得到锁机构的可靠性由0.186提高到0.992,再对改进后的锁机构进行试验,未发生故障。

11.3 某缝翼机构失效模式的可靠性评估案例

该案例主要是针对齿轮齿条式缝翼机构,在功能原理分析的基础上,对齿轮齿条式缝翼机构的失效模式和失效机理进行全面分析,初步分析出该缝翼可能出现的失效模式,通过考虑多个影响因素的随机性,对其各失效模式发生的概率进行评估和计算,进而确定该缝翼机构的主要失效模式[1-3]。

11.3.1 缝翼机构组成及工作原理

飞机机翼的气动力设计:一方面要考虑高速飞行和机动作战的要求;另一方面在起飞和着陆时,又要尽可能降低飞行速度,缩短滑跑距离,这意味着要求着陆时有高的升力系数,而起飞时不仅要求有高的最大升力系数,还要求有高的升阻比。因此必须在原有机翼上采用各种活动面措施,即增升装置。

根据机翼上的所处位置,增升装置可分为前缘增升装置和后缘增升装置。图11-14所示为典型的机翼截面,在机翼前缘装有缝翼(slat),在机翼后缘装有襟翼(flap)。在巡航阶段襟缝翼均处于收起位置,用来减小阻力,而在起降阶段襟缝翼放下,以增加机翼弯度和面积,提高升力系数。其可靠性与飞机的安全直接相关,一旦其收放机构出现故障,轻则飞机受损,重则机毁人亡。我国的新支线客机ARJ21的襟缝翼系统试验过程中就出现过缝翼机构卡滞现象;我国台湾中华航空公司的客机也曾出现过襟缝翼系统故障。

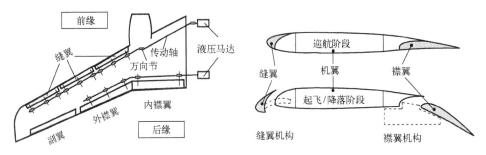

图 11-14 含高升力设备的典型机翼截面示意图

如图 11-14 所示,考虑到机翼翼展较大,通常情况下飞机左、右机翼分别装有多段前缘缝翼,由于各段缝翼的结构形式相同,故失效模式和失效机理一致,只是各段扭力杆通过万向接头首尾相连,因此,研究中不考虑各段缝翼之间的相关影响,只取单个缝翼作为研究对象。

典型齿轮齿条式缝翼运动机构如图 11-15 所示,由滑轮架、滑轨、齿轮、齿条和滑轮架滚轮等组成。每个滑轨依靠与 4 个滚轮接触实现限位,缝翼翼面和滑轨固定在一起,在收放时,驱动器转动,带动内侧齿轮转动。再通过扭力杆将力矩传递到外侧齿轮,两侧齿轮同时转动,带动安装在内外两侧滑轨上的齿条

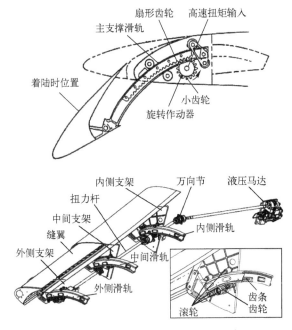

图 11-15 齿轮齿条式缝翼机构组成

运动。在滑轨两端装有限位装置,防止缝翼机构过度收放。

在一次飞行起落中,缝翼机构需要经历:地面放下→空中收上→空中放下→地面收上四次运动。在地面收放时,机翼和缝翼上均无气动载荷,收放过程中运动阻力小,空中收放时,由于其翼展较大,在起飞和降落时机翼会产生很大的弯曲变形,该变形会导致缝翼的结构载荷增加,对缝翼机构的收放性能产生影响,另外,起飞和降落过程中缝翼自身的气动载荷也很大。

11.3.2 缝翼机构力学性能分析

1. 缝翼滑轨与支架作用力建模

在缝翼机构收起或放下前,由于气动载荷的作用,机翼会发生弯曲,翼尖上翘,因此与机翼固连的3个缝翼支架就会偏离设计位置,在滚轮与滑轨接触力的作用下,缝翼翼面也会随之发生弯曲,翼尖上翘。缝翼机构的正视图和受力情况如图11-16所示,机翼可以看作一个变刚度悬臂梁,在中部和尖部分别受到机翼变形带来的强制位移 Δy_2、Δy_3,缝翼上方受到分布气动载荷 $q(x,\theta)$,其中 x 为气动力作用点到翼根的距离,θ 为缝翼的放下角度。

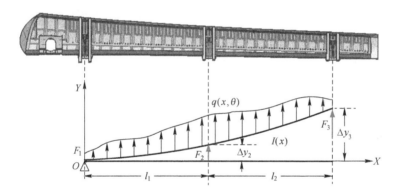

图 11-16 缝翼机构的正视图和受力情况

对缝翼进行受力分析得到两段内的弯矩如下:

$$M(x)=\begin{cases} F_2(l_1-x)+F_3(l_1+l_2-x)+\int_0^x q(x,\theta)x\mathrm{d}x & (0\leqslant x\leqslant l_1) \\ F_3(l_1+l_2-x)+\int_{l_1}^x q(x,\theta)x\mathrm{d}x & (l_1\leqslant x\leqslant l_2) \end{cases}$$

根据挠曲线微分方程,有

$$\frac{\mathrm{d}^2 y}{\mathrm{d}x^2}=\frac{M(x)}{EI(x)}$$

有转角和挠度:

$$\phi = \frac{dy}{dx} = \begin{cases} \int \frac{M(x)}{EI(x)} dx + c_1 & (0 \leqslant x \leqslant l_1) \\ \int \frac{M(x)}{EI(x)} dx + c_2 & (l_1 \leqslant x \leqslant l_2) \end{cases}$$

$$\begin{cases} y_1 = \int \left[\int \frac{M(x)}{EI(x)} dx \right] dx + c_1 x + d_1 & (0 \leqslant x \leqslant l_1) \\ y_2 = \int \left[\int \frac{M(x)}{EI(x)} dx \right] dx + c_2 x + d_2 & (l_1 \leqslant x \leqslant l_2) \end{cases}$$

由此得到 F_2、F_3、c_1、d_1、c_2、d_3。

根据 Y 方向受力平衡：$F_1 + F_2 + F_3 + \int_0^{l_2} q(x,\theta) dx = 0$，得

$$F_1 = -\left[F_2 + F_3 + \int_0^{l_2} q(x,\theta) dx \right]$$

因此可以得到三个支架对缝翼滑轨的支反力 F_1、F_2 和 F_3。

2. 缝翼收放过程阻力矩分析

在支架平面内对缝翼进行受力分析，如图 11-17 所示。在支架上的 4 个滚轮限位下，缝翼绕 O 点做定轴转动。滑轨受到滚轮对其的接触力用 N_1、N_2、N_3 和 N_4 表示，受到其对应的摩擦力用 f_1、f_2、f_3 和 f_4 表示，以及缝翼翼面的气动载荷用 $L(\theta)$ 表示。缝翼放下过程中方向如图 11-18 所示，收上过程中方向与图示相反。由于滚轮与滑轨直接为圆柱面接触，其接触力必然通过两者的轴心，因此接触力不会对缝翼的收放产生力矩；但是各滚轮与滑轨之间的摩擦力与接触压力成

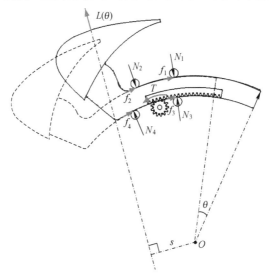

图 11-17 缝翼支架平面内的受力分析

正比,f_1、f_2的力臂为滑轨外侧半径 R,f_3、f_4的力臂为滑轨内侧半径 r;翼面上气动载荷 L 的大小随着收放角度和飞机姿态不断变化,而其方向始终与翼面表面接近垂直(升力大约是阻力的 10 倍),所以升力 $L(\theta)$ 的力臂可以用固定值 S 表示。

因此缝翼收放过程中阻力对转动轴 O 的力矩可以表示为

$$M_i = (f_1+f_2)R + (f_3+f_4)r + L(\theta)s \approx F_i\left(\frac{R_i+r_i}{2}\right) + L_i(\theta)s_i \quad (i=1,2,3)$$

3. 正常收放所需驱动力矩及角度偏差分析

将缝翼的收放看作是绕 O 点的转动,如图 11-18 所示,其收放过程中受到 3 个阻力矩 M_1、M_2、M_3 和两个齿轮对齿条的力矩 T_1、T_2。

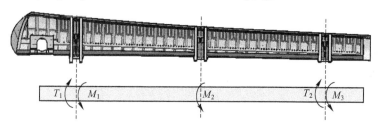

图 11-18 缝翼力矩分析

要保证缝翼能正常收放,必须保证驱动力矩足以克服阻力矩,即

$$T_1 + T_2 \geq M_1 + M_2 + M_3$$

齿轮齿条的作用力为

$$p_1 = \frac{2T_1}{R_1+r_1}, \quad p_2 = \frac{2T_2}{R_2+r_2}$$

齿轮需要的驱动力矩为

$$T_1' = p_1 \cdot r_1', \quad T_2' = p_2 \cdot r_2'$$

则驱动器需要输出的力矩 $T = T_1 + T_2$。

一号和二号扭力杆承受的转矩为 T_2',扭力杆上距离为 l 的两个截面之间的相对转角可以表示为

$$\theta = \int_l d\theta = \int_0^l \frac{T}{GI_p} dx$$

得到缝翼内外侧齿轮的转角偏差为

$$\theta = \frac{T_2'(l_1+l_2)}{GI_p}$$

则缝翼翼面转角偏差为 $\theta' = \frac{r}{R}\theta$。

11.3.3 缝翼机构失效模式及失效机理初步分析

对缝翼机构进行失效模式分析后得到,缝翼的主要失效模式有以下6种:结构破坏、滚轮或滑轨接触疲劳、收放速度过快或过慢、内外侧角度偏差过大、收放角度精度不足、机构运动卡滞。缝翼机构失效模式分析如表11-7所列。

表11-7 缝翼机构失效模式分析

序号	失 效 模 式	失效判据或原因	严酷度
1	结构破坏	实际载荷大于临界值	Ⅰ
2	接触疲劳	工作寿命大于疲劳寿命	Ⅲ
3	收放速度超出范围	控制系统故障,导致收放时间超出范围	Ⅱ
4	两侧运动不同步	扭力杆变形过大,导致内外侧角度差过大	Ⅱ
5	收放角度精度不足	滚轮滑轨、齿轮齿条磨损引起角度偏差超出范围	Ⅱ
6	运动卡滞	磨损及变形等引起工作阻力增加,机构卡滞	Ⅰ

缝翼的结构破坏主要发生在传动系统中,主要表现为扭力杆或万向接头断裂,运动卡滞主要表现为滚轮与滑轨抱死,结构破坏和运动卡滞会导致机构性能严重下降,可能造成机毁人亡,属于Ⅰ级严酷度;失效模式3、4、5属于Ⅱ级严酷度,这是因为此类失效模式引起的后果为缝翼性能下降,不会造成灾难性后果;接触疲劳主要发生在滑轨与滚轮表面和齿轮与齿条表面,带来的后果较为轻微,因此属于Ⅲ级严酷度。缝翼机构的失效机理分析如图11-19所示。

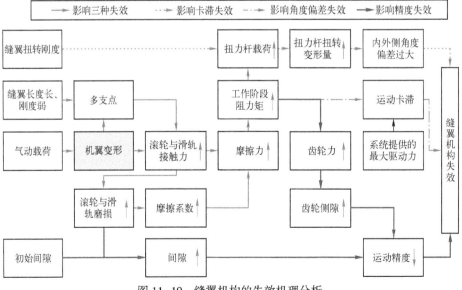

图11-19 缝翼机构的失效机理分析

由图 11-19 可以看出,导致缝翼机构运动精度不足失效的主要原因是:机翼变形引起滚轮与滑轨之间的接触力增加,从而加剧滚轮与滑轨之间的摩擦和磨损,使滚轮与滑轨之间间隙增大,进而影响缝翼的收放精度。另外,滚轮与滑轨接触力的增加会使其摩擦力增加,导致缝翼收放的阻力增加,收放过程中齿轮齿条的作用力也会随之增加,进而引起齿轮齿条磨损,侧隙变大,从而降低运动精度。

系统能提供的最大驱动力矩一定时,机构运动卡滞的直接原因是收放过程中阻力过大,阻力由气动力和滚轮与滑轨之间的摩擦力决定。摩擦力的增加一方面是由于机翼变形导致接触正压力增加;另一方面是由于滚轮与滑轨表面磨损,引起摩擦系数增加。另外,缝翼内外侧转角不一致,会给收放过程带来额外阻力。

缝翼内外侧角度的不一致主要由扭力杆变形引起,扭力杆变形量主要由缝翼翼面的刚度、外侧滚轮滑轨的作用力决定。当扭力杆传递载荷过大,且超过其强度极限时,就会出现扭力杆断裂。

11.3.4　缝翼机构典型工况仿真及故障模拟

1. 机构仿真模型建立

缝翼机构部件较大,翼面结构形式及其力学性能复杂,缝翼的收放依靠滚轮与滑轨的接触限位,由齿轮齿条传动,非线性程度很高,这就导致无法建立解析的动力学数学模型。因此,以 LMS Virtual.Lab 为平台建立机构的仿真模型,如图 11-20 所示。

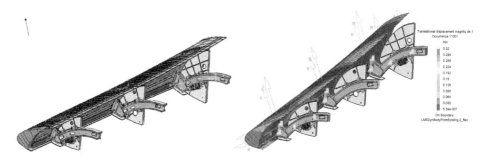

图 11-20　ARJ21 缝翼机构仿真模型及变形云图

2. 缝翼机构典型工况仿真

缝翼机构主要有两种工况:地面收放;空中收放。

当地面收放时,飞机处于静止状态,机翼及缝翼翼面无气动载荷,机翼不发生弹性变形。

当空中收放时,飞机处于飞行状态,机翼上有较大的气动载荷产生,在气动载荷作用下,机翼翼梢上翘,导致缝翼的安装位置发生变化。同时,缝翼表面存在气动载荷作用。

对上述两种工况进行仿真分析,得到,如图 11-21~图 11-24 所示的结果。

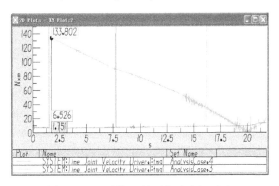

图 11-21　两种工况下驱动力矩对比

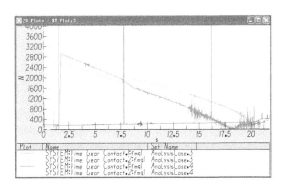

图 11-22　两种工况下齿轮力对比

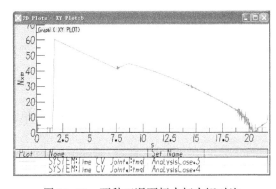

图 11-23　两种工况下扭力杆力矩对比

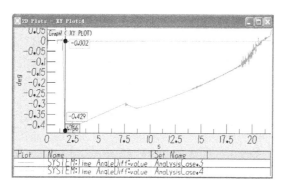

图 11-24　两种工况下内外侧角度偏差对比

由分析结果可以看出,地面收放时需要的驱动力矩、齿轮作用力、扭力杆扭矩和内外侧角度偏差都远小于空中收放工况。这是由于当地面收放时,缝翼及机翼翼面无气动载荷和变形;而当空中收放时,气动载荷使机翼变形,缝翼安装位置发生改变,增大了滚轮与滑轨的接触力和摩擦力,使收放阻力大大增加。

3. 典型故障模拟

1) 扭力杆断裂状态性能研究

扭力杆是缝翼机构的关键传力构件,可靠性分析结果显示,扭力杆断裂失效为缝翼机构的主要失效模式之一。

为了研究扭力杆断裂对缝翼机构的影响,对比扭力杆断裂前后缝翼机构各性能曲线,如图 11-25 所示。

由图 11-25(a)(b)可以看出,扭力杆断裂后,扭力杆中的力矩变为 0、外侧齿轮力变为 0、内侧齿轮载荷由失效前的 8450N 增加到 28500N;由图 11-25(c)可以看出,扭力杆失效前,内外侧齿轮的转角差异很小,而当扭力杆失效后,内外侧齿轮转角差异大幅增加,由 1.12°增加到 33°,对应的缝翼扭转角也大幅增加;由图 11-25(d)可以看出,扭力杆断裂瞬时,驱动力矩会减小,之后,随着缝翼放下角度增加,驱动力矩会急剧增加,由正常工况的 304N·m 增加到 722N·m,此时的驱动力矩为正常工况下的 2.5 倍。另外,应力云图显示,扭力杆断裂前后,缝翼结构的最大应力由 92MPa 增加至 179MPa。

扭力杆断裂后,在运动阻力矩不变的情况下,缝翼扭转角增大。而内侧齿轮力和驱动力矩大幅增加是由于扭力杆断裂后,缝翼机构只由内侧齿轮带动,外侧运动会滞后于内侧,即缝翼机构扭转角增大,扭转又会带来等效挠度的增加,进一步导致缝翼的运动阻力增加,这就构成了性能的恶性循环。

2) 滚轮卡死状态性能研究

在正常情况下,滚轮在滑轨上滚动,摩擦系数很小,而滚轮卡死的故障时有发生,当滚轮卡死时,滚轮与滑轨之间由滚动变为滑动,摩擦系数大幅增加,导

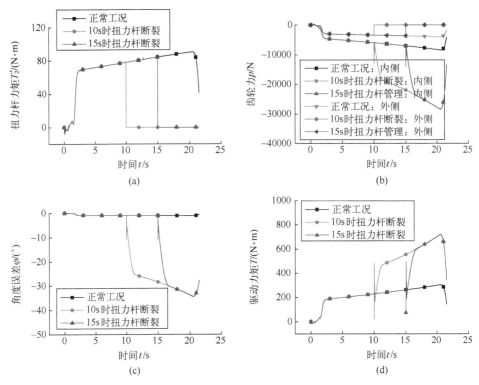

图 11-25 在正常工况与扭力杆断裂工况下,缝翼性能参数对比

致缝翼收放过程中运动阻力矩增加。

分别对仅外侧滚轮卡滞和所有滚轮卡滞两种情况进行研究,得到了缝翼外侧滚轮卡死和全部滚轮卡死后缝翼机构的性能变化情况,如图 11-26 所示。

由图 11-26(a)可以看出,由于缝翼中内侧和外侧都有 2 个齿轮,滚轮卡死后,缝翼放下所需的摩擦阻力矩增加,进而导致两个齿轮力增加。其中,内侧齿轮力由正常工况的 8430N 分别增加到 8907N 和 36352N;外侧齿轮力也由 3954N 分别增加到 8203N 和 18088N。由图 11-26(b)可以看出,扭力杆中的力矩也随着外侧齿轮力的增加而增加,在正常工况下,扭力杆最大载荷为 90Nm,而外侧滚轮卡死或全部滚轮卡死时,扭力杆的力矩分别增加到 188Nm 和 416Nm。由图 11-26(c)(d)可以看出,内外侧齿轮角度偏差由 1.12° 分别增加到 2.33° 和 5.14°,所需的驱动力矩由 303N·m 分别增加到 413N·m 和 1332N·m。

结合各性能参量的失效阈值,分析各状态下的安全裕度,得到结果如表 11-8 所列。安全裕度分析结果显示,扭力杆断裂后,内外侧角度偏差的安全裕度降至 1.2,接近失效阈值。当全部滚轮卡死后,驱动力矩的安全裕度降至 0.8,系

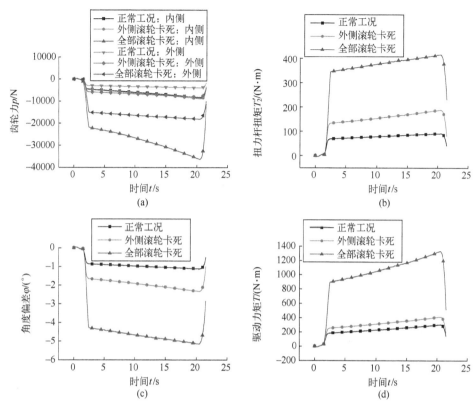

图 11-26 在正常工况与滚轮卡滞工况下,缝翼性能参数对比

统能提供的驱动力矩已经低于缝翼放下所需要的力矩,因此在这种情况下缝翼机构会发生运动卡滞。

表 11-8 不同工况下各性能参量安全裕度对比

参 数	失效阈值	正常工况		扭力杆断裂工况		滚轮卡死工况	
		取值	裕度	取值	裕度	取值	裕度
p/kN	108	8.4	12.7	28.5	3.8	36.3	2.9
$T'_2/(\text{N}\cdot\text{m})$	600	90.3875	6.6	0	—	188	3.1
$T/(\text{N}\cdot\text{m})$	1100	304	3.6	722	1.5	1332	0.8
$\varphi/(°)$	40	1.12	35.7	33	1.2	2.33	2.3

通过以上对齿轮齿条式缝翼机构的失效模式和失效机理进行系统的分析后,采用 LMS Virtual.Lab 建立了缝翼机构的刚柔耦合模型,对缝翼机构的地面及空中收放两种典型工况进行了仿真分析,并对扭力杆断裂及滚轮卡滞两种故障模式进行了模拟,获取缝翼机构在故障状态下的动力学响应。

11.3.5 缝翼机构可靠性分析模型建立

考虑到缝翼机构组成复杂,影响因素中包含柔性变形、摩擦、间隙等,解析模型的建立及求解较为复杂,因此采用 LMS Virtual.Lab 对缝翼机构进行参数化仿真建模,如图 11-19 所示。由缝翼机构的失效模式和失效机理看出,缝翼的仿真模型必须能实现复杂的气动载荷模拟、机翼变形、缝翼翼面变形、扭力杆变形等工况,其中气动载荷的转化、扭力杆建模、机翼变形建模和运动分析步骤设置为缝翼机构仿真建模的 4 个关键技术。气动载荷的转化在 11.3.2 节进行阐述,下文中仅讨论后 3 个关键技术。

1. 扭力杆建模

力杆的力学性能看出,当内外侧齿轮角度偏差为 0 时,扭力杆传递力矩为 0,当内外侧齿轮角度偏差为 φ 时,扭力杆传递的扭矩为

$$T = \frac{GIp_{shaft} \cdot \varphi}{l}$$

因此,在模型中不建立实际的扭力杆模型,而将其效果用力矩代替,即在内外侧齿轮上施加大小相等、方向相反的扭矩 T。

为了实时计算该扭矩 T,在内外侧齿轮之间设置传感器,实时测量两齿轮之间的角度差 φ_{shaft},其表达式如下:φ_{shaft} = angle('Analysis Model\Sensor Axis System.1','Analysis Model\Sensor Axis System.2',"x")。

该近似替代模型的优点在于较容易实现参数化,当考虑扭力杆的加工误差时,直接改变扭力杆抗扭刚度即可;当需要模拟扭力杆断裂时,只需将抗扭刚度设置为 0 即可。

通过以上两种建模方法的优缺点分析,在可靠性建模时,建立选用近似替代模型对扭力杆进行建模。

2. 机翼变形建模

机翼变形是影响缝翼机构性能和可靠性的重要因素之一,在建模时如果直接建立机翼的有限元模型并计算变形量,会增大计算量,增加模型单次计算时间。为了提高计算效率,应首先对机翼进行静力学分析,求得支点安装位置的位移量,再将该位移量加入缝翼机构的支架,过程如图 11-27 所示。

3. 运动分析步骤设置

缝翼机构仿真模型的运行时间由预留平衡时间、预变形/预载荷施加时间、机构动作时间和机构稳定时间四部分组成,如图 11-28 所示。

按照理想边界条件装配得到的机构往往与实际机构的初始状态存在差异,如间隙铰链、接触处于悬空状态等,因此在机构动作开始前,需要预留一定的平

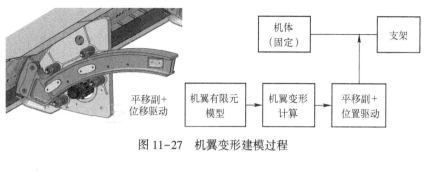

图 11-27　机翼变形建模过程

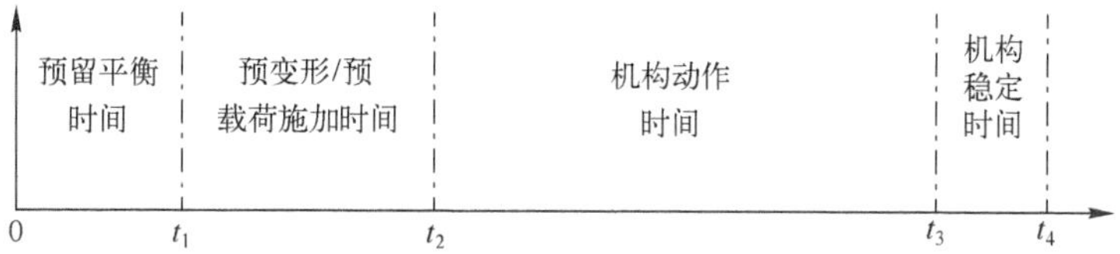

图 11-28　机构动力学分析时间设定

衡时间,使机构能够在重力、外力等条件下,达到初始平衡,即与实际中机构开始动作前的初始状态一致。

襟缝翼机构在空中开始收放动作之前,由于机翼变形的影响,支架会偏离初始设计位置,导致缝翼机构产生一定的变形。由于滚轮与滑轨之间通过接触模型建模,如果直接定义变形量,则会引起初始时刻接触模型穿透而计算失败。因此,在收放运动开始之前,须给出一定的时间,使支架位置由机翼变形前的位置连续变化到机翼变形后的位置。

按照缝翼机构的实际动作时间,设置机构的动作时间,使其在规定的时间内完成规定的动作。

为了获得机构动作完成后的稳态响应,还需要在机构动作完成后继续仿真,直至机构达到稳定状态。

11.3.6　缝翼机构可靠性分析

对缝翼机构各失效模式的阈值分析得到,齿轮可以承受的最大载荷为 108kN,扭力杆能传递的最大扭矩为 600N·m,液压马达能输出的最大力矩为 1100N·m,气动性能要求缝翼内外侧角度偏差应小于 2°。因此,得到缝翼机构的失效判据如下:

齿轮断裂失效判据: $Z_1(\boldsymbol{x}) = 108\text{kN} - P < 0$

扭力杆断裂失效判据: $Z_2(\boldsymbol{x}) = 600\text{N·m} - T_{\text{out}} < 0$

运动不协调失效判据: $Z_3(\boldsymbol{x}) = 2° - \varphi_{\text{slat}} < 0$

运动卡滞失效判据: $Z_4(\boldsymbol{x}) = 1100\text{N·m} - T < 0$

由失效机理分析和影响因素对比分析可以看出,等效挠度、滚轮与滑轨之间的摩擦系数、滚轮的半径是影响缝翼机构运动功能可靠性的主要因素,因此,考虑这三个因素的随机性,其分布类型及参数如表 11-9 所列。

表 11-9 缝翼可靠性影响因素及其分布参数

序号	影响因素	分布类型	均值 u	标准差 σ	下限	上限
1	机翼变形量 Δy_3/mm	正态分析	20	1	17	23
2	摩擦系数 f	正态分布	0.05	0.0067	0.2	0.08
3	滚轮半径 r_r/mm	正态分布	15.5	0.067	15.2	15.8

为了提高计算效率和精度,首先建立各性能参量与上述因素的二次响应面模型,其误差分析结果如表 11-10 所列。

表 11-10 各性能参量代理模型误差分析

序号	性能参数	误差类型	
		确定系数 R^2	均方根(RMS)
1	最大驱动力矩 T	0.98966	0.03306
2	扭力杆力矩 $T_{输出}$	0.9874	0.03692
3	内侧齿轮力 $P_内$	0.99277	0.02756
4	外侧齿轮力 $P_外$	0.98727	0.03692
5	缝翼内外侧角度差 $\varphi_{缝翼}$	0.98741	0.03691

由上述结果看出,RSM 模型精度较高,可代理仿真模型进行可靠性分析。由此,利用蒙特卡罗方法随机抽取 10^6 个样本,代入该二次响应面计算各样本中缝翼机构的性能参数,并统计失效次数,得到各失效模式对应的失效概率,如表 11-11 所列。

表 11-11 缝翼机构各失效模式对应的失效概率

失效模式	运动卡滞	扭力杆断裂	内侧齿轮断裂	外侧齿轮断裂	运动不协调
失效概率	8.65×10^{-5}	3.20×10^{-5}	0	0	0

由分析结果可以看出,运动卡滞和扭力杆断裂发生的概率较高,为缝翼机构的主要失效模式,而齿轮断裂和运动不协调失效发生的可能性很小。

由于滚轮的磨损量远大于滑轨的磨损量,因此不考虑滑轨的磨损,滚轮与滑轨的间隙主要由滚轮的半径 r 和磨损深度 h 决定。齿轮副的侧隙由其初始间隙和磨损深度组成。为了分析磨损量对缝翼运动精度的影响,假设磨损量服从正态分布,且分散系数为 0.1,分别计算不同磨损量下的运动精度失效概率,得到计算结果如表 11-12 所列。

表 11-12 运动精度影响因素分布参数及对应失效概率

序号	磨损深度 h/mm	变量	均值 u/mm	标准差/mm	失效概率 P_f
1	0	r_r	15.5	0.1	0
		d	1	0.1	
2	0.25	r_r	15.25	0.1	0.001
		d	1.25	0.1	
3	0.375	r_r	15.125	0.1	0.0602
		d	1.125	0.1	
4	0.5	r_r	15	0.1	0.517
		d	1.5	0.1	

注:r_r 为滚轮半径,h 为磨损深度。

不同磨损量对应的运动角度误差柱状图如图 11-29 所示,可以看出随着磨损量的增加、角度误差的均值增加。根据分布规律,计算失效概率后利用高斯函数拟合失效概率,得到失效概率随磨损量的变化曲线如图 11-30 所示,运动精度失效概率与磨损量之间的关系为

$$P_f = 0.5845\exp\left[-\left(\frac{h-0.5379}{0.1081}\right)^2\right] \quad (11-1)$$

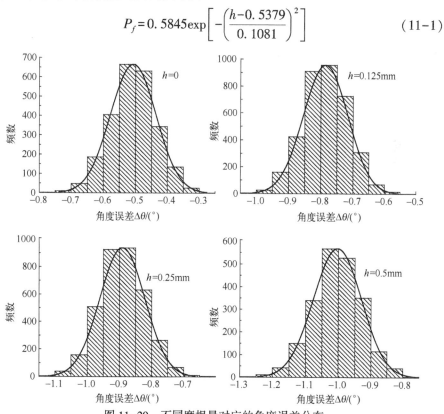

图 11-29 不同磨损量对应的角度误差分布

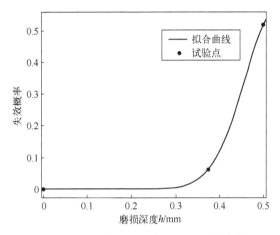

图 11-30 失效概率随磨损量的变化曲线

从失效概率的演化趋势可以看出,当磨损量小于 0.25mm 时,缝翼机构的失效概率接近于 0 且较为稳定;当磨损量高于 0.25mm 时,缝翼机构的运动精度会急剧下降,失效概率显著提升。而根据运动精度失效概率小于 10^{-7} 的要求,磨损量需小于 0.12mm。

11.4 某起落架机构性能可靠性分析案例

该案例以起落架系统的缓冲装置为对象,针对缓冲装置能否满足起落架落震过程负载的设计要求,基于机液混合模型的起落架落震过程进行可靠性仿真分析,并对随机变量的分布参数进行了可靠性灵敏度分析,为起落架的改进设计提供参考[4]。该案例的主要特点是:

(1) 落震过程失效模式为过载失效,给出相应的失效判据,即系统所受到的动态载荷曲线超出缓冲器设计所允许动态载荷包络线;

(2) 基于机液混合仿真模型的可靠性分析,需要进行参数化刚柔耦合的机液混合仿真模型建模,通过采用 Master-Slave 方式(也称 Coupled 方式)将液压模型集成到多体仿真模型,同时完成了机械类、液压类随机变量和失效判据在 LMS Virtual.Lab 中的参数化处理。

与以往的机构可靠性分析方法相比,基于机液混合模型的可靠性仿真分析方法不仅考虑了运动部件运动学和动力学性能,还考虑了与这些运动机构关联的液压驱动装置的性能,通过综合考虑多学科、多因素的耦合影响,复杂系统行为的模拟和定量化描述更为全面、准确。该方法可以为工程实际机构系统可靠性设计和分析提供参考,由于机液混合的多学科协同仿真模型更加接近真实的物理样机:一方面使可靠性计算得到的结果更加准确;另一方面使在进行设计改进时能综合协调影响系统整体性能的参数,有效提高复杂机构系统的可靠性和安全性。

11.4.1 起落架落震过程失效判据的确定

起落架在飞机机构中具有举足轻重的关系,是飞机安全着陆最关键的机构系统。飞机在着陆过程中,与地面发生冲击,起落架系统中的缓冲器和轮胎将通过能量吸收和能量耗损来避免着陆过程飞机与地面发生的较大撞击载荷。通常情况下,起落架在装机前需要进行落震试验,以便检验起落架是否满足强度、行程、耗能效率等着陆撞击设计要求,进而为起落架的改进提出一些建议。

以某起落架系统的缓冲装置为设计对象,设计目标是要求其动态载荷包络线能够满足飞机的落震负载要求。因此,考虑落震过程失效模式为过载失效,即系统所受到的动态载荷曲线超出缓冲器设计所允许动态载荷包络线。假定系统所受到的动载荷为 $F(t)$,而缓冲器所允许的动载荷包络线为 $F_0(t)$,则系统发生失效的失效域为

$$D = \{(x,t) \mid F(t) > F_0(t)\} \tag{11-2}$$

通过对系统所受到的动态载荷与缓冲器设计所允许动态载荷进行求差,得到最大值,可以将上述失效域写为

$$D = \{x \mid \max(F(t) - F_0(t)) \geqslant 0\} \tag{11-3}$$

11.4.2 刚柔耦合的机液混合仿真模型

起落架系统中的缓冲系统在落震过程很关键,起到了吸能、耗能从而减小飞机着陆撞击受载的作用,可靠性仿真过程需要针对起落架缓冲器的特性以及受到的动态载荷进行分析。由于 LMS Virtual.Lab 中精确的多体仿真模型不能详细地描述缓冲器液压模型,而缓冲器单独的液压模型不能获得运动从而得到正确的输出力,因此,应该建立包含液压控制系统和机械系统的起落架虚拟样机模型,作为可靠性仿真的分析模型。

机械系统机液混合仿真模型包含了多体系统运动和动力学仿真模型(在 LMS Virtual.Lab 中建模),以及液压控制系统仿真模型(在 AMESim 中建模),如图 11-31 所示,在多体模型中添加传感器,将位置、速度和加速度等传递到液压模型中,以提供给液压系统正确的力参数,而液压模型中将计算得到的力和力矩反馈给多体模型,从而形成一个闭环的机液混合仿真模型。

针对本书所研究的起落架模型,其中的机械系统将在 LMS Virtual.Lab 中建

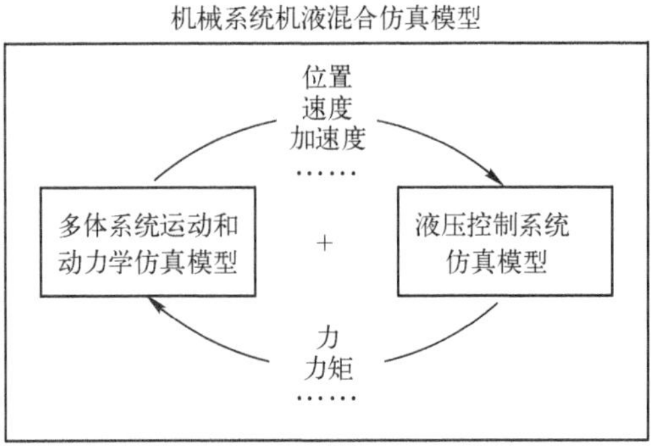

机械系统机液混合仿真模型

图 11-31 闭环的机液混合仿真模型

模,并依据起落架的结构原理和运动规律建立相应的边界条件以及受力情况等;而缓冲系统中的轮胎和缓冲器,将分别在 LMS Virtual.Lab 和 AMESim 中建模,通过选择 Master-Slave 方式来建立参数化机液混合仿真模型。

1. 起落架的多体仿真模型

该起落架的主要部件包含了缓冲器外筒、缓冲器活塞杆、斜撑收放作动筒、支柱、销轴、摇臂和轮胎,其传力路径如图 11-32 所示,地面载荷通过轮胎、轮轴传递给摇臂和缓冲器的活塞杆,一方面缓冲器的外筒承受来自活塞杆推动给的缓冲压力,并将载荷通过安装点 A 传递给机体;另一方面摇臂通过旋转轴将载荷传递给支柱,而支柱上的载荷则一部分通过销轴和斜撑作动筒传递给机体,

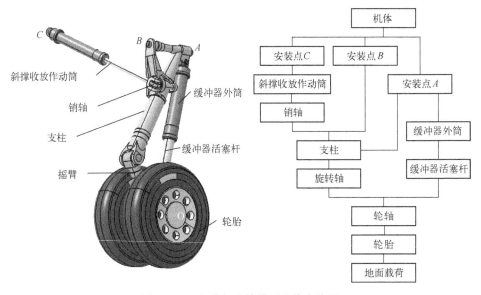

图 11-32 起落架多体模型和传力路径

另一部分直接通过两个安装点 A 和 B 传递给机体。由此可见,在该起落架中,缓冲器只承担了轴力和缓冲压力,而受力最大的是支柱和摇臂部分。对起落架系统中在落震过程中的主要受力的部件(支柱和摇臂)进行柔性化处理并利用 Nastran 完成 Craig-Bampton 模态分析,建立相应的刚柔耦合多体仿真模型。

考虑实际的着陆情况,机械系统中主要参数设置方法如下:
(1) 轮胎滚动速度与飞机的前进速度相匹配;
(2) 下沉速度由飞机投放高度确定,下沉速度一般设置为 0.6~3m/s,即投放高度为 0.018~0.460m;
(3) 着陆重量由受试起落架的负重确定,通过调整机体重量得到;
(4) 飞机承受的升力通过减少机体重量得到;
(5) 机轮与跑道之间摩擦系数通过轮胎的摩擦力参数进行模拟。

依据上述方法,对机械系统中主要参数进行设置,其中飞机前进速度 v_a = 53.645m/s,投放高度 H = 210.566mm(换算成下沉速度为 v_0 = 2.032m/s),投放质量 G = 11652.520kg,轮胎与地面的摩擦系数 f = 0.2。

2. 缓冲器的液压仿真模型

该起落架系统中的缓冲器为油气式缓冲器,腔室之间通过节流孔连接,上部容腔为圆柱腔,腔内混合着油液和气体,下部容腔为活塞腔和油液腔,在缓冲器的压缩行程中,油液通过主节流孔(可变节流孔,其面积随活塞行程发生变化)从下腔流向上腔。缓冲支柱提供的轴向力由气体压缩提供的弹簧力、油液阻尼力以及轴向内外壁之间的轴向摩擦力组成。

在 AMESim 中建立缓冲器的液压仿真模型,采用蓄能器元件模拟上部气液容腔,采用可变液压容积元件来模拟下部液压容腔,上下容腔之间的主节流孔采用可变截面节流孔元件模拟,液压容腔的液压力通过带有移动体的活塞元件来计算,而缓冲器的行程通过对两个位移传感器的信号进行求差获得,如图 11-33 所示,模型中采用了两个图表模块,分别用来描述节流孔直径随缓冲器行程的变化规律和缓冲器设计所允许动态载荷包络线。对液压模型中的主要参数进行设置,其中油液密度 ρ = 0.849×10^{6}kg/mm^3,初始压力 p = 1.25MPa。

3. 参数化机液混合仿真模型

通过 Master-Slave 方式(也称 Coupled 方式)将液压模型集成到多体仿真模型中,获得起落架系统的闭环耦合仿真模型,如图 11-33 所示,其中缓冲器的行程"disp"和速度"vel"由 LMS Virtual.Lab 进行计算并反馈到缓冲器的液压仿真模型,缓冲力"force"由 AMESim 进行计算并输入多体仿真模型。

机液混合仿真模型中的随机参数需要进行参数化处理,针对过载失效模式所需考虑的随机变量(包含了机械类参数以及液压类参数,如表 11-13 所列),

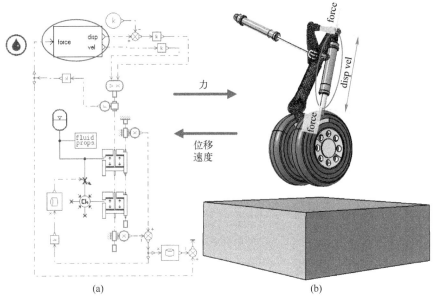

图 11-33 起落架系统机液混合仿真模型

(a) 液压控制系统仿真模型；(b) 刚柔耦合多体仿真模型。

其中机械类参数如起落架前进速度、投放高度误差等，在 LMS Virtual.Lab 进行参数化处理；而液压类参数如液压容腔的体积、活塞(杆)直径和节流孔尺寸等，在 AMESim 中采用 Watch parameters 单元导入并连接机构多体仿真模型中，通过公式实现在 LMS Virtual.Lab 中的参数化处理。同时，失效模式的失效判据通过在 AMESim 中对动态载荷和所允许动态载荷包络线进行求差给出，差值通过 Watch variables 单元导入机构模型，仿真结束后，如果差值在起落架落震仿真过程中出现正值，则表明失效。

表 11-13 起落架系统的随机变量分布类型及参数

变量	模型中标识	含义	分布	均值	标准差
X_1/mm	H_PistonDiam	上部气液容腔活塞直径	正态	80	0.5
X_2/L	H_GasVolume	上部气液容腔初始气体体积	正态	3.8	0.05
X_3/L	H_Volume	上部气液容腔体积	正态	8	0.05
X_4/mm	L_PistonDiam	下部液压容腔活塞直径	正态	106	0.5
X_5/mm	L_RodDiam	下部液压容腔活塞杆直径	正态	24	0.2
X_6/L	L_Volume	下部液压容腔容积	正态	0.58	0.01
X_7/mm	Orifice_MaxDiam	可变面积节流孔的最大开度直径	正态	20	0.2
X_8/ms^{-1}	AC_LandingSpeed	起落架前进速度	正态	53.645	0.5
X_9/mm	AC_HighError	起落架投放高度偏差	正态	0	10

11.4.3 可靠性仿真分析结果

仿真模型完成后,进行可靠性仿真计算。采用蒙特卡罗抽样方法,进行可靠性分析和灵敏度分析。数据库中保存了每次仿真计算后每时刻下系统所受到的动态载荷和所允许动态载荷包络线之间的差值,通过计算每次仿真整个时间历程中的最大差值来进行判断,如果出现正值则认为失效,通过计算,可以求得可靠度为 0.9971。

对 9 个随机变量的分布参数进行灵敏性分析,从图 11-34 中可以发现,液压系统下部液体容腔容积、上部液压容腔容积以及上部气液容腔初始气体体积对失效概率的影响很大,且失效概率随其均值增大而减小;增大上部气液容腔活塞直径或下部液压容腔活塞直径,或者是减小下部液压容腔活塞杆直径或是可变面积节流孔的最大开度直径,都能减小失效概率;而起落架前进速度和投放高度误差对失效概率的影响很小。

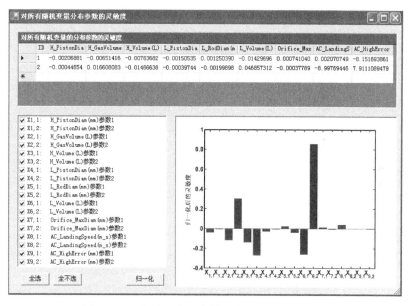

图 11-34　各随机变量参数对失效概率的灵敏度

11.5　某舱门机构定位精度可靠性分析案例

该案例以某舱门机构为对象,考虑加工误差、装配间隙、运动副磨损和构件变形因素,对某舱门收放机构的定位精度可靠性进行分析,基于可靠性灵敏度分析结果,对制造和维护给出指导意见[5]。

该案例的主要特点:在随机因素中,考虑了磨损损伤随服役时间的增加会发生改变,由此影响的定位精度可靠度将随收放次数变化,得到机构可靠度的退化曲线。

11.5.1 舱门收放机构组成及运动精度可靠性问题描述

舱门收放机构如图 11-35(a)所示,由舱门、连杆、摇臂、作动活塞、作动筒腔和机架组成,包含 4 个活动构件、6 个旋转副和 1 个移动副,其机构简图如图 11-35(b)所示。舱门通过铰链 A 与机身连接,摇臂通过铰链 D 与机身连接,作动筒长度为 L_4,一端通过铰链 F 与机身连接,另一端通过铰链 E 与摇臂连接,连杆长度为 L_2,上端通过铰链 C 与摇臂连接,下端通过铰链 B 与舱门连接,舱门的末端装有锁环,以上铰链均为旋转副。

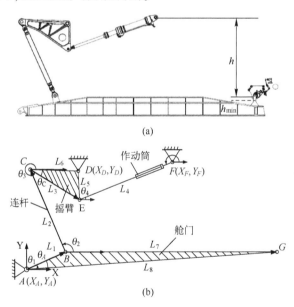

图 11-35 舱门收放机构原理及简图
(a) 舱门收放机构;(b) 舱门收放机构简图。

为了打开后能够上锁,当作动筒完全伸出时,锁环上的 G 点应到达一定高度被锁钩捕捉。当锁环 G 点低于一定值时,机构因定位误差过大而导致上锁功能失效。影响该定位精度失效的因素主要有构件的加工误差、运动副的装配间隙、杆件变形和运动副磨损,其中前三者为原始因素,不随使用时间变化,而运动副磨损随着舱门收放机构开闭次数的增加而加剧。

11.5.2 舱门收放机构运动精度可靠性分析模型建立

该机构收放过程和关闭后只受结构重力(主要是舱门重力)。与舱门和摇臂相比,连杆的刚度较小,因此,在定位精度分析时,考虑加工误差、铰链初始间隙、铰链磨损以及连杆的变形,舱门和摇臂的变形忽略不计。

由机构的封闭向量位置方程得

$$\begin{cases} x_A + L_1\cos\theta_1 + x_B + L_2\cos\theta_2 + x_C + L_3\cos\theta_3 + x_E + L_4\cos\theta_4 + x_F = X_F - X_A \\ y_A + L_1\sin\theta_1 + y_B + L_2\cos\theta_2 + y_C + L_3\cos\theta_3 + y_E + L_4\cos\theta_4 + y_F = Y_F - Y_A \\ x_A + L_1\cos\theta_1 + x_B + L_2\cos\theta_2 + x_C + r_2\cos(\theta_3 + \theta_C) + x_D = X_D - X_A \\ y_A + L_1\sin\theta_1 + y_B + L_2\sin\theta_2 + y_C + r_2\sin(\theta_3 + \theta_C) + y_D = Y_D - Y_A \end{cases} \quad (11-4)$$

式中:$L_i(i=1,2,\cdots,8)$为机构中的构件长度参数;$\theta_i(i=1,2,3,4)$为杆件L_i的方位角,由x轴开始,沿逆时针方向计量为正;x_j和$y_j(j=A,B,\cdots,F)$分别为各铰链处间隙向量的水平及垂直分量;X_j和$Y_j(j=A,D,F)$分别为机构中A、D、F三个装配基准点的水平及垂直位置坐标;三副构件舱门及摇臂在铰链A、C处的夹角分别用θ_A、θ_C表示。

根据几何关系,可以看出,锁环G的垂直坐标可表示为

$$h(\boldsymbol{X}) = y_G = Y_A + y_A + L_8\sin(\theta_1 - \theta_A) \quad (11-5)$$

则锁环的实际位置与设计位置偏差可表示为

$$g(\boldsymbol{X}) = h(\boldsymbol{X}) - h_G \quad (11-6)$$

由机构的特点分析知,当$g(\boldsymbol{X})<\delta(\delta<0)$时上锁失效,$\boldsymbol{X}$为杆长及间隙参数组成的向量,$\delta$为保证上锁时允许的最大位置偏差。因此,机构失效的概率可以表示为

$$P_f = P\{g(\boldsymbol{X}) < \delta\} \quad (11-7)$$

由上面4个式子可以看出,只要能得到各连杆的实际长度及铰链的间隙参数,就可通过求解机构的运动方程(11-4)得该机构中各杆件的方位角;通过式(11-5)和式(11-6)得到锁环的位置坐标和极限状态方程;进而利用式(11-6)求得运动精度的失效概率和可靠度。

为了获得收放过程中各铰链和连杆的载荷,在 LMS Virtual.Lab 和 LMS Imagine.Lab 中建立舱门收放机构的联合仿真模型,如图 11-36 所示。首先,在 LMS Virtual.Lab 中建立舱门收放机构的多体仿真模型及与液压模型的接口;其次,在 LMS Imagine.Lab 中建立液压系统模型及与多体模型的接口;最后,将多体模型和液压模型接口连接,形成联合仿真模型。其中,液压系统向多体模型提供液压力,多体模型向液压模型反馈作动筒的位置、速度和加速度。

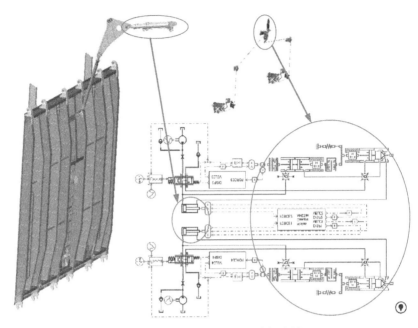

图 11-36 舱门收放机构的联合仿真模型

11.5.3 舱门收放机构运动精度可靠性分析

根据锁钩的位置,当锁环垂直高度低于 2497mm 时,无法实现上锁,舱门收放机构定位失效。对其定位精度影响因素进行分析,得到各构件的设计尺寸及加工误差限如表 11-14 所列,各铰链的配合参数如表 11-15 所列。

表 11-14 杆件的设计尺寸及加工误差限

名称	L_1	L_2	L_3	L_4	L_5	L_6	L_7	L_8
设计值	447.772	953	632.7	1069.56	300	535	2308.854	2724.773
加工误差	±0.1	±0.1	±0.1	±0.1	±0.1	±0.1	±0.1	±0.1
加工标准差	0.0333	0.0333	0.0333	0.0333	0.0333	0.0333	0.0333	0.0333
变形后均值	447.772	953.921	632.7	1069.56	300	535	2308.854	2724.773
变形后标准差	0.0333	0.0568	0.0333	0.0333	0.0333	0.0333	0.0333	0.0333

表 11-15 铰链的配合参数

铰链		A	B	C	D	E	F
配合		φ23H8/f7	φ25H8/f7	φ25H8/f7	φ30H8/f7	φ20H8/f7	φ20H8/f7
宽度		52×6	78	78	80	30	30
间隙	下	0.02	0.02	0.02+0.000152n	0.02+0.000421n	0.02+0.00022n	0.02
	上	0.074	0.074	0.074+0.000152n	0.074+0.000421n	0.074+0.00022n	0.074

采用蒙特卡罗法计算得到不同收放次数下,锁环垂直高度分布及机构定位精度可靠度随着开闭次数的退化趋势分别如图 11-37 和图 11-38 所示,可见随着开闭次数增加,铰链磨损量增大导致舱门收放机构定位精度可靠度降低。

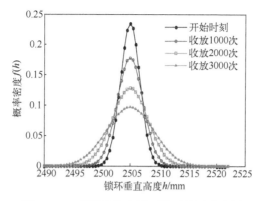

图 11-37　不同收放次数下锁环位置分布图

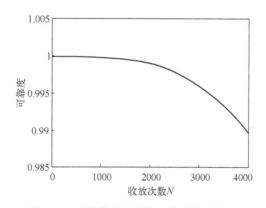

图 11-38　机构定位精度可靠度退化曲线

为了得到定位精度的主要影响因素,进行了可靠性灵敏度分析,结果如图 11-40 所示,杆件 3、杆件 4、杆件 8 均值参数的灵敏度始终为负值,即长度均值越大,失效概率越小;其余杆件长度均值的灵敏度始终为正值,即长度均值越大,失效概率越高;从数值大小来看,杆件 1 和杆件 7 负影响最大,杆件 8 正影响最大。由图 11-39(b)可以看出,所有杆件长度方差灵敏度均为正值,即方差越大,失效概率越大,同长度参数影响效果一样,杆件 1、杆件 7、杆件 8 的方差参数对可靠度影响最为灵敏。由图 11-39(c)可以看出,铰链 D、E 的磨损使其间隙均值灵敏度增大且呈上升趋势。因此,在加工时,要尽量避免杆件 1、杆件 7 的正公差和杆件 8 的负公差。在维护过程中要做好铰链 D、E 处的润滑工作。

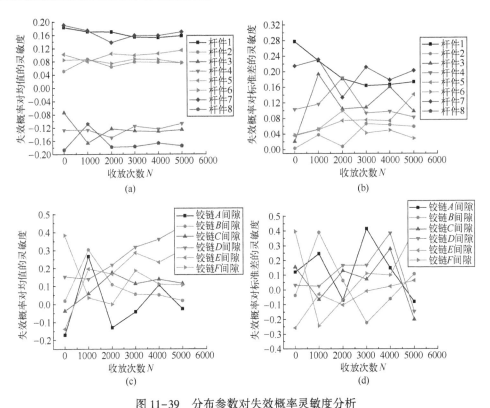

图 11-39 分布参数对失效概率灵敏度分析

(a) 杆长均值灵敏度；(b) 杆长标准差灵敏度；(c) 间隙均值灵敏度；(d) 间隙标准差灵敏度。

11.6 某折叠翼机构同步可靠性分析案例

该案例以某导弹折叠尾翼展开机构为研究对象[6-7]，针对折叠翼机构的同步可靠性问题，通过建立其联合仿真模型和代理模型，对 4 片舵面的展开同步可靠性进行了评估，并研究了分布类型和分布参数相同时，机构数量 n 和极差要求与标准差之比 k 对同步可靠性的影响规律。该结果可以直接指导具有同步性要求的机构设计。

该案例的主要特点：综合考虑单个产品动作时间要求和同步性要求时的可靠性精确评估方法，给出了同步可靠性的区间估计方法，并研究了同步可靠度受机构影响的因素。

11.6.1 折叠翼机构功能原理及问题描述

图 11-40 所示为飞机上的某空空导弹，共包含 4 片折叠尾翼，折叠尾翼的

动力源为作动筒,由螺旋副将作动筒的直线运动转换为舵面的旋转运动来实现舵面的展开动作。该折叠翼机构试验中出现了运动不同步的问题。

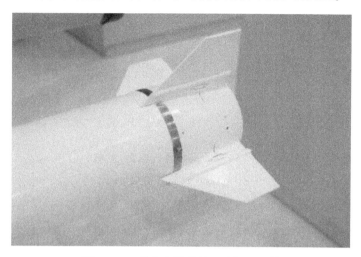

图 11-40　某空空导弹的 4 片折叠尾翼

4 片折叠尾翼的机构形式完全相同,造成其运动不同步的原因主要来自 3 个方面:①自身因素,主要包括加工造成的各运动表面摩擦系数具有差异;②动力因素,由于药量和阻尼腔的误差造成最大压力和最大流量具有差异;③外载荷因素,由于安装位置的不同,各片折叠尾翼的气动载荷差异很大,不仅包括大小的差异,还包括载荷方向的差异,其气动力、气动力矩与转角的关系如图 11-41 所示。

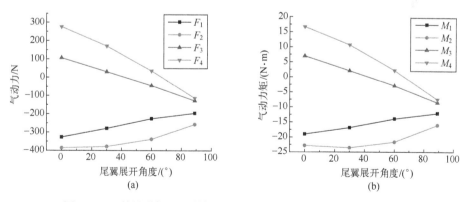

图 11-41　某导弹折叠尾翼各舵面气动力、气动力矩与转角对应关系

综上所述,该折叠尾翼开展机构运动不同步失效的影响因素如图 11-42 所示。

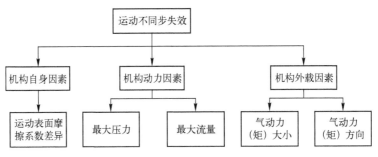

图 11-42 运动不同步失效的影响因素分析

折叠尾翼的性能指标要求各舵面的展开时间为 50~160ms，各舵面展开的时间差不大于 80ms。因此，机构的同步可靠度可以表示为

$$R = P\{|t_i - t_j| < 80\text{ms} \cap 50\text{ms} < t_i < 160\text{ms}\} i \quad (j=1,2,3,4)$$

11.6.2 动作同步可靠性评估方法研究

含有 n 个机构的系统中，各个机构的动作时间为随机变量，用 $x_i(i=1,2,\cdots,n)$ 表示，由于各机构的工作原理和机构类型完全相同，因此，通常情况下 x_i 的分布类型相同。但是由于随机因素的存在，各个机构的加工、装配误差不尽相同，其承受的载荷也不同，因此，各机构动作时间的分布参数可能相同也可能不同，为了后续分析的普适性，假设该 n 个机构动作时间的概率密度函数分别为 $f_i(x_i)(i=1,2,\cdots,n)$，分布类型及分布参数相同为其特殊情况。

同步性要求各机构两两动作时间差小于 ε，即 $|x_i - x_j| < \varepsilon$，因此，同步可靠度可以表示为 $P\{|x_i - x_j| < \varepsilon\}$。

n 个机构的同步性是建立在 $n-1$ 个机构同步的基础之上，因此，从两个机构的同步性分析开始，先分析包含两个机构的同步性问题，再分析包含多个机构（3 个，4 个，$\cdots$，n 个）的同步性问题。

当第一个机构的动作时间 x_1 确定后，要使第二个机构与第一个机构满足同步性要求，第二个机构的动作时间 x_2 需在 $[x_1-\varepsilon, x_1+\varepsilon]$ 范围内。

以此类推，当前 $n-1$ 个机构的动作时间确定且满足同步性要求时，将 $n-1$ 个机构的动作时间由小到大排成 $x_{(1)}, x_{(2)}, \cdots, x_{(n-1)}$ 后，$x_{(n-1)} - x_{(1)} < \varepsilon$。则当第 n 个机构要与前 $n-1$ 个机构满足同步性要求时，该机构的动作时间需在 $[x_{(n-1)}, x_{(1)}+\varepsilon]$，如图 11-43 所示。

因此，n 个机构的同步可靠度可以表示为

$$R_{\text{syn}} = \int_0^\infty f_1(x_1) \left\{ \int_{x_1-\varepsilon}^{x_1+\varepsilon} f_2(x_2) \left[\int_{\max(x_1,x_2)-\varepsilon}^{\min(x_1,x_2)+\varepsilon} f_3(x_3) \cdots \right. \right.$$

$$\left. \int_{\max(x_1,x_2,\cdots,x_{n-1})-\varepsilon}^{\min(x_1,x_2,\cdots,x_{n-1})+\varepsilon} f_n(x_n)\,\mathrm{d}x_n \cdots \mathrm{d}x_3 \right] \mathrm{d}x_2 \right\} \mathrm{d}x_1 \quad (11\text{-}8)$$

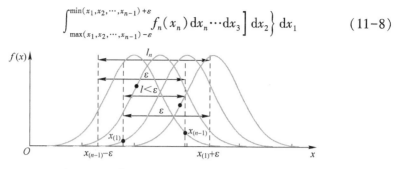

图 11-43 满足同步性的可靠区间示意图

由同步可靠度的计算公式看出，n 个机构的同步可靠度可用一个 n 重积分表示，其中最外层积分的上下限为机构动作时间的范围，通常为 $[0,\infty]$，而内层的每个积分上下限由所有外层的取值决定：积分下限为外层所有变量中的最大值 $\max(x_i)$ 减许可偏差 ε，积分上限为外层所有变量中的最小值 $\min(x_i)$ 加许可偏差 ε。

对 n 个机构进行同步可靠性分析时，每个变量的积分区间由之前所有变量的顺序决定，因此，具有 n 个机构，其可靠性的独立积分区间个数 N 可以表示为 $N=(n-1)!$，机构个数 n 与独立区间个数 N 对应关系如表 11-16 所列。

表 11-16 机构个数 n 与独立区间个数 N 对应关系

机构个数	2	3	4	5	…	n
x_{i-1} 位置个数	1	2	3	4	…	$n-1$
独立区间个数	1	2	6	24	…	$(n-1)!$

n 个机构的同步可靠度可表示为 $(n-1)!$ 个 n 重积分求和的形式，由于 $(n-1)!$ 个积分相互独立，因此，分别对每个积分进行求解，再将其相加即可得到 n 个机构的同步可靠度，即

$$R_n = \sum_{i=1}^{(n-1)!} R_{n,i} \quad (11\text{-}9)$$

对于绝大多数分布类型而言，虽然其概率密度函数为初等函数，但其积分不能用初等函数表示，因此，需要利用数值算法对同步可靠度进行求解，常用的方法有数值积分法和蒙特卡罗模拟法。

11.6.3 折叠翼机构可靠性分析模型建立

在 AMESim 中对折叠尾翼的驱动力进行建模，在 LMS Virtual.Lab 中建立折叠尾翼的多体动力学模型，再通过接口对两个模型进行数据交换，形成折叠尾

翼的联合仿真模型。由于模型中含有大量接触碰撞单元,导致模型计算速度较慢,无法对大量样本进行仿真模型,因此,需要构建其代理模型。图11-44为折叠翼机构联合仿真模型。

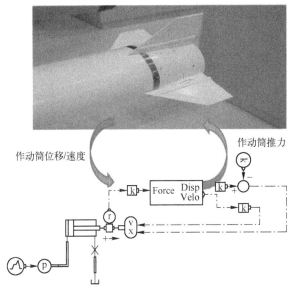

图11-44　折叠翼机构联合仿真模型

从失效原因分析可以看出,影响机构展开时间的主要随机因素有最大压力、限流孔直径、钛合金摩擦系数、螺旋副摩擦系数、气动力不确定系数、气动力矩不确定系数。因此,以这六个参数为设计变量,利用最优拉丁超立方抽样技术抽取50个样本并代入仿真模型进行求解,采用Kriging模型建立折叠机构4片折叠尾翼机构展开所需时间的代理模型,再随机抽取13组样本,将模型预测值和仿真结果进行对比,结果如表11-17和图11-45所示。

表11-17　Kriging模型误差分析结果

尾翼编号	误差类型	
	均方根	决定系数
1	0.02329	0.98887
2	0.03193	0.9793
3	0.00469	0.99955
4	0.01559	0.99509

误差结果显示,各尾翼展开时间的代理模型精度均较高(最小均方根误差为0.00469,最大均方根误差为0.03193;最大多元决定系数0.99955,最小多元

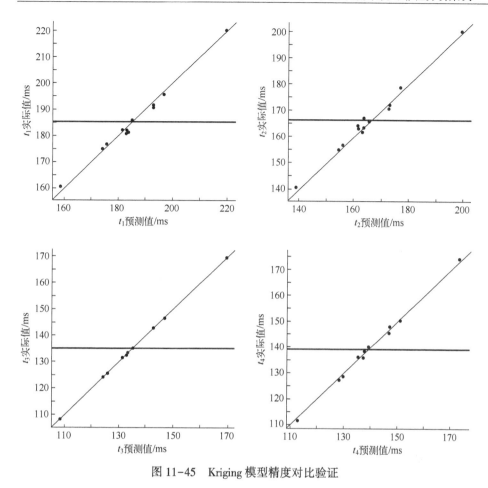

图 11-45　Kriging 模型精度对比验证

决定系数 0.9793），可代替仿真模型进行同步可靠性计算。

11.6.4　折叠翼机构同步可靠性分析

折叠尾翼展开机构同步可靠性的分析思路：首先在仿真模型中设置各舵面的载荷特性；其次考虑舵面动作时间的影响因素随机性，建立动作时间与影响因素之间的代理模型并进行模型精度验证；再次多次抽样并代入代理模型后，通过假设检验和参数估计获取各舵面动作时间的分布类型和分布参数；最后利用所提出的同步可靠度评估方法计算折叠尾翼机构的同步可靠度。分析流程如图 11-46 所示。

根据失效机理分析，折叠尾翼的展开时间受六个因素影响，根据相关生产单位的资料，得到各因素的分布类型及参数如表 11-18 所列。

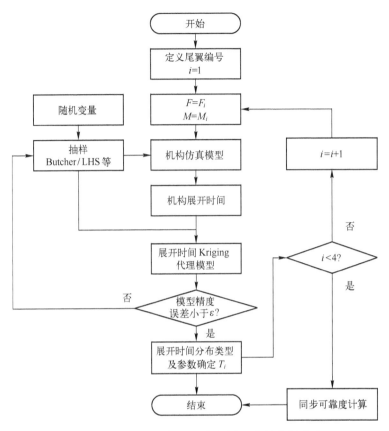

图 11-46 折叠尾翼展开机构同步可靠性分析流程

表 11-18 折叠尾翼展开时间影响因素分布类型及参数

序号	变量名称	含 义	分布类型	均 值	标 准 差
1	P	最大压力/MPa	正态分布	27	1
2	D	节流口直径/mm	正态分布	0.6	0.00667
3	f_1	钛合金摩擦系数	正态分布	0.4	0.01
4	f_4	螺旋副摩擦系数	正态分布	0.15	0.01667
5	k_F	气动力系数	正态分布	1	0.05
6	k_M	气动力矩系数	正态分布	1	0.1

根据上述各影响因素的分布类型及参数，抽取 10000 个随机样本后利用代理模型进行求解得到 4 个尾翼展开时间的分布规律，再经过假设检验得到各动作时间均服从正态分布，如图 11-47 所示。其分布分类及参数如表 11-19 所列。

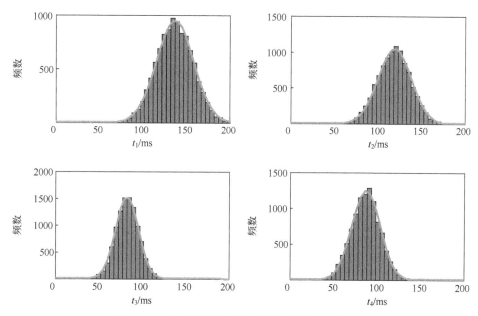

图 11-47 各舵面展开时间分布柱状图及规律拟合

表 11-19 各舵面展开时间分布分类及参数

舵面序号	展开时间/ms	分布类型	均　　值	标　准　差
1	t_1	正态分布	137	21
2	t_2	正态分布	118	19
3	t_3	正态分布	83	13
4	t_4	正态分布	86	16

利用所提出的同步可靠性评估方法,得到4个机构满足同步性要求的可靠度为0.9348。

11.6.5 机构数量和极差要求对同步可靠性的影响分析

当 n 个机构的动作时间均服从 $N(u,\sigma^2)$ 时,均值的改变不影响各机构动作时间差,因此,其同步可靠度与动作时间的均值无关,只与机构的数量 n 和极差要求 ε 与标准差 σ 的比值 k 有关,即

$$R = f\left(n, \frac{\varepsilon}{\sigma}\right)$$

对机构数量 n 和极差要求 ε 与标准差 σ 的比值 k 取不同的值,研究其对同步可靠性的影响,得到分析结果如表 11-20 所列。

表 11-20 不同 n 和 k 对应的同步可靠度分析结果

机构数量 n	$k=\varepsilon/\sigma$							
	1	2	3	4	5	6	7	8
2	0.51992	0.84396	0.96709	0.99527	0.99964	0.99996	1	1
3	0.24176	0.66486	0.91386	0.98664	0.99877	0.99993	0.99999	1
4	0.10659	0.50924	0.85494	0.97642	0.99746	0.99989	0.99999	1
5	0.0446	0.37716	0.78884	0.96219	0.99616	0.99979	0.99999	1
6	0.01797	0.28342	0.72634	0.94616	0.99494	0.99966	0.99999	1
7	0.00797	0.20536	0.6619	0.93103	0.99226	0.9995	0.99999	1
8	0.00349	0.1479	0.60264	0.91151	0.99074	0.99927	0.99999	1
9	0.00136	0.1074	0.54243	0.89269	0.98799	0.99909	0.99998	1
10	0.00051	0.07694	0.48595	0.87266	0.98518	0.99907	0.99995	1

同步可行度随机构的数量 n 和极差要求 ε 与标准差 σ 的比值 k 的变化趋势如图 11-48 所示。

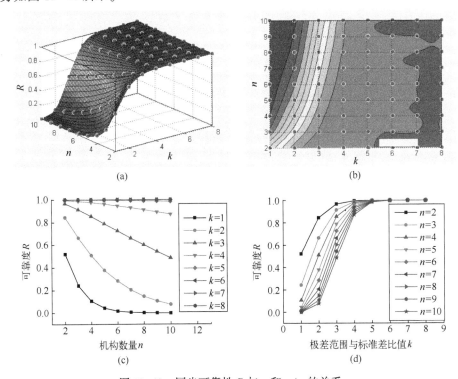

图 11-48 同步可靠性 R 与 n 和 ε/σ 的关系

(a) 可靠度 R 与 n 和 k 的关系图；(b) 可靠度等高线图；(c) 可靠度随机构数量变化曲线；
(d) 可靠度随极差要求与标准差之比 k 变化曲线。

由图 11-48 可以看出,当极差要求 ε 与标准差 σ 的比值 k 较小时,机构数量 n 对其同步可靠性影响很大,当 $k=3$ 时,可靠度与机构数量基本呈线性关系;当 $k>5$ 时,机构的同步可靠度受机构数量影响很小。

上述结果可以从 3 个方面指导机构设计:

(1) 当机构数量 n 和极差要求 ε 与标准差 σ 之比 k 确定时,可以对机构同步可靠性给出评估。

(2) 当机构同步可靠性指标要求 R 和极差要求 ε 与标准差 σ 之比 k 确定时,可以根据上述结果确定机构个数 n 的最大值。

(3) 当机构同步可靠性指标要求 R 和机构个数 n 确定时,可以得到单个机构极差要求 ε 与标准差 σ 之比 k 的最大允许值,以此为目标对机构进行设计可满足同步可靠性要求。

11.7 小　　结

本章以装备中典型的机械系统尤其是机构系统为研究对象,通过机构系统的组成及其功能分析,进行主要失效模式分析及其影响因素辨识,获取主要功能失效表征参数及其主要失效判据,建立可靠性仿真模型,并进行可靠性分析和影响因素的可靠性灵敏度分析,从而指导机构设计。在本章中,由于不同案例的工作原理及工作环境不同,其可靠性问题分析的侧重点不同:

(1) 不同案例的失效模式不同:如针对某一固定时刻或位置的运动精度失效、卡滞失效等单一失效模式问题,或是针对运动过程中驱动力不足、动作协调性失效等单一失效模式问题,也有考虑整个运动过程中不同阶段可能发生的零部件破坏、定位失效、动作协调性失效、卡滞失效等多失效模式问题。

(2) 不同案例的可靠性仿真模型不同:根据实际问题分析,建立考虑反映实际情况下能尽量高效的可靠性仿真模型,如刚性参数化模型、刚柔耦合参数化模型以及机液混合下的刚柔耦合参数化模型。

参考文献

[1] 庞欢,喻天翔,王慧,等. 典型缝翼机构虚拟仿真及运动卡滞可靠性分析[J]. 系统仿真学报,2013(7):1652-1656.

[2] PANG H,WANG H,YU T X,et al. Reliability Analysis of the Flap Mechanism with Multi-Pivots[J]. Information-An International Interdisciplinary Journal,2012,15(12B):5651-5658.

[3] PANG H, YU T X,SONG B F. Failure mechanism analysis and reliability assessment of an aircraft slat[J]. Engineering Failure Analysis,2016,60:261-279.

[4] 王慧,喻天翔,雷鸣敏,等. 运动机构可靠性仿真试验系统体系结构研究[J]. 机械工程学报,2011,47(22):191-198.

[5] 庞欢. 飞机典型机构运动功能可靠性建模方法及应用[D]. 西安:西北工业大学,2016.

[6] 朱学昌,李浩远,喻天翔,等. 低空高速飞行器整流罩分离技术研究现状和展望[J]. 固体火箭技术,2014(1):12-17.

[7] 朱学昌,喻天翔,李浩远,等. 低空高速分瓣式头罩分离仿真分析[J]. 计算机辅助工程,2013(6):59-63,73.